山西大学中国社会史研究中心　主办

社會史研究

行龙　主编

第 9 辑

致读者

我们很早就想创办这样一份学术刊物了。按照章法没有刊号不称其刊，“发刊词”之类更是不敢攀援的，但还是有几句话需要向读者作个交代。

刊物取名《社会史研究》，宗旨是不言自明的，那就是刊登有关社会史研究的理论、方法、实证、评论等相关的研究成果，是社会史研究同仁学术交流的共同平台。就像社会史研究的五彩缤纷一样，《社会史研究》持守开放的姿态，绝不以学科画地为牢。

鉴于社会史研究现状的纷繁芜杂，也就是人们担心的“碎化”，《社会史研究》每辑突出一个主题，但这个主题又必须是我们以为的研究前沿和热点，也就是大家共同关注的问题。以质量求生存，以特色求发展，是本刊取舍稿件的唯一标尺。

除了每辑刊登相关的学术论文外，《社会史研究》专设两个小栏目。一曰“学术评论”，以本辑主题为中心展开有关学术史的评论；一曰“资料选编”，以山西大学中国社会史研究中心所藏资料整理选编。适当与否，有赖以教。

改革开放30余年来，中国人文社会科学取得了长足的进展。相关数据显示目前人文社科类刊物已有数千种。《社会史研究》能否在林林总总的刊物中立住脚跟，有赖学界同仁的支持和呵护。我们是要把她作为严肃而又可亲的刊物来培育的。

行　龙

2009年12月

目　录

第9辑
2020年10月

• 专题论文

• 学术评论 • 七十年来中国灾害史研究笔谈

• 资料选编

CONTENTS

Vol. 9
Oct. 2020

Special Papers

· 专题论文 ·

灾害如何进入历史

——从灾害的历史到历史灾害研究的整体考察

卜风贤　马梦雪　白茜锐*

摘　要　灾害史研究需要专题探讨，也需要整体思考。基于以往灾害史研究中的历史灾害事件研究、历史灾害计量分析、灾害与社会互动关系研究等学术议题，本文从灾害与人类关系的视角考察了灾害进入历史的自然与人文路径、灾荒社会的基本特征、灾害知识的历史建构、灾害研究的国家意志以及历史灾害的研究范式等问题，强调了整体性灾害史研究的必要性和重要意义。

关键词　灾害史　灾荒社会　学术范式

历史指人类社会过去的实践活动，灾害则是社会发展的阻碍和破坏性力量。在人类历史中灾害的力量随处可见，尼罗河的洪水泛滥、流行于中世纪欧洲的黑死病、1920 年的甘肃大地震，都对人类社会造成了严重破坏。但是，人类正视灾害并且采取有效措施和手段防治灾害，经历了曲折的历程。从早期的蒙昧无知到后来的“灾异天降”再到在灾难中寻求生机，发展到现今可以有效应对灾害，其中既蕴含自然灾害的历史演进，又显示出人类认识灾害、研究灾害以及应对灾害能力的全面提升。在自然灾害日趋频繁、历史灾害研究迅猛发展的当下，从灾害进

* 卜风贤，陕西师范大学西北历史环境与经济社会发展研究院教授，博士生导师。马梦雪、白茜锐，陕西师范大学西北历史环境与经济社会发展研究院科学技术史专业研究生。

入历史的视角回顾并反思灾害的自然史与社会史，无疑对灾害史研究的整体发展有一定裨益。

一 过去几千年灾荒社会的发展历程及其基本特征

（一）灾害进入历史的自然与人文路径

灾害即自然灾害，灾害一经发生就会对人类和人类赖以生存的环境造成破坏性影响。灾害的发生是多种自然因子相互作用的结果，由于地球上岩石圈、大气圈、水圈等不停地运动，生活在地球上生物圈的人类不可避免地受到地球、太阳、月亮等宇宙星体本身运动变化导致的诸如地震、火山喷发、陆沉、海侵、台风、暴雨、冰雹等地球内外力运动带来的破坏，这种自然灾害是不可避免的。① 我国地理位置独特、地质构造复杂，地势起伏较大，地域辽阔，多种自然因素造成了我国历史时期自然灾害频发。加之历史时期气候多变，气候的冷暖变化会直接诱发旱灾、洪涝、蝗灾、霜灾、雹灾、风雪灾害等或者影响其发生频率。

人类本身是自然界的一部分，无论时间如何推进，人类都生活在与自然的互动中。气温、湿度、降水、季风、洋流、地震、海啸、磁场、雷电、星际引力、小行星碰撞等持续影响环境的长效因素是不可抗逆的自然力量，② 然而历史上伴随着人口增多与社会发展而出现的土地过度垦殖、毁林造田、滥垦草原、破坏山区植被、围湖造田、占用河道等现象却是农业社会中人类活动对自然环境造成不利影响的人文社会因素，诸如此类的人类行为无一例外地埋下了生态环境脆弱性的种子，加速了灾害的发生。脆弱性生态环境的成因主要包括自然成因和人为作用，自然成因表明脆弱性生态环境的形成是受全球或地区性环境变迁的影响，在目前的技术水平下人类还难以左右这种变化；人为作用是人类活动的

① 王元林、孟昭锋：《自然灾害与历代中国政府应对研究》，暨南大学出版社，2012，第328页。

② 赵玉田：《环境与民生——明代灾区社会研究》，社会科学文献出版社，2016，第5页。

干预使生态环境发生改变，走向脆弱。[①]

历史时期发生的灾害，离开了自然环境这个大背景显然是难以展开讨论的，但灾害发生的对象是人类社会，离开了人类社会，仅仅从自然层面探讨灾害问题也是片面的，灾害、自然环境、人文社会，三者缺一不可。1970 年，美国学者罗德里克·纳什在加州大学圣芭芭拉校区开设当时还没有现成教材的环境史课程时，主要的讲授内容为“人类与其整个栖息地的历史联系”。[②] 王先明先生认为：“人类的生存环境不是单向度地表现在自然环境方面，人类改造自然环境的过程同时也是改造社会环境的过程；改造社会环境的过程也包含着改造自然环境的过程。在人类生活的实践中，自然环境和社会环境的改造，在历史进程中始终是同一的，而不是分离的。”[③] 钞晓鸿先生指出：“人类对于自然的利用与态度、对于自然与人类关系的认知与反应，是与人类自身的生存、社会的运作紧密联系在一起。”[④] 因此，虽然提及灾害就会倾向性地认为自然因素在其中起主导作用，但对历史时期灾害的讨论并不应仅停留于自然层面的历史研究，以此为基础，社会运行规则与秩序、当时人们的思想观念等与自然环境之间的关系也值得深入探究。

（二）灾害与社会的结合体——灾荒社会

灾荒为灾害饥荒之合称，是灾异肆虐之后百姓陷于饥馑灾情的“灾异 - 社会”复合状态，其严重程度可以学界现有的“灾荒关系”予以描述阐释，也可使用“灾荒指数”去度量比较，指数数值越高则灾害化倾向越强，反之则社会比较安稳。[⑤]

灾荒社会是灾异与社会互动之后的特殊社会状态，是传统社会灾害化程度加强的表现。因为灾异的发生，传统社会在外部形态方面显现

① 刘燕华、李秀彬主编《脆弱生态环境与可持续发展》，商务印书馆，2001，第 17 页。

② 戴建兵主编《环境史研究》第 2 辑，天津古籍出版社，2013，第 183 页。

③ 王先明：《环境史研究的社会史取向——关于“社会环境史”的思考》，《历史研究》2010 年第 1 期。

④ 钞晓鸿：《深化环境史研究刍议》，《历史研究》2013 年第 3 期。

⑤ 卜风贤：《两汉时期关中地区的灾害变化与灾荒关系》，《中国农史》2014 年第 6 期。

“灾异天降”和“饥馑荐臻”的“灾异入魅”迹象，在社会结构方面构建专司灾异的职官衙署和救荒体系，在运行发展过程中时常动荡不安。灾情越严重，传统社会的灾荒特性越凸显，并促使传统社会向非常态的灾荒社会转变。灾荒社会自秦汉至明清一直存在，虽然面临严峻的灾荒形势和严重的灾异问题，但数千年来灾异问题并没有得到解决。本文以“灾荒社会”立题期望突破“灾害与社会”二元互动的研究范式，从传统社会的灾害化发展中探寻传统灾荒社会周期性循环往复并维系千年之久的“灾异－社会”关系。

如邓拓先生所论：“我国灾荒之多，世界罕有，就文献可考的记载来看，从公元前十八世纪，直到公元二十世纪的今天，将近四千年间，几乎无年无灾，也几乎无年不荒……综计历代史籍中所有灾荒的记载，灾情的严重和次数的频繁是非常可惊的。”① 可以说自然灾害与人类社会是共存的。有灾必有荒，关于灾荒与社会，学界此前的研究多以灾荒与社会救济、造成灾荒的社会因素、灾荒的社会经济影响、灾荒与社会稳定等为主题，但将“灾荒”与“社会”联系成“灾荒社会”这样一个概念展开深入探讨的甚少。赵玉田对“灾害型社会”的定义是：“在传统农业社会里，在一定时期内，自然灾害成为左右社会安危与民生状态的决定性因素。换言之，灾害型社会里，相对于自然破坏力而言，政府的社会控制能力与民生保障能力明显不足，甚至缺失，社会经济生活完全受制于自然状况与自然灾害程度。”② 赵玉田还将“灾害型社会”的具体表现归纳为“三荒现象”，即首先是灾荒的发生，而后灾民逃荒造成灾区人口数量锐减，继而户口稀少导致了地荒。

灾荒社会实际上是在人类活动与自然环境变化间难以停止的恶性循环中生成的。灾害系统与环境系统之间、各个灾害系统之间存在联系，发生着相互作用。所谓灾害系统与自然生态系统协同进化，是指自然灾害系统随着自然生态系统的演化而形成，即人类产生以后，人类的活动对自然生态系统的影响日益广泛、深刻，自然生态系统逐渐转化为生态

① 邓拓：《中国救荒史》，北京出版社，1998，第7页。

② 赵玉田：《环境与民生——明代灾区社会研究》，第310页。

经济系统，自然灾害中融入人的因素，且越来越多，不断改变着自然生态系统与生态经济系统。[①] 环境灾变是“灾区社会”产生的前提和基础，环境不仅参与“灾区社会”的历史创造，而且是“灾区社会”的重要成员与内容，但是环境灾变又不仅仅是由自然力量造成的。“灾区社会”作为一种客观存在，它表明一个事实：人群生息繁衍的具体环境发生灾变，且与区域性常态自然环境及经济社会生活的内容产生对抗与分离，既而出现混乱，生活其间的人民因之失去习惯性经济生活的内容与模式。[②]

历史时期我国气候一直处在冷暖交替中，而在科学技术水平尚低的古代农业社会中，气候条件是社会生产、农业经济体系、民众生活的重要影响因子，农业生产和粮食储备情况与灾害发生后社会的承灾能力息息相关。竺可桢先生在《中国近五千年来气候变迁的初步研究》中将中国近5000年来的气候划分成四个温暖期与四个寒冷期，结合历史灾害资料来看，气候的冷暖交替变化阶段与灾害群发期存在一定对应关系。先不论关于历史时期气候变迁的问题仍存有争论，历史时期气候的冷暖变化在一定程度上确实对单、双季稻种植地区的南北变动产生了影响：在气候温暖期，单季稻在黄河流域种植，双季稻可以推广到长江两岸；寒冷期，单季稻普遍栽培在淮河流域，双季稻在岭南地区比较普遍。[③] 这足以说明气候冷暖变化对生态环境具有明显的影响作用，生态环境的改变意味着面对灾害时社会的承灾能力会随之变化，灾害发生的时空分布也会不同。

（三）灾荒社会的发展历程

秦汉以后直至清代民国，其间经历了巨大的社会动荡和频繁的朝代更迭，但从灾荒与社会关系方面看，一直处于低水平社会发展状态。因为灾荒频仍，国家体系、地方政治与国计民生陷于循环往复的“耕垦

① 张建民、宋俭：《灾害历史学》，湖南人民出版社，1998，第17页。
② 赵玉田：《环境与民生——明代灾区社会研究》，第377页。
③ 倪根金：《试论气候变迁对我国古代北方农业经济的影响》，《农业考古》1988年第1期。

开发—灾荒遍野—救荒济民”发展模式中。因此，对灾异与社会关系的研究可以揭示灾荒社会发展变化的历史进程。

灾异为特殊自然因素，《汉书·宣帝纪》：“盖灾异者，天地之戒也。”社会乃民众集聚之组织，《二程集》中云：“乡民为社会。”《周易》中以天、地、人为三才之道，汉儒董仲舒进一步发挥推演出“天人感应”之说，其要旨在于天灾与人事沟通。传统社会为天、地、人集大成者，故历代王朝都有祭天规制，修省弭灾为皇帝日常功课，《左传·成公十三年》：“国之大事，在祀与戎。”灾异与社会的关系是古代社会的一项重要内容，也是灾荒史研究的主要组成部分。过去几十年，学界一度侧重荒政研究且以此推动灾异与社会关系研究，近年来，灾荒史研究不但加强了断代的或地区的灾害与社会关系研究，也在灾害成因、灾害过程、灾情特征、救荒济民、灾区治理、灾荒与民生、灾荒与社会变迁、灾害史理论方法等更多人文社会层面开展研究工作。一些过往不曾注意甚至模糊不清的灾荒问题渐渐被关注，如灾荒与洋务运动、灾荒与辛亥革命、灾荒与政治人物的历史使命等。

伴随着灾荒史研究的深入，灾异与社会关系问题多有讨论并有继续思考探索之必要，其中关键者莫如“灾荒社会”。虽然中国灾荒史研究中迄今鲜有“灾荒社会”的专门论述，其分析框架更需要明确的学术规范和进一步完善，但是从学术史的角度看，其相关内容已有涉及，并取得了许多重要的共识性成果。灾荒社会是古代中国的缩影，是传统社会的镜像，也是中国历史的一大特征。魏特夫在《东方专制主义》一书中就已经提出了“治水社会”理论，马罗利《饥荒的中国》中也有“饥荒之国”的类似认识。在后来的灾荒与社会的互动关系、灾荒的社会成因等方面研究中，虽然屡屡涉及灾害记忆、灾荒危机、灾荒观念等问题，但基本停留在“灾害－社会”互动关系层面而没有论及“灾害－社会”的作用结果，即从“灾荒社会”的角度进一步探索灾荒社会的形态、结构和转变过程中出现的灾害化倾向。灾荒史研究兴于斯而困于斯，今后灾荒史研究亟须突破既有的“灾害与社会互动关系”的学术困局。

当灾害频发成为地区社会的一种常态，灾荒社会便初具规模。我国历史上水灾、旱灾、蝗灾、地震等灾情不断，瘟疫、寒冻、滑坡、泥石流、海洋灾害等也不时发生，频繁且严重的自然灾害会破坏森林、草原等植被，造成大面积水土流失，使土地沙漠化、盐碱化等次生灾害愈益严重，改变自然原先的面貌，从而导致灾害频发和加剧严重程度，也给人们的物质生活、精神生活造成极大创伤。灾害对社会的破坏影响，有的是直接导致大规模人员伤亡，有的是先破坏人们赖以生存的环境，再使人们正常的生活、生产都难以继续。就水灾而言，其本身具有的突发性在交通和通信都不发达的古代社会极易造成人员死亡，山洪暴发、河湖泛滥，造成人员被淹、被冲走，伤亡不计其数，历史上黄河1000多次的泛滥给下游民众造成了巨大的损失。旱灾虽不如水灾的发生那样具有突发性，但长时间、大面积的干旱不仅造成日常饮水困难，对农业生产的不利影响也是极大的，而且旱灾还常与蝗灾相伴发生，导致作物减产甚至绝收。地震也是历史时期较为多发的一类灾害，地震等地质灾害不仅会改变地貌形态，还导致河流决堤、滑坡、泥石流等屡屡发生，出现堰塞湖等威胁下游的隐性灾害。情况更糟的是，各类灾害过后往往是传染病易发、高发的时期，直接威胁人们的生命安全。

古代中国以农业立国，政府重农，农民勤于农事，虽然自然灾害“从未缺席”，但历朝历代都出现过或长或短的“治世”，说明在历史时期的农业生产水平、防灾减灾手段、社会科学技术水平等的有效发挥作用与配合下，百姓也都有机会过上安居乐业的生活。在政治清明、国家财政富足的时期发生水灾、旱灾、蝗灾等灾害只会给民众带来暂时性的生计窘迫，因为在国库充足的情况下政府救灾有心又有力，吏治有序保证了救荒措施能够实施到位，这样一来灾荒是可以平稳渡过的。随着人口不断增加，人多地少矛盾日益突出，平原和低地被开发殆尽，人们不得不向附近的山地索取资源，土壤承载力的有限加之不合理的土地开发导致生态失衡，生态环境恶化后随之而来的便是自然灾害发生次数增多、破坏力增强。如果在这样环境脆弱之时又恰逢吏治腐败、苛政连年，那么重大灾害一旦发生，只能导致农业减产甚至绝收，人民生活困苦，因为百姓几乎是没有御灾救灾能力的。吏治日趋腐败，备荒仓储废弛导致难以及时救灾，或是匿灾不报、报灾延迟、报灾不实、勘灾敷衍、贪赃枉法，更甚者还有救灾不力却还催征赋税的。百姓无法继续生存，饥民抢米分粮，引起局部地区动乱，而大范围、长时段的饥荒发生时，就连草根树皮都被吃尽，受灾饥民被迫背井离乡，成为流民流落四方，数万乃至数十万人规模的流民潮为社会带来了许多不安定因素。饥饿与死亡的威胁还会造成人性的泯灭，父弃其子、夫卖其妻、灾民互食等冲击伦理道德底线的病态行为在灾荒记载中时常出现。社会既有的行为模式与价值观念遭到普遍的怀疑、否定、破坏，就会失去对社会成员的约束力，在新的行为模式与价值观念尚未形成或者尚未被大众接受时，社会便容易陷入混乱与动荡。所以民众为了生存或铤而走险，轻则抢掠打劫，引起社会动乱，重则起义引发改朝换代的战争，出现更大规模的社会动荡。

（四）灾荒社会的基本特征

传统社会在发展中呈现出显著的灾荒特征，无论是明君贤臣的太平盛世，还是朝代更替的动荡时期，都会与灾荒事件有或多或少的联系。《荀子·天论》："天行有常，不为尧存，不为桀亡。"贾谊《论积贮疏》："世之有饥穰，天之行也，禹、汤被之矣。"表现在民生层面，是灾荒风险与粮食安全的互动关系；表现在制度层面，是天下子民与仓储荒政的互动关系；表现在文化层面，是诗书礼仪与祭祀祈禳的互动关系；表现在空间方面，是灾害中心区与政治经济中心区的互动关系。在灾荒与社会的多重关系交织运行过程中，秦汉以后国家蓝图中灾荒因素的作用和影响日渐增强，灾荒社会应运而生并延续到明清。所以，灾荒社会是秦汉以来两千年循环演替的国家形态。

灾荒社会的基本特征必须从脆弱的生态环境和社会环境恶化两方面来看，天灾不断侵扰、人类的开发消耗超出自然环境的承载能力，灾害一旦来袭势必会造成饥荒、瘟疫、人民流亡等严重后果。灾荒社会是由最初的受灾区域不断扩大消极影响或由几个原本范围较小的受灾区连点成面形成的。灾害区即灾害发生频繁并造成严重危害性后果的地域空间，受灾地区应具有空间一致性的前提条件，即一定地域范围同时受灾。相对于较为宽泛的灾害空间分布研究，历史灾害区研究具有更加明显的区域特征和灾害要素，其形成过程与灾害群发期具有一定关系，即灾害群发期内主要灾害区范围更大、灾情更加严重，也与社会治理、区域互动等人文要素有显著关联。按照中心边缘理论，历史灾害演进过程中必然存在一定的中心区，灾害中心区与灾害边缘区共同构成历史灾害的空间格局。灾害中心区的赈济救灾政策影响并左右着其他地区的灾害救助，使得灾害中心区具备有灾必救的社会资源获取权优势。此外，灾害中心区的社会应对还会影响国家农业发展的基本战略。[①]

灾荒社会的人文社会因素影响不只限于不合理的资源开发，在社会日常运行的过程中还会埋下种种隐患。譬如对农业生产来说至关重要的农田水利建设，大都缺少长远规划、缺少系统性与全局性统筹，往往灾时临时应急修治，农业生产得不到基本保障。水患不止又不能根治，在频繁灾荒打击之下，农业生产无法正常进行，乡村经济必然变得十分脆弱，农民贫困、乡村萧索。官方主导下制定的救灾制度、设置的救灾机构、建立的乡村组织等，当灾荒真正发生时，想要在地方官、富户、灾民等多重角色参与的重大公共事件中高效发挥政府救灾效力，也是需要吏治条件的，并非任何时期都可以轻易实现。多数情况下只能是民生贫困与乡村社会脆弱性无可避免地加剧，农民感到连性命都难以保全，甚至开始惰于农事，灾区社会生产、生活秩序难以维系。

二　灾害研究的国家意志——国家社科基金的灾害研究项目

近年来，灾害类研究项目越来越多，且得到更多的国家基金项目支持资助。通过整理国家社科基金项目中的灾害类项目，可以看到多学科介入的灾害研究已经成为国家主导下灾害研究的基本趋势，灾害类研究项目蕴含了国家对灾害问题的总体考量和社会对灾害问题的密切关注。而在多学科的灾害研究中，近几年来，历史学领域的灾害类研究项目始终保持稳定增长状态，成为历史研究中重要的选题方向。这些选题方向

① 卜风贤：《两汉时期关中地区的灾害变化与灾荒关系》，《中国农史》2014 年第 6 期。

既是自然灾害研究的前沿动态，也是国家宏观层面对自然灾害的认识与定位，是灾害研究整体性特征的一种表现。

（一）国家社科基金项目中的灾害类议题

在经济社会日益发展的新态势下，灾害风险的不确定性与不可控性也与日俱增，因此造成的损失也越来越大。灾前预警、灾中应对与灾后重建在不同时期有不同的要求。因此，灾害类议题并不固定属于某一学科。从国家社科基金项目数据库的检索结果来看，自20世纪90年代至今的灾害类相关议题讨论中，跻身其中的学科有社会学、政治学、管理学、历史学、经济学、统计学、民族学、法学、人口学、中国文学、新闻学与传播学、宗教学等，还有跨学科的灾害研究。

本文通过国家社科基金项目数据库对灾害类相关项目进行收集整理，使用项目名称关键词检索功能来建立基础数据。从收集到的296个条目来看，20多年来获得灾害类议题立项的学科以中国历史总量最多，自1996年以来有51项；其次是管理学，自2010年以来有47项；再次是社会学，自1992年以来有36项；应用经济学科目自1992年以来有26项；政治学科目自1992年以来有14项；民族问题研究科目自2002年以来有12项；理论经济学科目自1999年以来有11项；法学科目自1994年以来有10项。

20余年来灾害类相关议题立项数≥5且＜10的学科有统计学、人口学、党史·党建、中国文学、教育学、哲学。历史学科的灾害类议题主要围绕灾害与社会应对、荒政制度、环境变迁与灾害的关系、历史灾害文献的收集整理等方面展开。历史学科以外的诸多学科在灾害类议题的讨论中涉及的范围也十分广，项目选题集中于国外对某种灾害治理的经验与启示，回顾党领导下的灾害救助与经验总结，灾害的经济损失评估与经济恢复，灾害的协同治理研究，灾害与经济发展问题研究，灾害人为诱因分析及对策，安全防灾体系建设，重大灾害时空规律的统计研究，灾害记忆传承，灾害与人口迁移，灾害思想的源流、嬗变及其对当代社会的影响，灾害叙事，应急管理机制研究，灾备资源布局研究，灾害信息传播、心理创伤及对策研究，等等。表1梳理了20多年来国家社科基金重大项目与重点项目中的灾害研究方向，从中更能反映灾害类议题与社会经济发展的关联性，以及灾害类议题的发展变化趋势。

表1　20多年来国家社科基金重大项目与重点项目中的灾害研究方向

年度	灾害类议题获得立项的重大项目名称	灾害类议题获得立项的重点项目名称
2019		面向人工智能时代的灾害治理研究
		韧性视角下的城市灾害风险评估与治理研究
2018	汶川特大地震抗震救灾精神口述史挖掘、整理与研究	云南少数民族的传统知识与文化防灾研究
	多灾种重大灾害风险评价、综合防范与城市韧性研究	
	民国时期淮河流域灾害文献搜集、整理与数据库建设	
2017	中国西南少数民族灾害文化数据库建设	汶川地震灾后重建模式与可持续发展研究（2008～2018）
	大数据背景下城市灾难事件社会舆情治理研究	
2016	近代西北灾荒文献整理与研究	基于重大灾害中情景构建的应急物流安全动态协同决策与架构支持研究
		面向大数据驱动的极端灾害性气象事件态势生成与可视化原型系统构建研究
		特重大自然灾害后恢复重建机制建设研究
2015	突发性海洋灾害恢复力评估及市场化提升路径研究	我国农业巨灾风险分散国际合作机制研究
2014	中国沿海典型区域风暴潮灾害损失监测预警研究	西部重大灾害时空规律的统计研究
	重大灾害时空规律及灾备资源布局的统计学研究	灾害记忆传承的跨文化比较研究
		中国特色御灾模式研究
		新中国防洪抗旱减灾史研究
2013	农业灾害风险评估与粮食安全对策研究	农业灾害风险评估研究
	清代灾荒纪年暨信息集成数据库建设	
	基于智慧技术的滨海大城市安全策略与综合防灾措施研究	

续表

年度	灾害类议题获得立项的重大项目名称	灾害类议题获得立项的重点项目名称
2012	《中国疫灾历史地图集》研究与编制	区域重特大灾害社会风险演化机理研究
	重特大灾害社会风险演化机理及应对决策研究	基于智慧技术的滨海大城市安全战略选择与综合防灾布局措施研究
		巨灾风险管理机制设计及路径选择研究
2011	我国巨灾保险制度安排与实施路径研究	高原高寒地区特大地震灾害应急处置能力研究
		地震灾害频发地区的人口迁移与分布问题研究
		构建生态保护和减灾防灾法律体系研究
		亚太地区救灾合作机制建设对策研究
		巨灾风险管理体系与保险机制创新研究
2010		宋朝应对自然灾害的危机管理及历史经验研究
		我国农业巨灾风险管理制度创新研究
2009	重大自然灾害和重大突发公共事件应对新框架研究——基于汶川大地震的实证研究	汶川地震灾后重建的人口问题研究
	应对重大自然灾害与构建我国粮食安全保障体系对策研究	
	汶川地震灾区文化重塑与和谐社会建设研究	
	汶川大地震灾后恢复重建相关重大法律问题研究——“政府—市场”关系下的法律选择与社会再建	
	汶川大地震灾后“经济－社会－生态”统筹恢复重建研究	
2008		地方政府应对重大自然灾害对策研究
		汶川大地震灾后恢复重建相关重大问题研究
		应对重大自然灾害和重大突发公共事件对策研究
1992		灾害社会学研究
未标明	基于大数据融合的气象灾害应急管理研究	基于重大灾害中情景构建的应急物流安全动态协同决策与架构支持研究
	巨灾保险的精算统计模型及其应用研究	

从近五年灾害类议题获得的立项来看，灾害史研究是备受关注的学科领域之一，在国家社科基金重大项目中多次获得批准立项。2019 年重点项目“面向人工智能时代的灾害治理研究”，从社会学视角出发，结合时代发展的新动向，对灾害治理进行了新的思考；重点项目“韧性视角下的城市灾害风险评估与治理研究”，站在政治学的学科立场，引入目前国际社会在防灾减灾领域高频使用的“韧性”“城市韧性”概念，在开拓研究视角的同时更是呼应了 2017 年 6 月由中国地震局提出实施的“韧性城乡”计划。2018 年立项的重大项目“民国时期淮河流域灾害文献搜集、整理与数据库建设”，民国时期淮河流域灾害文献数据库的建立可以为学界研究民国时期淮河流域灾害史提供丰富的资料和快捷的平台，便于国内外学者对民国时期淮河流域灾害史料的充分利用，为更好地开展淮河生态经济带建设以及当代淮河流域的防灾减灾提供有益的借鉴。2017 年立项的重大项目“中国西南少数民族灾害文化数据库建设”以及 2018 年的西部项目“基于地方志的西南少数民族地区气象灾害历史数据库建设研究”，都是面对数量大、类型丰富、序列长、连续性强的中国历史灾荒文献资料利用大数据时代的发展优势开展工作的重要实践。2016 年立项的灾害类议题重点项目以管理学学科为主导，有“基于重大灾害中情景构建的应急物流安全动态协同决策与架构支持研究”“面向大数据驱动的极端灾害性气象事件态势生成与可视化原型系统构建研究”“特重大自然灾害后恢复重建机制建设研究”。2015 年立项的重大项目“突发性海洋灾害恢复力评估及市场化提升路径研究”是针对我国连年海洋灾害造成的重大经济损失进行的学术探索。近五年获得立项的灾害类议题，或是贴合时代发展轨迹，配合国家和地方经济、社会发展的需求展开的科学论证与建策；或是从历史学角度出发，通过描摹某一时期某一地域的灾害发生情况与社会应对，探究历史真实，寻找灾害发生的历史规律及对当今社会的启发。灾害类议题的立项情况与年度自然灾害的严重程度也有密切关系，最为明显的就是 2008 年汶川地震后，2009 年灾害类项目立项数猛增。

（二）国家社科基金的灾害史研究成果

20多年来，国家社科基金资助过不少灾害史研究项目，其研究成果主要是以专著形式呈现的，也有部分是研究报告的形式，现将部分灾害史研究相关项目结项成果整理成下表（见表2）。

表2　20多年来部分灾害史项目的研究成果

序号	立项年度	结项年度	项目负责人	负责人所在单位	项目类别	成果名称	申报成果形式
1	2014	2018	邓绍辉	四川师范大学	西部项目	《汶川地震与救灾制度转型研究》	专著
2	2014	2018	杨云	宁夏社会科学院	西部项目	《近代宁夏地区的自然灾害与救济研究》	专著
3	2013	2018	卢勇	南京农业大学	一般项目	《明清以来的淮河水灾及治淮思想系列论文》	论文集
4	2013	2019	王建华	长治学院	一般项目	《历史时期晋东南区域自然灾害与民生研究》	专著
5	2013	2017	刘榕榕	广西师范大学	西部项目	《古代晚期地中海地区自然灾害研究》	专著
6	2012	2017	耿占军	西安文理学院	西部项目	《中国西部旱灾的社会应对研究(1644～1949)》	研究报告
7	2012	2018	周致元	安徽大学	一般项目	《明代灾荒中的民间应对机制研究》	专著
8	2012	2018	李嘎	山西大学	青年项目	《环境史视野下华北区的洪水灾害与城市水环境研究(1368～1949)》	专著
9	2012	2018	刘继刚	河南科技大学	青年项目	《甲骨文所见殷商灾害研究》	研究报告
10	2011	2018	珠飒	内蒙古工业大学	西部项目	《20世纪三四十年代绥远地区灾荒与社会救济研究》	专著
11	2011	2018	郭志安	保定学院	一般项目	《北宋黄河水灾防治与水利资源开发研究》	专著
12	2011	2018	庄华峰	安徽师范大学	一般项目	《明清时期长江下游自然灾害与乡村社会研究》	专著

续表

序号	立项年度	结项年度	项目负责人	负责人所在单位	项目类别	成果名称	申报成果形式
13	2011	2014	武艳敏	郑州大学	一般项目	《民国时期社会救灾研究》	专著
14	2010	2014	李华瑞	首都师范大学	重点项目	《宋代救荒史稿》	专著
15	2010	2017	陈业新	上海交通大学	一般项目	《明清时期华东地区灾荒环境下的社会治理研究——以安徽北部地区为对象》	专著
16	2010	2016	朱浒	中国人民大学	青年项目	《灾荒视角下的清代嘉道变局研究》	未标明
17	2010	2016	谢亮	兰州交通大学	西部项目	《灾荒与近代西北的民间赈济(1867～1937)》	未标明
18	2009	2012	贾滕	周口师范学院	青年项目	《乡村秩序重构及灾害应对——以淮河流域商水县土地改革为例(1947～1954)》	专著
19	2009	2016	汪志国	池州学院	一般项目	《近代淮河流域自然灾害与乡村社会研究》	专著
20	2009	2012	张堂会	阜阳师范学院	青年项目	《民国时期自然灾害与现代文学书写》	专著
21	2007	2012	杨鹏程	湖南科技大学	一般项目	《湖南洞庭湖区血吸虫病流行与防治史》	专著、译著
22	2007	2012	金颖	辽宁大学	一般项目	《中国东北地区水利开发史研究(1840～1945)》	专著
23	2007	2010	石涛	山西大学	后期资助项目	《北宋时期自然灾害与政府管理体系的研究》	专著
24	2006	2011	赵晓华	中国政法大学	青年项目	《救灾法律与清代社会》	专著
25	2006	2012	卜风贤	西北农林科技大学	西部项目	《历史时期西北地区自然灾害与区域社会经济发展研究》	研究报告
26	2004	2007	阎守诚	首都师范大学	一般项目	《危机与应对：自然灾害与唐代社会》	专著
27	2002	2006	包庆德	内蒙古大学	一般项目	《清代内蒙古地区灾荒研究》	专著

续表

序号	立项年度	结项年度	项目负责人	负责人所在单位	项目类别	成果名称	申报成果形式
28	2001	2007	董源	北京林业大学	一般项目	《历史上环北京地区森林变迁和生态灾害》	研究报告
29	2001	2011	牛润珍	中国人民大学	一般项目	《三至六世纪海河流域自然环境、灾害与城镇兴衰》	专著
30	1999	2010	周致元	安徽大学	一般项目	《明代荒政文献研究》	专著
31	1999	2002	杨鹏程	湘潭师范学院	一般项目	《湖南灾荒史》	专著
32	1996	2001	刘仰东	中国人民大学	一般项目	《近代黄河流域的自然灾害与社会变迁》	未标明
33	1997	2003	龚胜生	华中师范大学	青年项目	《中国古代的疫灾》	专著
34	1999	2008	章义和	华东师范大学	青年项目	《中国蝗灾史》	专著
35	未标明	2019	叶宗宝	信阳师范学院	一般项目	《民国华北环境变动与疫病防控》	专著

其中，重点项目 1 项，一般项目 18 项，西部项目 7 项，青年项目 8 项，后期资助项目 1 项。从立项年度到结项年度分别历经 3 年至 11 年不等，在 6 年左右结项的项目比较多。

（三）国家社科基金项目对灾害史研究队伍的训练与培养

我国社会科学界将国家社科基金资助项目作为研究水平的基本评价标准，国家社科基金立项项目所研究的内容和方向对同类研究有很大的导向作用，其研究成果也对某些重大问题有很大的参考作用。国家社科基金不仅承担着促进科学研究发展的职责，同时还肩负着选拔和培养高素质学科人才的重任。

早在改革开放之初，中国学术界的历史研究工作刚刚步入正轨时，中国人民大学的李文海教授就发声呼吁学界开展对灾荒史的研究，并着手组织了一个近代灾荒史研究课题组，得到了国家社科基金项目的资助。1990 年，课题组共同撰写的《近代中国灾荒纪年》出版，该著作以传统的编年体形式，对鸦片战争至五四运动时期全国发生的各类重大自然灾害予以说明，尽可能将自然灾害发生的时间、地点及受灾的范围和程度加以详细介绍，而且对灾区人民的生活状况、政府救荒措施及其弊端予以说明，这项研究成果对从事灾害史研究的同人无疑是具有启发意义的。此后李文海教授继续在中国近代灾荒史研究领域耕耘不辍，培养出多位灾害史研究领域的学术骨干，而这一切的开始都可以追溯到国家社科基金对李文海教授发起的近代灾荒史研究课题的支持。可以说，国家社科基金项目对灾害史研究及其研究队伍的发展起到了极为重要的推动作用。通过设立国家课题项目，鼓励学者积极进行深层研究和科研创新，并发现各研究领域的拔尖人才和团队，从而帮助其迅速成长。同时学科带头人又能带动一个团队甚至一个区域的科研发展，进而提高整个研究领域的科研水平。

国家社科基金项目代表较高的学术水平和较大的学术潜力，其资助的项目从宏观上反映了灾害史研究的方向和热点。在国家社科基金项目的引导与激励下，灾害史研究领域的学者不断提升自身科研素养和创新能力，在选题申报、研究视角、研究方法、研究理论、研究内容、论证和撰写过程等方面不断打磨，营造出良好的学术氛围。历史灾害数据的分类整理及数据库建设工作，是打破灾害史研究的固有模式、推动灾害史研究革新发展的重要基础性工作，近几年几乎每年都有此类项目获得立项，也说明了国家社科基金对灾害史研究领域的支持与关注。此外，国家社科基金还重视资源整合与研究者自身的优势发挥。如海南师范大学史振卿副教授 2017 年立项的“晚清民国时期南海海洋灾害与社会应对研究”，很好地结合了海南师范大学所在地的地域特色与资源优势。在国家社科基金的支持下，国内学者进行灾害史研究的视野并不局限在中国的版图上，广西师范大学刘榕榕教授 2013 年立项的西部项目是“古代晚期地中海地区自然灾害研究”，浙江大学王海燕教授 2013 年立项的一般项目是“日本古代灾害社会史研究”，从世界史的角度探寻中国版图以外地域曾经发生的灾害与人类抗灾救灾的经验。

（四）中国灾害史研究的建制化发展

从 20 世纪 50 年代开始，灾害史研究总体上是由自然科学工作者主导了最主要的研究进展，自然演变取向成为灾害史研究的主流。改革开放以后，大批历史学者加入灾害史研究的行列，社会变迁取向逐步成为该研究的另一个重要方向。21世纪以来的灾害史研究，随着研究队伍的不断壮大，覆盖的范围得到极大扩展，灾害史资料得到了大规模的整理和出版。自然科学界主导下的自然演变取向和以历史学界为主力军的社会变迁取向，构成了中国灾害史研究的主体框架。① 灾害史研究在发展过程中不断综合运用自然科学与社会科学中的社会学、经济学、生态学、历史学、人类学和心理学等多学科的理论体系，对灾害问题进行再深入研究。从“就灾言灾”拓展到从社会史、社会文化史、生态环境史等角度，对灾荒中人与社会、人与自然、人与文化的多重互动进行探索研究，在灾荒与社会、民众意识、日常行为、灾荒记忆等方面丰富了灾害史的研究成果。② 不断深化灾害史研究，一方面有助于人们更深入、更具体地去观察当时社会，从灾荒与政治、经济、思想文化以及社会生活各个方面的相互关系中，揭示有关社会历史发展的许多本质内容；另一方面，现实生活中灾害问题引发的严重后果从未停止，通过了解历史时期人类对灾害的认识、抗灾救灾的实践经验等，能够得到许多有益于今天加强灾害对策研究的借鉴和启示，从而更好地服务于国家战略与实践需求。各研究单位从事灾害史相关研究工作的学者们，不断增强个人及团队的科研能力，依托国家社科基金项目的资助支持，践行灾害史研究的初心与使命。对高校科研单位而言，项目申报不仅反映出高校科研管理的能力和水平，也是高校人才培养、制定激励政策、提升科学管理水平的系统体现。高校教师申报国家社科基金项目如果成功立项，一方面是对高校社科研究工作的一种肯定，可以提升地方高校教师和所属学校的形象，扩大社会影响力；另一方面，通过申请国家社科基金项目资助，地方性、区域性的经验总结和研究成果既可以提升其学术价值，又可以得到地方政府的重视，进一步扩大学术影响力。

---

① 朱浒：《中国灾害史研究的历程、取向及走向》，《当代中国史研究》2019年第2期。

② 夏明方、郝平主编《灾害与历史》第1辑，商务印书馆，2018，第28页。

灾害史研究者也通过项目研究加强了科研协作。中国灾害防御协会自1987年成立以来，一直在广泛联系和组织协调国家及地方减灾部门、团体、学者，配合国家和地方经济、社会发展的需求，开展各种减灾活动，组织协调多学科、多部门的灾害考察、科学研究、学术交流。中国灾害防御协会灾害史专业委员会连续多年组织召开学术年会，奖励青年学者，在灾害史研究建制化发展方面做了大量工作。其与中国人民大学清史研究所暨生态史研究中心共同创办《灾害与历史》学术刊物，还持续更新《中国灾害史研究简讯》。在该专业委员会主任夏明方教授的带领下，灾害史研究领域的众多学者积极参与，共同促进学术队伍建设工作。当前，灾害史研究领域的优秀学者有云南大学西南环境史研究所周琼教授、新疆师范大学阿利亚·艾尼瓦尔教授、中国水利水电科学研究院的张伟兵和吕娟、中国地震局的高建国、复旦大学安介生教授、陕西师范大学卜风贤教授、山西大学历史文化学院郝平教授、南开大学历史学院暨中国社会史研究中心余新忠教授、中国人民大学清史研究所朱浒教授、北京师范大学地理科学学部方修琦教授、中国政法大学历史研究所赵晓华教授、中国海洋大学中国社会史研究所蔡勤禹教授、安徽大学淮河流域环境与经济社会发展研究中心张崇旺教授等。各研究单位通过举办学术会议、发表学术论文等形式交流自己的研究成果与研究取向，推动中国灾害史研究不断发展。

要推动中国灾害史研究的进一步发展，一方面需要以建设综合性灾害历史数据库为纽带，强力深化自然科学界和人文社会科学界的合作；另一方面，学者尤其是历史学者需要强化问题意识，运用新史学方法，努力克服灾害史研究中的“非人文化倾向”。[①] 夏明方教授与朱浒教授在近年来多次强调灾害史研究要克服“非人文化倾向”，卜风贤教授在《灾害史研究的自然回归及其科学转向》一文中提出了灾害史研究本质是以自然属性为主的新观点，纠正了灾害史研究中“非人文化倾向”的论断误区。[②] 虽然关于“非人文化倾向”的题解角度不尽相同，但在

① 朱浒：《中国灾害史研究的历程、取向及走向》，《当代中国史研究》2019年第2期。

② 卜风贤：《灾害史研究的自然回归及其科学转向》，《河北学刊》2019年第6期。

方向性的认识上是有一定共识的。一是认为学界对人文社会科学和自然科学研究成果的借鉴有待进一步加强；二是需要继续建设综合性中国自然灾害历史信息数据库，在此基础上展开灾害史的量化研究和总体研究。法国学者魏丕信、美国学者艾志端等学者的灾害史研究理路也给了中国学者一定启发。艾志端教授的研究带有明显的新文化史研究视角，关注中国灾害史的历史书写、社会记忆和不同信仰背景下的文化反应等内容，为灾害史研究提供了新的视角，并引发对历史文献性质的反思。北京大学中国古代史研究中心的陈侃理副教授于2015年出版的《儒学、数术与政治——灾异的政治文化史》一书正是结合新文化史的研究理路，发挥人文学科学者研究长项的著作，而不仅仅满足于对历史灾害事件的泛泛描绘。

三 中国灾害史研究的基本范式、范式固化与范式转化

“范式”一词最早由科学史家库恩提出，多位学者对其进行了不同的解读。库恩是在两种不同意义上使用这个概念的，陈俊重构了这两种意义上的“范式”概念，即将它作为精神定向的工具和认知工具的范例来说明“范式”的本质及其认识论上的意蕴。陈俊认为，“范式”应该是作为认识和理解世界的工具而使用的，它作为一个开拓未知世界的工具，并不能穷尽世界所有问题的答案，但是可以为科学家提供新的探索方向与思路。[①] 郭跃认为，对“范式”一词的理解和用法存在不同的解读，其是一个意涵极为丰富的整体性概念。[②]

可见范式就是学界的一种共识，这种共识所辖群体可大可小，可按领域区分也可跨越领域的界限，且不是一成不变的，可以随着研究的发展而变化。范式之间可能存在递进关系，通过科学革命摆脱范式危机从而形成新的范式，这是一个不断完善、循环的过程。

---

① 陈俊：《库恩“范式”的本质及认识论意蕴》，《自然辩证法研究》2007年第11期。

② 郭跃：《灾害范式及其历史演进》，《地理科学》2016年第6期。

（一）灾害史研究的基本范式

由于灾害问题日益严重，学界对灾害学的研究也越来越重视。我国自古就对灾害问题给予了极大的关注，历代史书中都有关于灾害发生、危害情况的记载，但对古代灾害的研究仅停留在文字性的描述上，即简单定性描述。中国科学意义上的灾害史研究始于20世纪20年代，标志是邓拓先生的《中国救荒史》。卜风贤等人在《中国灾害学研究的兴起与发展》一文中通过对灾害理论问题研究的分析，从科学创立、出版论著、研究工作、学术交流及灾害教育等方面系统全面地梳理了中国灾害学的产生与发展，并对灾害学研究中存在的问题进行了阐述。目前，灾害史研究中存在以下几个基本范式。

1. 灾害史料的文献整理

1937年，邓拓先生在《中国救荒史》中按灾情总述、灾荒趋势与特征、灾荒成因、救荒思想、救荒政策等第一次对中国灾害的历史展开论述，为灾害史研究提供了范式。[①] 这种范式概括说来就是从正史、方志以及档案史料中发掘相关灾害信息并编撰整理。此后学者和政府都据此开展了各类灾害史籍整理工作，主要成果有张德二主编的《中国三千年气象记录总集》，来新夏主编的《中国地方志历史文献专辑·灾异志》（共90册），贾贵荣、骈宇骞编的《地方志灾异资料丛刊》（第一编），于春媚、贾贵荣编的《地方志灾异资料丛刊》（第二编）等。从灾害史专题研究角度看，新中国成立后相当长的时期内，灾害史研究工作主要集中于气候灾害史料的整理上。早期的成果多集中于灾荒史概论、历史灾荒发生的原因、水旱等灾害的发生及灾情演变等方面，主要是由自然科学工作者主持，如竺可桢、丁文江等杰出科学家，社会科学工作者总体上只是其中的辅助性力量。这导致20世纪相当长的时期内灾害史研究领域的诸多开创性工作是由气象学、生物学、地理学等领域

① 闵祥鹏：《回归灾害本位与历史问题：中古灾害史研究的范式转变与路径突破》，《史学月刊》2018年第6期。

的科学工作者来完成的，[①] 这种现象被学者称为灾害史研究中的“非人文化倾向”。自谭其骧先生对东汉以后黄河安流的原因进行分析后，关于黄河水利治理的研究成果日渐增多，如徐海亮的《地理环境与中国古代传统水利》。随着灾害史研究工作的范围逐步扩大，有学者开始对我国古代荒政古籍、荒政思想、救荒减灾等进行整理分析，如邵永忠的《历代荒政史籍述论》。

2. 灾害史料的计量分析

灾害史料数据化的工作早期主要表现在对灾害频次或空间分布的统计上，中国学者对其进行较大规模的文献整理并进行定量分析，以揭示历史时期中国自然灾害的特点与规律。据夏明方的研究，目前所见最早对中国灾害进行时空分布量化分析的，当属徐光启《农政全书·荒政考》中对蝗灾发生规律的探讨。[②] 20世纪20～40年代，一批中国学者对历史灾荒资料进行计量分析，进而概括其时空分布特征，为灾害史研究奠定了科学基础，典型代表是竺可桢的《中国历史上气候之变迁》。[③] 近现代学者对史料中气候信息的处理方法主要是延续竺可桢的思路，辅之以更多复杂的数理科学方法和技术手段，将灾害信息转化成气候变化参数，消除不均一性，再通过数字编码等程序，实现信息化、标准化，节省存储空间。随着计算机的推广普及，史料信息化处理和数据库建立的流程更加科学、完善。

3. 灾害脆弱性新范式的出现

随着灾害史研究工作的深入开展，灾害史分化出许多交叉学科，如灾害社会学。尤其是四川“5·12”特大地震灾害发生后，社会学界对灾害的研究逐渐增多。目前灾害社会学领域最有影响的两个新范式分别是自然脆弱性和社会脆弱性，且社会脆弱性为灾害社会学研究提供了新的分析框架，但是国内学界对这一重要范式的深入研究却非常缺乏。[④]

---

① 闵祥鹏：《回归灾害本位与历史问题：中古灾害史研究的范式转变与路径突破》，《史学月刊》2018年第6期。

② 夏明方：《大数据与生态史：中国灾害史料整理与数据库建设》，《清史研究》2015年第2期。

③ 卜风贤：《历史灾害研究中的若干前沿问题》，《中国史研究动态》2017年第6期。

④ 周利敏：《从自然脆弱性到社会脆弱性：灾害研究的范式转型》，《思想战线》2012年第2期。

学界对社会脆弱性这一概念有“冲击论”“风险论”“社会关系呈现论”“暴露论”等几种不同定义。据周利敏研究，目前中国学界对社会脆弱性重视不足，且社会脆弱性作为一种新范式其自身也存在较多问题。不过瑕不掩瑜，这一范式所具有的巨大理论潜力毋庸置疑，不仅可以为灾害史研究提供更具创意与解释力的研究视角，而且对于推进防灾、救灾与减灾等工作也具有极为重要的现实启发意义。[①]

（二）灾害史研究的范式固化

1. 灾害史研究的程式化与碎片化

闵祥鹏认为灾害史研究以唐为分期，宋元明清的灾害史研究通过借鉴环境史、社会史、文化史的研究思路，开拓出了新的研究领域，但唐及以前的中古灾害史研究因史料局限，在程式化与碎片化的倾向下步入瓶颈期。第一，重复、沿用或套用前辈学者的旧有模式，反而使邓拓先生开创的研究范式成为灾害史研究的束缚与枷锁，带来研究模式的固化。第二，在未能出现大量新材料的前提下，所谓中古灾害史研究的微观与个案研究，只是一种空想或碎片化研究，既无法开辟灾害史研究的新领域，也不可能根本改变中古灾害史研究的窘境，反而降低了灾害史研究的历史意义与现实价值。此外，在缺乏数理统计基础的前提下，仅通过文献记载的旱涝灾害来还原中古时期的干湿气候并不完全准确。这是因为，古人记录灾害史料有其特殊的社会背景和判断标准，不能先入为主地将现代气候的干湿、冷暖认知套用到对灾害史料的解读中。[②]

2. 灾害史研究中的定量分析

灾害的时空分布统计是一种典型的范式固化。所谓的灾害次数统计与时空分析遭人诟病，灾害史料的真实性亦遭到部分学者质疑，这些问题在断代灾害史研究中尤为突出。很多学者只是机械地进行区域灾害量化并从中寻找灾害时空分布的规律，值得肯定的是采用量化数据的技术

① 周利敏：《社会脆弱性：灾害社会学研究的新范式》，《南京师大学报》（社会科学版）2012 年第 4 期。

② 闵祥鹏：《回归灾害本位与历史问题：中古灾害史研究的范式转变与路径突破》，《史学月刊》2018 年第 6 期。

手段有所突破，但总体的认识水平和研究没有突破早期的灾害时空分布研究的樊篱，关于灾害区划分的研究也仅仅解释了自然灾害的区域性差异，并未从本质上揭示自然灾害的空间群发特征。[①] 这种史料量化分析的范式已陷入僵局。

3. 灾害史研究中的自然脆弱性范式

自然脆弱性范式本身存在的缺陷不容忽视，它虽然重视量化研究，但忽略了社会经济文化因子的重要性以及缺乏深入的质性研究，而社会脆弱性范式恰好可以弥补这一缺陷。自然脆弱性范式对于导致灾害风险不均衡的社会根源——社会不平等现象基本不关注，而社会脆弱性范式不仅关注不平等问题，而且着重分析灾前受灾风险的不均衡分布状况及其产生的社会根源，并以此预测受灾风险的高危地区及社会群体，为灾害社会风险研究提供了新的分析框架。自然脆弱性范式过分集中于自然或工程技术层面的研究，对社会因素的探讨明显缺乏。事实上，只有通过社会脆弱性分析才能真正确认社会中最脆弱的群体，才能真正了解灾害中不同群体应对灾害风险能力的差异。[②]

秦晖《“范式危机”还是前范式危机?》一文末尾的话很值得我们借鉴：“我不认为我们的研究目前面临‘范式危机’，但这并不意味着我们的研究目前没有危机。如果套用库恩的术语，我们的研究目前恐怕还处在尚未形成‘常规学科’的前学科状态，因而我们面临的理论危机在很大程度上是‘前范式’危机。我们的理论中充满了许多模棱两可定义含混的概念，它们似乎什么都能解释，实则可能什么都解释不了；它们似乎永远不会遇到被证伪的危机，但这种‘无危机’状态在科学认识价值上恰恰是一种更深刻的危机。如果我们的学科不摆脱这种‘无危机的危机’，那么任何科学进步（无论是库恩描述的‘范式危机→科学革命→新的范式’还是波普描述的‘假说→证伪→新的假说’以及其他）都将难以在我们的学科中发生。”[③]

---

① 卜风贤：《历史灾害研究中的若干前沿问题》，《中国史研究动态》2017年第6期。

② 周利敏：《从自然脆弱性到社会脆弱性：灾害研究的范式转型》，《思想战线》2012年第2期。

③ 秦晖：《“范式危机”还是前范式危机?》，《史学理论研究》1994年第2期。

据此，笔者认为自然脆弱性范式因其本身的缺陷而被学界摒弃，可以称为一种范式固化。但据上文分析，目前社会脆弱性并没有形成范式固化，是前范式，或者说正在形成一种新范式。

（三）灾害史研究的范式转化

范式转化的一般规律是越来越具有科学性，例如史学界的研究范式经过了三种变化：第一种是完整的故事叙述，力图以人物为中心完整地揭示事件的来龙去脉，反映一个时代的变化；第二种则主张历史学的社会科学化，其分析方法强调理论的视野和实证的结合；第三种是在前两种方法的基础上，更加强调中国当代史研究的科学化，所谓的科学化，指的是采用一切科学的分析手段和分析工具来解读我们面对的海量史料。[①] 灾害史研究也经历了或者正在经历着几种范式的转化。

1. 灾害史研究中“非人文化倾向”与“人文化倾向”之间的转化

最早自然科学家对灾害史的研究工作主要集中于史料量化，对灾害史研究的基础工作做出了不可否认的贡献，这也反映出灾害史研究中的“非人文化倾向”。随着越来越多人文社科类工作者加入，灾害史研究工作出现了转变。人文社科类工作者对灾害史的研究模式是分析历史时期气候、灾害的变化与中国人口分布、社会经济、政治疆界等之间的关系，厘清气候灾害对中国社会可能产生的一些人文影响。特别是夏明方《中国灾害史研究的非人文化倾向》一文的问世，对灾害史的理论研究起了很大的推动和促进作用。但是灾害史研究工作中的“非人文化倾向”并没有出现显著的变化。近期，卜风贤在《灾害史研究的自然回归及其科学转向》中提出了灾害史研究本质是以自然属性为主的新观点，他从自然科学力量在灾害史研究的兴起和发展中所起的作用、灾害史研究与科学史的内在逻辑关系、灾害史研究的科学转向等方面详尽论述了灾害史研究中的过度人文化倾向问题。[②]

① 曹树基、刘诗古：《历史学的研究方向与范式：曹树基教授访谈》，《学术月刊》2012 年第 12 期。

② 卜风贤：《灾害史研究的自然回归及其科学转向》，《河北学刊》2019 年第 6 期。

2. 灾害史研究从自然脆弱性到社会脆弱性的转化

近年来，在灾害社会史领域内明显正在进行着范式的变更：社会脆弱性这一新范式正逐渐取代自然脆弱性这一旧范式，使灾害社会史的研究更具有科学性和客观性。自然脆弱性范式本身存在很大的缺陷，它虽然重视量化研究，但忽略了社会经济文化因子的重要性以及缺乏深入的质性研究，而社会脆弱性范式恰好可以弥补这一缺陷。自然脆弱性范式对于社会不平等现象基本不关注，过分集中于自然或工程技术层面的研究，对社会因素的探讨明显缺乏。而社会脆弱性范式不仅关注不平等问题，而且着重分析灾前受灾风险的不均衡分布状况及其产生的社会根源，并为灾害社会风险研究提供了新的分析框架。但是国内学界对社会脆弱性这一重要范式的深入研究却非常缺乏。周利敏认为，只有将社会脆弱性范式引入灾害史研究领域，才能呈现多元的灾害史研究，才能更好地理解和把握日益复杂的灾害现象。这一范式所具有的巨大理论潜力毋庸置疑，不仅可以为灾害史研究提供更具创意与解释力的研究视角，而且对于推进防灾、救灾与减灾等工作也具有极为重要的现实启发意义。①

3. 灾害史研究中定性分析与定量分析相结合

灾害史研究的主要依据是中国古代历史文献，但这些文献对灾害事件仅做了简单的文字描述，因此灾害史研究的开端便是对史料进行定性分析。随着科技水平的提升与计算机、大数据等技术的广泛应用，学界曾掀起一股定量分析的浪潮。正如上文所述，这种机械的灾害次数统计与时空分析使灾害史研究走向了一条狭窄的死胡同，灾害史研究越来越僵化、刻板。当今学界已不再片面地强调定量分析了，而是更倾向于定量分析与定性分析相结合，在定性的基础上再进行定量分析，不单纯追求数据，而是追求合理性与科学性。

（四）推进灾害史研究的整体发展

我们需要厘清哪些范式正在形成，哪些范式正在固化，不必刻意绕

① 周利敏：《社会脆弱性：灾害社会学研究的新范式》，《南京师大学报》（社会科学版）2012年第4期。

开所谓的“范式”，要知道每一种范式在研究的起初都扮演着奠基石的角色。我们也必须承认，没有一种范式是完美无缺、不会被打破的，每一种范式的形成都需要学者去应用、去实践、去验证，也需要学者发现其缺陷并勇敢地打破这种范式，去创造更加适配的新范式。这是一个无限循环的过程，正如学术永无止境。董正华认为史学家所选择的众多路径、取向或“范式”，是可以兼容互济的，不同的史学观点、史学流派相互间应当宽容共处，对因理论和方法不同而出现的“分歧”不必急于达成“一律”。史学研究不断涌现新的范式和多种范式并存，史学界出现不同的流派或“学派”，是史学走出“危机”和萧条而重新步入繁荣的征兆，也是有利于史学理论研究繁盛的好事。[①]

很多学者对今后灾害史的研究工作做了很好的展望与发展，值得借鉴。

闵祥鹏认为，走出灾害史研究的困境方法有三种。首先，研究者应从学术价值出发，反思灾害史研究的目的与意义。学者在进行灾害史研究时应从历史重大灾害事件入手，以解决历史重大问题为目的。具体来说，一是以灾害事件为研究对象，以受灾区为研究范围，涵盖灾前预防、灾中处置、灾后应对的整个过程。按受灾范围将不同政区进行空间聚合，按受灾时间限定研究时段，相对完整地展现灾害概况，把握灾害形成的根本原因，厘清防灾制度的发展脉络，探讨救灾的区域联动等。二是按照灾种的具体类型与特征设定研究范围。比如洪灾研究按照流域、疫病按照传播范围、地震灾害按照地震带分布做具体分析，而不能先框定范围，继之将该范围内的水灾、旱灾、蝗灾、疫病等进行所谓总体时空分布研究。其次，透视文本深处的社会问题。他认为带有时代背景与历史语境的灾害史料，是灾害与社会互动的最直接表现。文本与灾害史实之间的间距化，也最能清晰展现人对灾害的认知与应对。通过对比不同地区、不同时段灾害记录的多寡，可以阐释古代人群生存空间与区域开发的状况等问题。史料虽然不能成为中古时期灾害自然规律的主要证据，却可以成为阐释灾害与社会关系的核心内容。最后，多维度地层域内嵌，摆脱二分法、三分法或阶层分析法的固有形式，多角度研究

① 董正华：《多种“范式”并存有益于史学的繁荣》，《史学理论研究》2003 年第 3 期。

中国历史上自然和社会的关系。①

夏明方在中国灾害历史数据库建设的构想中提出如下目标：文献资料的集成性和累积性；资料来源的多样性和整合性；数据处理的精细化与科学化；信息交流的公共性与开放性；服务功能的多元化与可视化。这五点目标中，第四点和第五点凭借现在的计算机水平和技术手段，完全可以达到；第一点是我国学者长期以来所坚持的目标，目前基本可以达到；而第二点和第三点是目前灾害史研究中所着重强调的，资料来源的多样性和整合性可以概括为定性研究，数据处理的精细化与科学化则可概括为定量研究，这两点是今后学者需要努力的方向。卜风贤对近百年的中国灾害史研究工作做了总结与反思，强调当前灾害史研究迫切需要开展的一项工作是在历史灾害文献考订基础上加强重灾区研究。②

总体来讲，在当前灾害史研究模式下，灾害时空分布规律、灾害发生的原因、灾害造成的影响、灾害发生后的社会应对等研究内容已经有一定发展与累积，灾害文本与灾害事件反映出的灾害观念、救灾思想等也受到了广泛关注。也有不少学者深挖灾害事件，对灾害与吏治，灾害与政局演进，灾害与社会动荡，环境、民生与灾区社会三者间的互动关系等做出了思考。也有学者“活化”历史，重在从史料中探寻文本叙述的个性，从作者的写作意图出发挖掘叙述背后隐藏的历史特殊性，强调“文本中的灾害史”的研究范式。③ 在灾害史研究取得一定成果但亟待推新的发展阶段，通过重新探讨灾害史的学科归属④、厘清灾害史研究的“非人文化倾向”，可以明确今后灾害史研究的重点方向。相信在众多学者的努力下，灾害史研究必能获得整体发展。

① 闵祥鹏：《回归灾害本位与历史问题：中古灾害史研究的范式转变与路径突破》，《史学月刊》2018 年第 6 期。

② 卜风贤：《历史灾害研究中的若干前沿问题》，《中国史研究动态》2017 年第 6 期。

③ 夏明方、郝平主编《灾害与历史》第 1 辑，第 76 页。

④ 卜风贤、王璋：《灾害史研究的学科归属》，《自然辩证法通讯》2020 年第 4 期。

清代自然灾害信息集成数据库建设*

方修琦　赵琬一　宋　儒　陈思宇　叶　瑜**

摘　要　在数字人文研究背景下，为满足历史气候变化、灾害史、环境史等学科研究的数据需求，将历史灾害大数据与数据库系统、地理信息系统以及网络共享技术结合，以清代为中心建立了自然灾害数据库系统。本文介绍了“清代自然灾害信息集成数据库”首个版本的资料来源、结构与功能设计、网页平台建设等内容，并结合网页平台界面，介绍了数据库的数据存储、检索查询、统计分析、制表绘图等功能的使用及呈现方式。该数据库可为相关科学研究提供一个开放共享的交流平台，也可为历史灾害数据库的设计和建设工作提供参考。

关键词　历史大数据　自然灾害　数据库建设　清代

引　言

中国自然地理环境复杂，受季风气候影响显著，自然灾害种类多、频率高、强度大、灾情重。在中国悠久且连续的历史长河中，应对水、旱等各种自然灾害的威胁和挑战始终是社会发展的重要组成部分，相关记载史不绝书，也为现代历史灾害和气候变化研究提供了丰富而庞杂的

---

* 本文为国家社科基金重大项目“清代灾荒纪年暨信息集成数据库建设”(13&ZD092)阶段性成果。

** 方修琦，自然地理学博士，北京师范大学地理科学学部教授。赵琬一，北京师范大学地理科学学部博士研究生。宋儒，中国人民大学清史研究所博士研究生。陈思宇，北京师范大学地理科学学部硕士研究生。叶瑜，自然地理学博士，北京师范大学地理科学学部副教授。

灾害史料。20世纪20～30年代，竺可桢、邓拓等学者就已开始在挖掘和整理中国灾害史料的基础之上研究中国历史气候变化[①]、灾害史[②]。1949年后，在相关行政管理部门和科研机构的组织或资助下，我国对灾害史料挖掘整理的力度更是前所未有，不同研究团队在全国范围对流传下来的文献史料中的灾害记录和信息进行了大规模的搜集、整理和汇编工作，不仅包括水灾、旱灾、地震、潮灾、疫灾等自然灾害信息，也包括这些灾害的社会影响和人类因应的资料，并形成各种或专门或综合、或区域或全国的灾害汇编资料集。这些资料为相关生产建设和科学研究提供了有效的支撑。随着信息化时代的到来，数字化的灾害史料的挖掘整理更加便捷，被挖掘整理的灾害史料也越来越多，工作重点逐渐转移到如何有效地管理这些已被挖掘整理的灾害史料上。

自计算机技术普及之后，我国学者一直致力于探索如何进行历史灾害大数据的数字化、信息化管理，使其克服纸本资料集或地图集在容纳历史灾害记录方面的局限性，并能够长期、重复地被更多研究者使用，把研究者从查找和摘录原始灾害记录中解放出来，相应的，建设了一批与历史气候变化和灾害相关的数据库。早期的工作主要通过对灾害记录进行数字编码，解决存储空间有限的问题。例如，林振杰和郑斯中于1989年设计了一套编码程式以记录灾害发生的起始时间、地点、灾情种类及严重程度、参考文献等要素，并规定了标准编码表，以对大气圈、水圈、动植物、人类及政府响应等文字描述进行数字编码；[③] 郑景云等于1992年针对民国时期的历史档案设计了自然灾害史料数据库的结构，数据库主要包括地点、持续时间、天气状况、受灾程度、受灾范围、收成状况、人类响应措施、文献出处等字段，并提出对灾害史料逐条分解和统一编码的方法；[④] 王静爱等于1995年论述了中国自然灾害

① 竺可桢：《南宋时代我国气候之揣测》，《竺可桢文集》，科学出版社，1979，第52～57页；竺可桢：《中国历史上气候之变迁》，《竺可桢文集》，第58～68页。

② 邓云特：《中国救荒史》，商务印书馆，2011。

③ 林振杰、郑斯中：《自然灾害史料的信息化处理》，《灾害学》1989年第4期。

④ 郑景云、张丕远、王桂玲、简慰民：《民国时期自然灾害史料的信息化处理》，《中国减灾》1992年第3期。

数据库的建立与应用，该数据库由中国自然致灾因子数据库、中国省级报刊所载自然灾害（1949～1990）数据库、中国农村自然灾害灾情数据库、中国历史自然灾害数据库和中国行政区划（县级单元）空间数据库五个子数据库组成。[①] 后期的数据库基于地理信息系统（GIS）技术，兼顾资料与数据的存储、检索、处理和空间分析功能，例如，国家气象局建设的“中国历史气候基础资料系统”、中国科学院地理科学与资源研究所建立的“历史环境变化数据库”[②]、中国水利水电出版社的“中国经典水利史料数据库”[③] 等。这些数据库或在灾种选择方面较为有限，主要集中于水灾、旱灾、地震等几种重大灾害；或在史料来源方面有一定的局限性；或在自然与社会要素之间各有侧重。大体来说，已有的数据库，在数据库设计思路、子数据库结构、史料信息的字段编码处理、数据库功能等方面为未来的数据库建设提供了很好的借鉴和基础，但在灾害史料的丰富性与均一化处理、更完善合理的数据库结构、灾害指标序列的提取、自然灾害本身与人类响应过程信息的融合等方面仍有进一步探讨、发展的空间。主要表现在：（1）已有数据库，其目标所指均非灾害研究，因而在资料的取舍方面各有侧重；（2）数据源各不相同，所据资料或以自行整理的史料为主，或以他人的工作为前提，都有较大局限性；（3）现有数据库建设中未能体现资料校核、考证和比勘的过程，原始资料一经录入，一般不再进行校核、考证；（4）从原始资料整理到数据库之间缺少一个过渡环节，即原始文献资料的信息集成，难以实现真正的资源共享，形成资料基础的累积性机制。[④]

依托国家社科基金重大项目“清代灾荒纪年暨信息集成数据库建设”（No. 13&ZD092），中国人民大学清史研究所、北京师范大学地理

① 王静爱、史培军、朱骊、陈晋、张远明、王平：《中国自然灾害数据库的建立与应用》，《北京师范大学学报》（自然科学版）1995 年第 1 期。

② 郑景云、郝志新、狄小春：《历史环境变化数据库的建设与应用》，《地理研究》2002 年第 2 期。

③ 中国经典水利史料数据库网址为 http：//slsl. digiwater. cn/。

④ 夏明方：《大数据与生态史：中国灾害史料整理与数据库建设》，《清史研究》2015 年第 2 期。

科学学部、中国政法大学人文学院和南开大学历史学院等，以清代为中心，联合设计研发了“清代自然灾害信息集成数据库”。该数据库借助地理信息系统（GIS）和网络技术，集多源史料、科学处理、开放共享等多元功能于一体，全面收录涵盖灾害发生完整过程的记录和信息，亦即包括从天气、地质等自然变异现象到成灾过程，乃至对人类社会影响较大的综合性历史灾害大数据，能够更好地满足大数据时代下对历史自然变化（如气候变化）、灾害分异、灾害影响与应对、防灾减灾应用等多方面研究的资料需求。①

一 “清代自然灾害信息集成数据库”的结构

（一）数据库概述

“清代自然灾害信息集成数据库”是“清代灾荒纪年暨信息集成数据库建设”项目的三项主要研究内容之一，另两项分别是编纂《清代灾赈史料长编》和撰写《清代灾荒纪年》。其中，《清代灾赈史料长编》是从清代的海量史料中挖掘和整理有关灾害的记载，以年代为经，以省区为纬，按正史、实录（含《宣统政纪》《东华录》等）、政书、档案、方志、报刊、诗文集、日记以及其他文献等类别，依序排列史料，并按统一规范注明资料来源，以便查考。“清代自然灾害信息集成数据库”是以《清代灾赈史料长编》为基础建立的，是一个包括自然变动与社会响应等各方面信息在内的综合性的大型灾害信息集成系统，它与《清代灾赈史料长编》一起，构成一个动态的、与时俱进的灾害信息累积式扩展系统，任何在史料和研究上的新发现、新进展以及项目在有限时间内难以收罗的其他史料，均可随时输入其中。②

“清代自然灾害信息集成数据库”基于全要素（涵括灾害在自然和

① 夏明方：《大数据与生态史：中国灾害史料整理与数据库建设》，《清史研究》2015年第2期。

② 夏明方：《大数据与生态史：中国灾害史料整理与数据库建设》，《清史研究》2015年第2期。

社会层面的所有要素)、全灾种（收录所有记录的灾害)、全过程（关注灾前、灾时、灾后，以及时人的灾害认知等多方面情况)、全文献(实现与清代灾害有关的文献和实物资料的全面收录)、全功能（涵盖目前技术能够开发的各类功能)、全历史（创造条件将时段从清代扩展到整个历史时期)、全地域（按照历史时期的疆界处理史料和讨论问题）的原则建设，所收录的灾害信息，突破以往以单一地区、单一灾种为主要内容的资料汇编形式，力求将历年各省区市各类自然灾害包含其中，便于揭示各灾种之间的关联，从整体上反映灾害演变大势。在文献资料方面，最大限度地涵括正史、实录、政书、档案、方志、报刊、诗文集、日记以及其他各类相关文献中的灾害信息；在灾害类型方面，不仅包括水灾、旱灾、地震，也包括蝗灾、雹灾、潮灾、山崩、滑坡、泥石流、雪灾、火灾等各类灾害，还涵盖农作物异常丰收等特殊气候、物候现象；在灾害内容方面，兼顾自然与社会两个方面，不仅包括自然灾害过程，也包括由此引起的社会变动和反应。

作为一个完整的清代自然灾害信息集成系统，“清代自然灾害信息集成数据库”由数据库和网页平台两部分组成（见图 1），是一个融资料的采集整理、存储更新、查询检索、校核比勘，以及数据统计分析、制表绘图、动态演示等多种信息处理功能为一体的巨大系统。

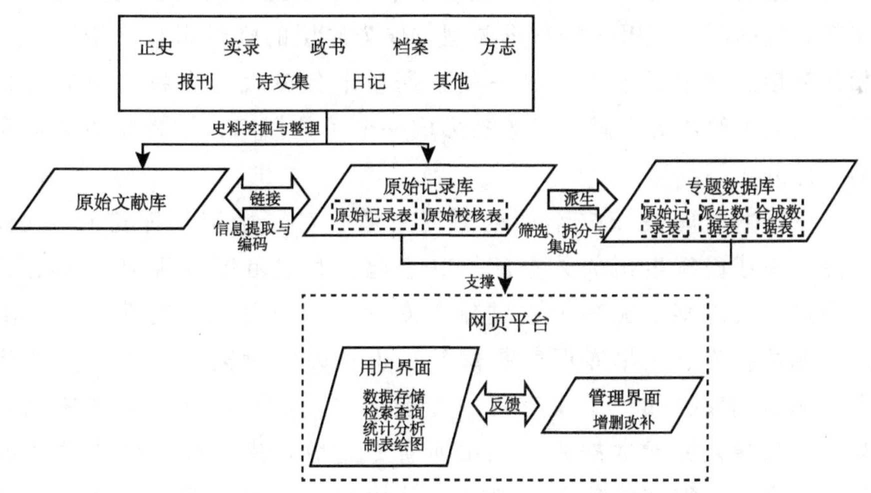

图 1　“清代自然灾害信息集成数据库”的结构及功能设计

整个数据库设计为一个开放式的公共交流平台，供相关研究者使用，同时希望相关研究者能够通过此平台之各个环节、各个层级，对数据库建设做出反馈，从而以一种互动的方式推动数据库的建设、维护和发展。

（二）数据库总体结构

“清代自然灾害信息集成数据库”的数据库是利用MySQL搭建的数据库，主体是原始记录库模块，预留可扩展的原始文献库和专题数据库等数据库模块。

原始记录库用于存储从各类原始文献中摘录提取的有关灾害的信息，由原始记录表和原始校核表两部分组成。其中，原始记录表是最主要的部分，它以每一条记录为单位，将提取出的灾害记录数字化，并将有关信息分解为不同字段进行存储，从而可以通过灾害的类型、时间等信息进行检索查询、统计分析等。原始记录表中的每一条记录都可与原始文献库中储存的原始灾害文献相链接，以便必要时与原始文献进行对比、校核。原始校核表用于存储校核过的信息，每条校核过的记录与原始记录库中的对应记录建立链接。

原始文献库用于存储原始记录库中所摘录的有关灾害记录的原始文献，包括图片、PDF等数据类型，作为底层的资料库与原始记录库相互链接。其中对于收录的一些数据量十分庞大的史料，如某人日记、某灾害纪略等文献，可单独形成一个子数据库，作为原始文献库的一部分。

专题数据库是依据不同的研究主题，对原始记录库进行筛选、拆分、集成而派生出的数据库。其主题、时空范围都视研究者的目的而定，可以某个灾种为主题建立专题库，如台风专题数据库、洪涝专题数据库、干旱专题数据库等；也可以针对某一次重大灾荒建立专题案例库，如“丁戊奇荒”专题库等；还可以某一政区单元或某一朝代建立专题数据库，如山西省专题数据库、乾隆朝专题数据库等。专题数据库的建立一般经过从原始记录表到派生数据表再到合成数据表三个步骤。原始记录表是从原始记录库中，按照一定的标准筛选、整理而成的；派生数据表是由原始记录表生成的中间层，分别与原始记录表和合成数据表相链接，将原始记录表中的每条记录进行拆分、量化，还可依据研究目的增减字段，具有较高的灵活性和较大的操作空间；合成数据表是由派生数据表生成的，为了实现定量指标序列提取、空间分析等功能，需要在属性数据和空间数据间建立一一对应的关系，因此对同一时间、同一地点的多条记录，要从记录内容、资料出处、时空关联等方面进行比较、拆补与剔除，最终将其合成一条记录。

（三）原始记录表的结构

原始记录表存储原始记录库中所摘录的灾害记录，是数据库的核心所在。将从灾害史料中所提取的原始记录中的文本信息尽可能准确、完整地转换成现代信息技术所需的数量指标，既是数据库正常运转的前提，也是用户通过数据库顺利获知有关信息的保证。

原始记录表将所提取的每条原始灾害记录所展示的信息划分为原始信息、基础信息、灾害信息、文献信息和辅助信息五类，每类又可进一步细分为若干字段，一共有 29 个字段（见表 1）。

1. 原始信息

原始信息共包括 5 个字段。“原始记录内容”是整个数据库的记录核心，它将原始文献中涉及灾情、救灾、备灾等的记录均完整抄录存储，若原文缺具体的时间、地点等信息，但可借助其他证据进行推断，则予以补充；若原文中确有明显的错、漏、衍字，则予以校正。经过考证进行补充、修改的信息也一并记录其中，并在“考证备注”栏内说明。“题名”记录档案、报刊、文集、笔记、方志、碑刻等史料中有关文献的具体篇名等。“作者”指各条记录明确提及或通过考证确认的作者，包括相关奏疏的奏报人，报刊通讯、时评及论文的作者，方志艺文志收录的诗文作者等。“提要”是对原文主要信息的概括和分类，分灾害类型、灾情、救灾备灾三大类。针对“关键词”字段已建立了《原始记录主题词表》，可对应填写，不局限于灾害类型和灾害过程。

表1　原始记录表结构

<table>
<tr><th>分类</th><th>字段名</th><th>说明</th></tr>
<tr><td rowspan="5">原始信息</td><td>题名</td><td>凡档案、报刊、文集、地方志(尤其是艺文志)等史料中有关文献的具体篇名、题名等,置入此栏</td></tr>
<tr><td>作者</td><td>包括相关奏疏的奏报人,报刊通讯、时评及论文的作者,方志艺文志收录的诗文作者等</td></tr>
<tr><td>原始记录内容</td><td>凡涉及灾情、异象、报灾、勘灾、筹赈、救灾、善后等一切与灾害相关的内容信息,均全文抄录</td></tr>
<tr><td>提要</td><td>即对原文主要信息的概括和分类</td></tr>
<tr><td>关键词</td><td>依据建立的《原始记录主题词表》填写</td></tr>
<tr><td rowspan="12">基础信息</td><td>成灾时间(清代)</td><td rowspan="2">“清代时间”和“现代时间”均严格按照原始数据中记录时间的详略程度进行录入和转化,最高精确到日</td></tr>
<tr><td>成灾时间(公元)</td></tr>
<tr><td>奏报时间</td><td rowspan="2">“上谕时间”和“奏报时间”系原文中所记录之上级对下级的上谕、札敕、檄文发布或下级向上级奏报上达的时间,只录入清代时间,不做转化,录入原则同上</td></tr>
<tr><td>上谕时间</td></tr>
<tr><td>采访时间</td><td rowspan="3">“采访时间”“报道时间”主要应用于报刊类史料,为报刊文字形成前记者的实地采访时间和新闻见报的时间。“记录时间”为关于灾害的回忆、记述、研究等文献的成文时间</td></tr>
<tr><td>报道时间</td></tr>
<tr><td>记录时间</td></tr>
<tr><td>清代省名</td><td>以尊重原文为原则,提取原文中出现的与灾害相关的省名</td></tr>
<tr><td>清代府名(府、直隶州、直隶厅)</td><td rowspan="4">在尊重原文的基础上,清代地名及隶属关系依据邹逸麟《清代地理志·各省行政区划表》(未刊)中所载宣统三年所记录的行政区划填写,其所对应的现代地点依据牛平汉《清代政区沿革综表》进行转换</td></tr>
<tr><td>清代县名(县、州、厅)</td></tr>
<tr><td>现代省名</td></tr>
<tr><td>具体地点(现代)</td></tr>
<tr><td rowspan="3">灾害信息</td><td>灾害类型</td><td>每条原始记录中涉及的灾害均依据《原始记录主题词表》进行编码</td></tr>
<tr><td>灾害级别</td><td>暂不填写</td></tr>
<tr><td>灾害过程</td><td>对灾害发生发展的自然过程及其影响和响应过程等环节进行编码</td></tr>
<tr><td rowspan="5">文献信息</td><td>史料类型</td><td>01 - 正史;02 - 实录;03 - 政书;04 - 档案;05 - 方志;06 - 报刊;07 - 诗文集;08 - 日记;09 - 其他</td></tr>
<tr><td>直接来源</td><td>后人整理或影印的涉及清代原始史料的文献</td></tr>
<tr><td>原始出处</td><td>直接载有著录信息的原始文献</td></tr>
<tr><td>考证备注</td><td>对原记录内容的增删、修改等,对表格、图片数据的处理,对时间或地点的补充考证,均需在本栏说明</td></tr>
<tr><td>原始文献链接</td><td>与原始记录库(文件夹)链接地址,暂不填写</td></tr>
</table>

续表

分类	字段名	说明
辅助信息	ID1	计算机自动生成,可作为预留链接编码
	KeyID	共6位数字,前4位为记录的成灾年份,第5、6位即史料类型
	预留字段	为功能扩展预留的空间
	责任人	记录参与处理该条数据的所有工作人员

“原始记录内容”摘录于清代涉及灾害发生、影响及应对等方面的各类原始文献，包括清代已刊或后世整理的纸质出版或数字化的文献等，主要包括九大类。

（1）正史类，如《清史稿》。

（2）实录类，包括顺治至光绪朝历代帝王实录、《宣统政纪》以及《东华录》等。

（3）政书类，包括记载清代典章制度和政务活动的各类政书，如《清朝通典》《清朝通志》《清会典》等，以及以灾荒为中心内容的荒政书——《中国荒政书集成》等。

（4）档案类，包括各种综合或专题、清宫或地方的档案资料，如《上谕档》（乾隆至宣统朝）、《清代干旱档案史料》、《西藏地震史料汇编》以及“国家清史工程数字资源总库”中的档案资料。

（5）地方志类，包括各地县、府、省级的方志资料，其“灾异”“祥异”“恤政”“河渠”“人物志”“艺文志”等部分都可能有灾害相关记载。主要来源于《中国方志丛书》《中国地方志集成》中收录的方志，以及各种网络资源，如“中国数字方志库”、“中国方志库”（爱如生数据库）等。

（6）报刊类，主要包括近代各类中英文报刊，除价值最高、信息最丰富、时间连续性最长的《申报》外，还包括《万国公报》《东方杂志》《中国丛报》等，以及网络资源如“晚清期刊全文数据库（1833～1911）”。

（7）诗文集类，包括各类清人文集，如《清代诗文集汇编》《皇朝经世文编》《曾国荃全集》等。

（8）日记类，主要来源于已出版的《历代日记丛钞》及网络资源“近现代日记全文检索数据库”。

（9）其他类，内容庞杂但同样是重要的资料来源，包括各地碑刻、清人传记、谱牒、外文史料等。

2. 灾害信息

灾害信息提取了与灾害直接相关的信息，包括“灾害类型”、“灾害过程”和“灾害级别”3个字段。前两者采用数字编码，存储原始记录中记载的所有灾害类型及过程。

灾害类型按照现行自然灾害划分的国家标准（GB/T 28921—2012）进行划分，包括气象水文灾害、地质地震灾害、海洋灾害、生物灾害、生态环境灾害、人为灾害、其他等；此外，还根据中国史料记载的内容，增加了“异常现象”、“不明原因的灾、荒、歉”以及非灾害年份中的“大有年”（农业丰收年）3种特殊类型，一共可分为9类38种，每种灾种规定了对应的数字编码（见图2）。其中，“异常现象”包括

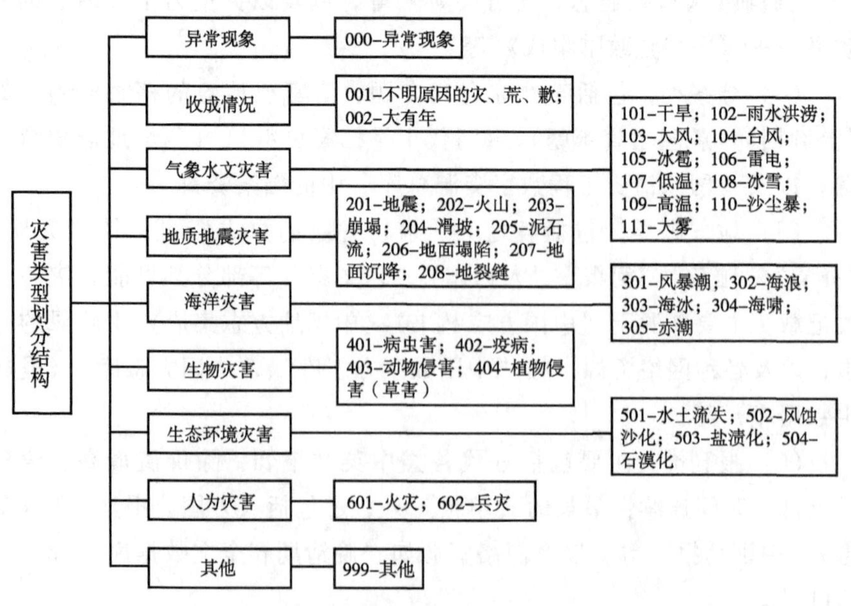

图2　灾害类型划分及编码示意

天文、气象、水文、地貌等方面，例如太阳黑子、日食、气温异常（冬暖春热）等与灾害并不直接相关的现象。“不明原因的灾、荒、歉”和“大有年”均属于对收成情况有异于平常年份的记录，且从原始记录中不能判断收成异常的原因。将灾害发生的自然过程、影响以及响应等过程共划分为异常现象、致灾过程、灾害影响、灾害防备、灾害应对、灾害认知及其他七个环节（见表2）。“灾害级别”字段为预留字段，在原始记录表中暂未填写。

表2　灾害过程编码规则及示例

灾害过程	编码	记录内容	示例
异常现象	01	自然界中的异常现象	同治九年冬，桃李花亦盛开。（同治《武冈州志》卷32）
致灾过程	02	灾害发生的自然过程	（同治）九年，霪雨，平地水深三尺（民国《续武陟县志》卷24）；同治九年庚午夏，大旱六十日（民国《枣阳县志》卷33）
灾害影响	03	灾害造成的人员伤亡、生活生产影响、社会经济影响等	明年（同治九年），大饥，斗米千钱（宣统《永绥厅志》卷1）；同治九年四月，东乡大风，拔木毁屋，民有压死者（光绪《邵阳县志》卷10）
灾害防备	04	仓储建设、水利维修等日常防灾备灾行为	川省向有仓储，原为备荒而设，关系灾赈至为重要。其为官厅负责保管者，则有常平仓；由官督绅管者，则有社仓、义仓；由地方推举仓正，呈请官厅委任保管者，则有积谷仓。监察管理，法极周备……（民国《叙永县志》卷2）
灾害应对	05	祈禳、报灾、勘灾、赈济、蠲免等灾害发生后的应对措施	（康熙十八年九月十八日）上以地震，率诸王、文武官员，诣天坛祈祷（《清圣祖实录》卷84）；（同治）十年，被水灾，赈被灾六七分村庄奉文蠲免钱粮（民国《涿县志》第2编）
灾害认知	06	对灾害本身及防灾、赈灾的时评、社评以及其他关于灾害的记忆、研究、言论等	此皆地方官吏谄媚上官、苛派百姓，总督、巡抚、司道，又转而馈送在京大臣，以天生有限之物力、民间易尽之脂膏，尽归贪吏私橐，小民愁怨之气，上干天和，以致召水、旱、日食、星变、地震、泉涸之异（《清圣祖实录》卷82）
其他	07	与灾害相关的其他过程，如灾后的官员调动、贬谪等	初九日奉上谕：李鸿章奏，审明村董捏户侵赈，差役借端索费各案，分别讯结一折。直隶交河县董事江庆云于上年办理各赈时，经该县知县派令查户放粮，竟敢捏造户口，侵吞赈粮十四石有奇，胆玩已极。该犯虽已病故，幸逃显戮，仍着李鸿章饬属于该犯家属名下追缴粮石，毋任玩延。该县知县徐城失于觉察，业经革职，着毋庸议……（《恭录谕旨》，《申报》1878年12月10日，第1版）

3. 文献信息

文献信息部分共包括5个字段，其中“史料类型”与数据来源中的九大类史料相对应，以数字编码的形式存储，分别是：01－正史、02－实录、03－政书、04－档案、05－方志、06－报刊、07－诗文集、08－日记及09－其他。“直接来源”和“原始出处”分别以一定的标准格式标注了原始记录的出处。“直接来源”系后人整理或影印的涉及清代原始史料的文献，如《清史稿》《清实录》《中国地方志集成》《中国方志丛书》《中国荒政书集成》《中国三千年气象记录总集》，以及已出版的清代各类档案汇编等，并标明纂修者、文献名、卷册、出版社、出版时间及页码。“原始出处”为直接载有著录信息的原始文献，如某地方志、某文集、某报刊等的原件或目前可见的最早版本，均标明该文献的修撰者、文献名、卷册、原始页码、版本。“考证备注”用于标注历史记录录入及处理过程中的增减、修改、补充、校核等过程，以便查验。“原始文献链接”为与原始记录库（文件夹）链接地址，它的功能是可在原始记录库和原始文献库之间建立链接，使每一条原始记录都能找到相对应的原始文献文件。

4. 辅助信息

辅助信息部分共包括4个字段。ID1为系统自动生成的ID，具有唯一性，用于在原始记录表和原始校核表之间建立链接。KeyID是由成灾年份和史料类型组成的6位数字，作为每条记录的特征码。“预留字段”是为功能扩展预留的空间，“责任人”则记录参与处理该条数据的所有工作人员。

（四）网页平台

“清代自然灾害信息集成数据库”的网页平台主要用于将数据库所收录数据通过互联网技术实现在不同用户群体中的交流共享。该平台以PHP作为脚本语言搭建，具备简单便捷的操作界面、不同尺度的共享权限、直观的数据输出方式等特点和功能，还针对用户需求对数据库的运行环境、开发平台进行升级和调整，开发出可实现多尺度共享的网页界面。网页平台也可以随着版本升级更新变化，其界面也可随之发生改变，以实时实际的界面为准。

1. 用户登录

“清代自然灾害信息集成数据库”的使用者可通过服务平台主页面的“用户名”和“密码”远程登录系统。服务平台对管理员账户和用户账户设置了不同的权限。管理员账户享有数据库全部信息，可对数据库进行增删维护；用户账户享有包括文献记录原文、简单的时间地点信息、文献所记录的灾害信息和文献本身的版本、来源信息在内的数据库信息。

用户登录成功后，根据权限的不同，选择进入“检索”界面或“管理”界面，以实现对灾害记录的查询检索、统计分析、留言纠错、数据维护。此外，平台在“帮助”界面提供了数据库的使用说明，供用户参考使用。用户使用结束后，可点击“注销”按钮注销账号（见图 3）。

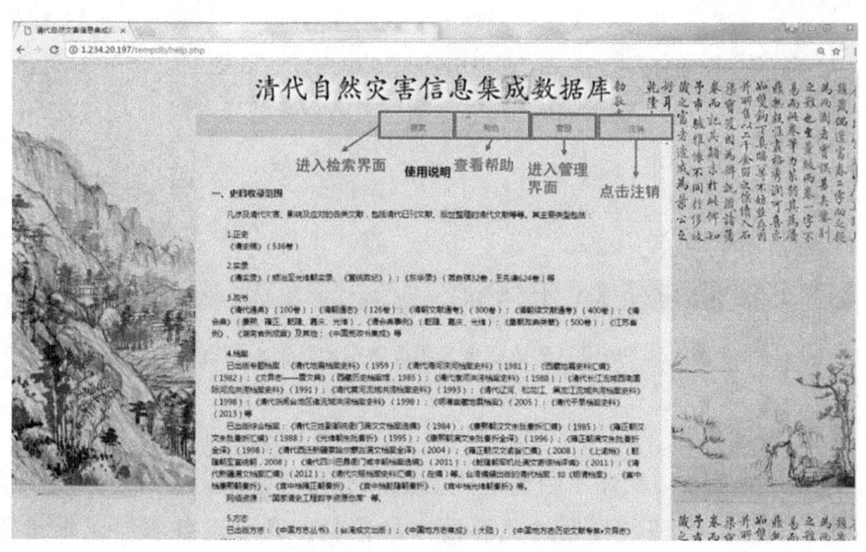

图 3 “清代自然灾害信息集成数据库”界面

2. 检索界面

用户可选择进入基础检索或高级检索界面进行检索。在基础检索界面，在“检索类别”中下拉选择“时间”、“地点”和“关键词”中任意一项进行检索，在“检索内容”框中输入相应的检索内容，点击“检索”按钮，即可得到满足相应条件的检索结果。在高级检索界面，可以在多项检索字段下框内输入相应的检索内容（见图4），得出同时满足多个检索条件的交集结果。

检索到的记录生成一个临时性的数据表，在每条记录的末尾，有报错选项，用户可以点击反馈该条记录中的错误。

检索得到的记录可以直接进行复制粘贴，统计分析后的图表结果也可储存为png、jpg等格式保存到本地文件夹。

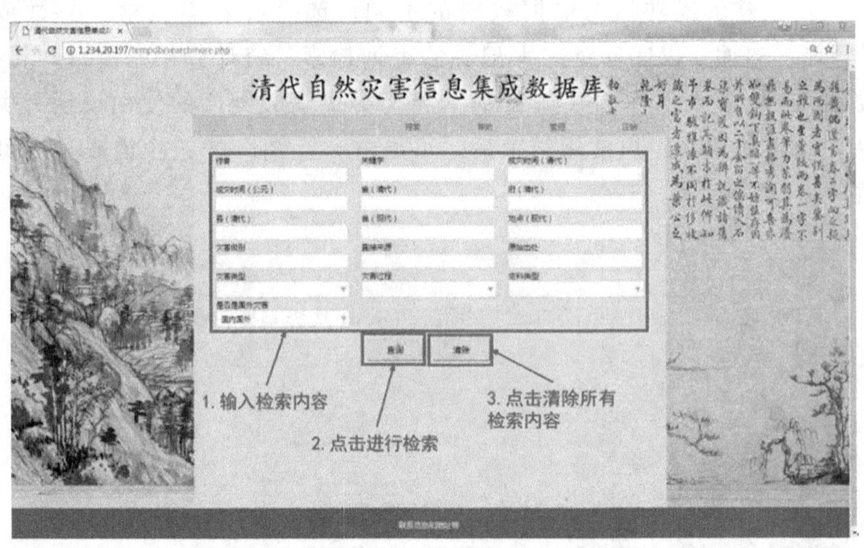

图4　“清代自然灾害信息集成数据库”高级检索界面

3. 管理界面

管理界面主要用于平台管理人员添加和修改数据，并对用户反映情况进行反馈。管理者可通过此界面添加数据，既可逐条添加或批量添加，亦可对发现的错误数据进行修改完善，还可以创建并分享专题数据库，不断丰富和拓展专题数据库的数量和内容。

二　检索结果的呈现方式

利用“清代自然灾害信息集成数据库”，用户可实现对清代灾害记录的查询检索、统计分析、制表绘图以及下载存储。用户可按时间、地点、灾害类型、史料类型等字段中的一项或多项进行简单检索或高级检索，以查询出满足目标要求的灾害记录。检索得出的结果有“史料”、“地图”和“统计”三种呈现方式，点击页面上的“史料”、“地图”或“统计”按钮，即可切换到相应的结果显示页面，对灾害信息的空间、数量等特征进行直观的可视化呈现。

（一）史料检索结果记录表

在“史料视图”下，以数据表的方式显示所有检索得出的史料记录（见图5），检索结果默认为KeyID的升序排列，无朝年的史料置于最前面。并可通过勾选想要显示的字段，或取消勾选需要显示的字段，改变检索结果中显示的字段。该数据表同时提供了报错功能，每条记录的末尾有报错选项，用户可反馈该条记录中的错误，实现用户和管理员之间的互动。

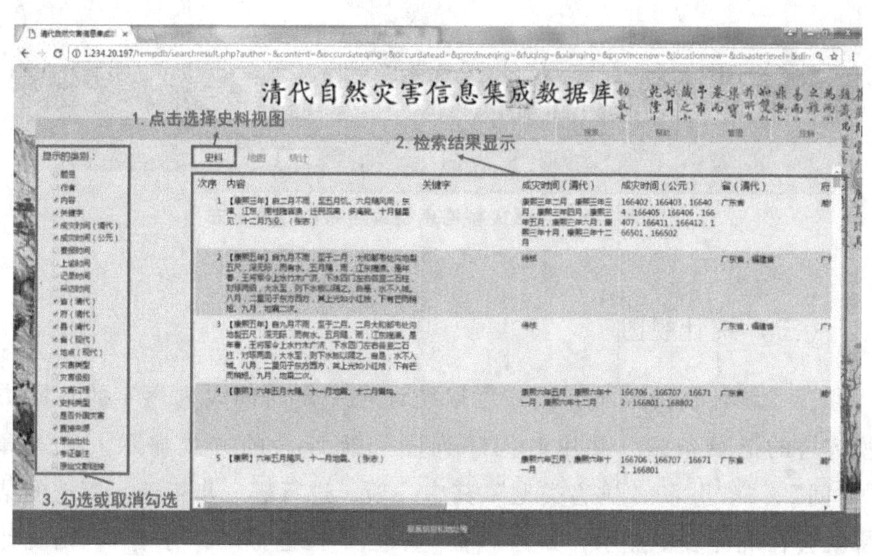

图5　清代自然灾害信息检索结果的数据表显示

（二）地图视图

“地图视图”是以省（区、市）为单元统计检索得出的灾害记录数的地理分布，显示灾害记录数量的空间分布。底图使用由国家测绘地理信息局监制的1∶2000万的竖版中国分省全图①。“地图视图”下，阴影部分为有相关的灾害记录分布的省（区、市）（见图6），但并不限于灾害发生地，受灾害影响或参与灾害应对等环节的省（区、市）同样显示其中。

图6 清代自然灾害信息检索结果的地理分布

（三）统计视图

在“统计视图”下，用户可以统计在一定时间段内逐年的不同类型灾害的记录条数，并用时间序列图和统计表的方式显示。可选择“时间”、“省”和“灾害类型”其中一项，进行进一步筛选，筛选的结果就会在统计表中显示，如在“省”一栏下拉选择“广东省”，则统计表中显示检索结果内有关广东省的不同年份和灾害类型的记录数量，筛选后的统计结果在时间序列中也同步显示（见图7）。

① 国家测绘地理信息局标准地图服务网站为http：//bzdt. ch. mnr. gov. cn/，审图号为GS（2016）2935。

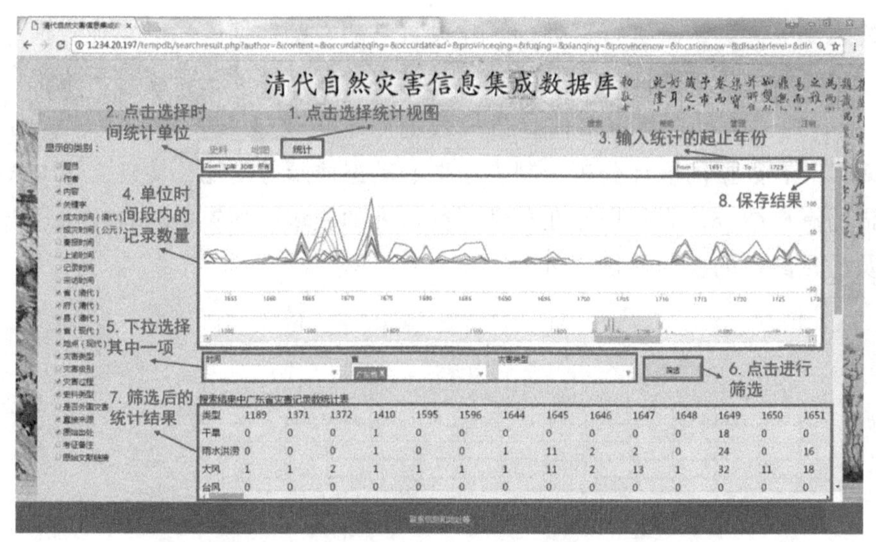

图 7　清代自然灾害信息检索结果各类灾害记录数量的逐年统计

结　语

基于 MySQL 平台、PHP 网络脚本语言并结合地理信息技术，我们建成了“清代自然灾害信息集成数据库”。数据库的结构和存储字段针对史料中自然灾害的记录特点而设计，并兼顾不同学科的研究需求，提取了全灾种、全要素、全过程的灾害信息，为相关研究提供了强大的资料基础和信息平台，也为其他历史灾害数据库的建设工作提供了可参考的数据集成、管理与共享的方法。

数据库的结构及功能设计主要有以下几个特点。

（1）数据库采用三层结构设计，以层层递进的方式将原始文献、记录信息提取、专题记录集成三种数据分别存储在原始文献库、原始记录库及专题数据库中。三个数据库之间相互链接，既可向下派生，也可向上印证校核，形成了一个灵活且严谨的数据库系统。

（2）数据库的网页平台主要基于数据库的中间层——原始记录库而建立，使用数据库的研究人员可针对每条灾害记录进行反馈，也可对检索到的灾害记录进行再处理，建设自己的专题数据库，以实现数据库管理者和使用者之间的良好互动，共同促进数据库的长久建设与维护。

（3）“清代自然灾害信息集成数据库”不仅是一个资料共享平台，而且具有数据的统计分析、制表绘图、动态演示等功能，实现文本与图谱的有机结合，为数据库在科学研究以外的领域，如灾害教育、科学普及等领域内的应用提供了可能。

旱灾视域下的隋唐长安城地表水资源利用

潘明娟*

摘　要　本文将隋唐长安城水资源利用置于旱灾背景下进行考察，剖析旱灾对隋唐长安城水资源利用的影响。隋文帝开皇初年，在旱灾背景下，规划和建设了新都的城市供水系统——永安渠、清明渠和龙首渠，主要供应城市西部和东北部用水；唐玄宗时期，关中地区旱灾频繁且严重，遂对城市供水系统进行了整修，黄渠 主要负担城市东南部的用水供应，漕渠则负担城市的物资供应。长安的地表供水是由八水、五渠、九湖等水体组成的复杂庞大的供水网络。隋文帝、唐玄宗时期长安城地表水资源的整合，与旱灾严重期是耦合的，但并不是所有旱灾严重期都必须大力整顿地表水资源。同时，长安城水资源利用存在重视供水系统而不太重视排水系统的问题。

关键词　地表水资源　旱灾　长安城　隋唐

旱灾的频繁发生会导致人们对城市水资源进行整合与利用，反过来，水资源的有效整合也会提高城市抗灾减灾的能力。城市水资源整合是动态的过程，将古代城市水资源的整合与利用置于旱灾视域下进行考察，笔者做过尝试，写了《旱涝灾害背景下的汉长安城水资源利用》，试图把握汉长安城利用水资源的思路。① 相对于西汉时期，隋唐长安城的水资源利用更为复杂、资料更多，因此，本文主要关注隋唐时期长安

* 潘明娟，西安电子科技大学关中历史文化研究中心教授。

① 潘明娟：《旱涝灾害背景下的汉长安城水资源利用》，《苏州大学学报》（哲学社会科学版）2020 年第 1 期。

城的地表水资源利用与旱灾的耦合关系。

本文涉及的关键词是城市地表水资源利用，不涉及城市排水系统，也不涉及农田水利。时间界定，从隋文帝开皇元年（581）到唐哀帝天祐四年（907），共计327年。另外，本文的研究范围界定为隋唐长安城所在的京畿道（关中区域），以唐代开元二十一年（733）后京畿道辖区（商州除外）为研究区域，主要包括唐代京兆府、同州、华州、岐州、邠州一府四州所辖地，与今天所谓的“关中地区”基本吻合。在论述中，除引用之外，一般以“关中”称之。

一　隋唐关中的气候与旱灾

干旱这种气候因素是影响水资源的重要因素。城市水资源的利用要考虑到旱灾对城市水供应的影响，因此，将城市地表水资源的利用置于旱灾的背景下进行观察，或许能够更清晰地把握隋唐时期利用水资源的思路。

（一）隋唐关中气候变迁

旱涝灾害与气候有着密切联系。现在的关中属于温带大陆性季风气候区，受地形、纬度、大气环流等因素的影响，是陕西境内秦岭以北最温暖的地区，年均温在12~13℃，降水量为550~660mm。但是，西安地区的降水量年际、季节分布不均，夏秋季节降水集中，且多以暴雨形式出现，这样容易诱发少雨干旱或暴雨洪涝灾害。

对于隋唐时期关中地区具体的冷暖变化，学界存在不同的观点。竺可桢先生提出600~1000年是中国历史上的第三个温暖期，① 学界称之为隋唐温暖期②、小高温期③或普兰店温暖期④。与现代气候相比较，隋

① 竺可桢：《中国近五千年来气候变迁的初步研究》，《中国科学》1973年第2期。

② 张家诚等编《气候变迁及其原因》，科学出版社，1976，第32~66页。

③ 杨怀仁、谢志仁：《中国东部近20000年来的气候波动与海面升降运动》，《海洋与湖沼》1984年第1期。

④ 段万倜、浦庆余、吴锡浩：《我国第四纪气候变迁的初步研究》，中央气象局气象科学研究院天气气候研究所编《全国气候变化学术讨论会论文集（一九七八年）》，科学出版社，1981，第28~35页。

唐时期关中地区的年平均气温高1℃左右，气候带的纬度北移1°左右。[①]也有学者对这个温暖期提出异议，认为唐代不是一个稳定的温暖期，唐中期以后气温有所下降，但仍比现代气温要高。[②] 气候温暖引起的暖冬及夏季“大燠”，易出现冬旱及夏旱，因严重影响长安城市居民生活，遂对城市供水提出了更高的要求。

（二）隋唐关中旱灾

关于隋唐时期的旱灾，邓拓《中国救荒史》[③]、陈高佣《中国历代天灾人祸表》[④] 就已经开始做灾情的统计，近年来，学者做了更扎实的研究，包括《西北灾荒史》[⑤]、《中国灾害通史·隋唐五代卷》[⑥] 等，在旱灾特点和影响、灾异观念、应对措施等方面都有所论述。[⑦]

具体到唐代关中的旱灾，薛平拴做了深入研究，认为“唐代关中旱灾47次，平均6.17年就有一次”，[⑧] 潘明娟则认为“唐代290年的时间内，（关中区域）共发生旱灾112年次，平均2.589年发生一次”。[⑨]上述的数据差异较大，可能是统计资料、统计原则不同造成的。在灾害影响方面，学者普遍关注灾害对政治、经济（尤其是农业）、文化等的影响及政治与灾情的互动，但较少关注灾害与城市资源利用的问题，仅

① 吴宏岐：《西安历史地理研究》，西安地图出版社，2006，第88页。

② 满志敏：《关于唐代气候冷暖问题的讨论》，《第四纪研究》1998年第1期。

③ 邓云特：《中国救荒史》，上海书店出版社，1984。

④ 陈高佣：《中国历代天灾人祸表》，上海书店出版社影印版，1986（据暨南大学1939年版影印）。

⑤ 袁林：《西北灾荒史》，甘肃人民出版社，1994。

⑥ 闵祥鹏：《中国灾害通史·隋唐五代卷》，郑州大学出版社，2008。

⑦ 潘孝伟：《唐代减灾思想和对策》，《中国农史》1995年第1期；王先进：《唐代太宗朝荒政述论》，《安徽教育学院学报》2001年第2期；李帮儒：《论唐代救灾机制》，《农业考古》2008年第6期；么振华：《唐代民间的自助与互助救荒》，《兰州学刊》2008年第11期；吴畅：《唐玄宗时期荒政初探》，硕士学位论文，中央民族大学，2007。

⑧ 薛平拴：《唐代关中地区的自然灾害及其影响》，《陕西师范大学学报》（哲学社会科学版）1998年第4期。

⑨ 潘明娟：《唐代关中旱灾及其影响初探》，《干旱区资源与环境》2013年第9期。

《历史时期关中平原水旱灾害与城市发展》[①] 关注了关中平原水旱灾害与城市宏观发展的互动，为本文以旱灾为背景研究城市水资源利用提供了新的视角。

在开展研究之前，要统计隋唐时期关中旱灾的次数。[②] 笔者梳理相关记载，统计隋唐关中区域共发生旱灾100年次，平均每3.27年发生一次旱灾，发生频率为0.3058次/年。

以10年为单位绘制隋唐关中旱灾发生频率图，如图1。

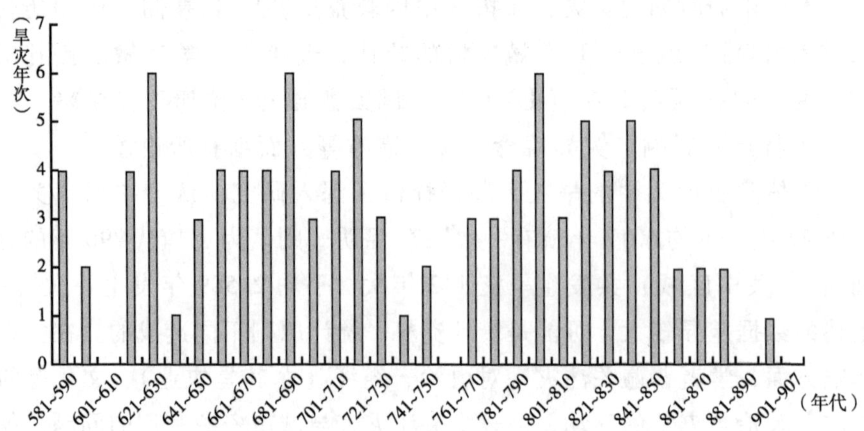

图1　隋唐京畿道（关中）旱灾年际频次分布

二　隋唐时期长安城市水资源的利用

在城市周围兴修水利设施，最大限度地利用地表水资源，应该是城市抵御水、旱等气候灾害的重要措施。由于长安地处温带大陆性季风气

① 殷淑燕、黄春长、仇立慧、贾耀锋：《历史时期关中平原水旱灾害与城市发展》，《干旱区研究》2007年第1期。

② 统计隋唐时期京畿道（关中区域）旱灾次数的原则有二。第一，灾害发生地的认定。史籍明确注明发生地的灾害、无明确记载说明灾害发生地或记载为“天下”的灾害，均统计为关中区域的灾害。第二，灾害发生次数的认定。灾害次数按年计算，一年之中发生的灾害视为一次，称为“年次”。如有些记载中有夏季灾害，也有秋季灾害，则视为灾情持续时间较长，记为一年次灾害。

候区，历史上旱灾多于水灾，[①] 因此，在长安城周围兴修水利设施，除了保障农田用水、物资漕运之外，另一个主要目的就是在旱灾频仍的时候保障城市供水，而不是水灾来临之际保障城市的排水。早在汉武帝时期，就明确指出兴修城市水利设施的目的是“所以备旱”。[②]

关于隋唐时期关中的水文环境问题，学界已有论述。[③] 对长安城市水资源供应问题，也有诸多研究，[④] 对隋唐长安城主要的供水渠道也有了论述，[⑤] 基本廓清了长安城的地表水供应系统。其中，《隋唐长安水利设施的地理复原研究》将隋唐长安城水利设施的兴建分为两个时期——隋代与唐前期，认为城市水利设施的兴建与全国的统一、中央集权的加强、可靠而充足的人力来源、中央财政收入的增长有很大关系，“德宗后两税法的施行，给直接地、大规模地征调力役带来一定困难……因此唐后期再也没能大规模兴修长安水利”。[⑥] 这是非常正确的观点，本文拟据“所以备旱”的观点补充说明旱灾对隋唐长安城供水系统修建的影响。

隋唐时期，对长安城地表水资源的利用主要分为两个阶段：隋文帝时期和唐玄宗时期。主要表现为隋文帝时期开凿永安渠、清明渠和龙首渠，唐玄宗时期整修黄渠和漕渠，这两个阶段也是旱灾比

---

① 根据潘明娟的研究，汉代关中地区旱灾 31 年次，水灾 9 年次；唐代关中地区旱灾 112 年次，水灾 79 年次。通过简单比较，可以得出关中地区旱灾多于水灾的结论。详见《旱涝灾害背景下的汉长安城水资源利用》，《苏州大学学报》（哲学社会科学版）2020 年第 1 期；《唐代关中旱灾及其影响初探》，《干旱区资源与环境》2013 年第 9 期；《唐代关中水灾及其影响》，《陕西师范大学学报》（哲学社会科学版）2014 年第 6 期。

② 《汉书》卷 29《沟恤志》，中华书局，1964，第 1685 页。

③ 刘锡涛：《浅谈唐代关中水文环境》，《咸阳师范学院学报》2008 年第 1 期。

④ 朱超：《隋唐长安城给排水系统研究》，硕士学位论文，西北大学，2010；王意乐：《隋唐长安城的城市水利系统初探》，硕士学位论文，西北大学，2008；温亚斌、刘临安、王赢：《隋唐长安城的供水系统》，《四川建筑科学研究》2008 年第 1 期。

⑤ 李健超：《隋唐长安城清明渠》，《中国历史地理论丛》2004 年第 2 期；郭声波：《隋唐长安龙首渠流路新探》，《人文杂志》1985 年第 3 期；陈晓捷、龚阔英：《隋漕渠小议——兼论唐长安西市与渭水相通的渠道》，《咸阳师范学院学报》2014 年第 5 期；祝昊天：《隋唐时期关中漕渠新考》，《唐史论丛》第 28 辑，三秦出版社，2019，第 107～122 页；温亚斌：《隋唐长安城“八水五渠”的水系研究》，硕士学位论文，西安建筑科技大学，2005。

⑥ 郭声波：《隋唐长安水利设施的地理复原研究》，纪宗安、汤开建主编《暨南史学》第 3 辑，暨南大学出版社，2004，第 11～31 页。

较严重的时期。可以说，隋唐长安城地表水资源的利用与旱灾的发生是耦合的。

（一）隋文帝时期的旱灾与城市地表水供应

隋代初年，汉长安城一带已经出现地下水被污染的现象，《隋书》记载汉代以来的水质污染："汉营此城，经今将八百岁，水皆咸卤，不甚宜人。"① 元人胡三省注《资治通鉴》也指出："京都地大人众，加以岁久壅底，垫隘秽恶，聚而不泄，则水多咸卤。"② 汉长安城地区的地下水被污染，成为隋文帝另建新城的一个重要因素，水环境也成为营建新都最受重视的一个方面。《隋书》记载："（开皇三年三月）丙辰，雨，常服入新都。京师醴泉出。"③ 隋文帝初入新都，以"醴泉出"为祥瑞，在一定程度上表明隋代初年对京师水资源质量的重视。

隋代新都位于龙首山，"龙首山川原秀丽，卉物滋阜，卜食相土，宜建都邑，定鼎之基永固，无穷之业在斯"。④ 既建新城，当然要有新的城市水供应系统的规划和建设。

同时，旱灾对城市供水设施的建设也有很大影响。隋文帝在位24年，关中地区发生6年次的旱灾，发生频次（旱灾年次/在位年数）为0.25次/年，平均4年发生一次，开皇十四年的旱灾为极严重等级，开皇四年的旱灾为严重等级，其余4年次为一般等级。⑤ 隋文帝初年，旱灾频仍。开皇二年、三年连续干旱，⑥ "开皇四年已后，京师频旱"，⑦

---

① 《隋书》卷78《庾季才传》，中华书局，1973，第1766页。

② 《资治通鉴》卷175，中华书局，1956，第5457页。

③ 《隋书》卷1《高祖纪》，第18～19页。

④ 《隋书》卷1《高祖纪》，第17～18页。

⑤ 潘明娟在《古代旱灾及政府应对措施——以西汉关中地区为例》一文中给出了确定旱灾等级的标准，按照史籍记载的描述，把旱灾灾情分为一般、严重、极严重三个等级。"一般"等级，在记载中仅称"旱"；"大旱"者为"严重"等级；若不仅有"大旱"的记载，同时文献还有"天下旱"等描述性语句，或持续时间为两个季节以上，则为"极严重"旱灾。参见潘明娟《古代旱灾及政府应对措施——以西汉关中地区为例》，《西北大学学报》（自然科学版）2011年第6期。

⑥ 《隋书》卷1《高祖纪》，第17、19页。

⑦ 《隋书》卷22《五行志上》，第636页。

至开皇六年仍明确记载有大旱,[①] 形成了一个至少延续五年（582～586）的干旱链，其中包含一次严重等级的旱灾。袁林主张的隋唐五代时期（581～960）九个较大旱灾期之一的第一个旱灾期（584～594）就包含了这条干旱链。[②] 这条干旱链对长安城建设的影响是非常大的，开皇三年隋文帝离开汉长安城迁入建在龙首原以南的新都之后，甚至出现了对新都城选址的质疑，“开皇四年已后，京师频旱。时迁都龙首，建立宫室，百姓劳敝，亢阳之应也”。[③] 这种“亢阳之应”的质疑无疑会引起隋文帝对城市供水系统建设的重视。

供水渠道的建设不仅要建新都城的常规给水设施，还要有效打破对都城选址的质疑，安定人心。因此，在京师重要建筑物如宫城、皇城、外郭城建设的同时，即在开皇二年至开皇六年干旱链的延续时期，隋文帝征集人力开凿入城的引水渠道。位于城西南的洨水、潏水及城东的浐水，因距离隋新都最近，易于开凿，成为城市初建时期供水的首要选择。

永安渠开凿于隋开皇二年或三年。关于永安渠开凿的时间，宋敏求《长安志》卷12记载开凿于隋文帝开皇三年,[④] 乐史《太平寰宇记》卷25记载开凿于隋文帝开皇二年。[⑤] 两者相差一年。时间上的不一致，或可以解释为开皇二年开始修建永安渠，至三年竣工。永安渠又名洨（交）渠、香积渠,[⑥] 其水源为汉武帝时期疏浚的洨水。永安渠从长安城南墙西门安化门以西1000余米处进城，在城内的流向是沿大安坊之西的南北大街东侧向北，经过西市以东至北城景耀门东侧流入禁苑。永安渠主要供应长安外郭城西城墙向东数第一列、第二列、第三列里坊的生活用水。

---

① 《隋书》卷1《高祖纪》，第24页。

② 袁林：《西北灾荒史》，甘肃人民出版社，1994，第59页。

③ 《隋书》卷22《五行志上》，第636页。

④ 宋敏求、李好文：《长安志·长安志图》，辛德勇、郎洁点校，三秦出版社，2013，第390页。

⑤ 乐史：《太平寰宇记》卷25，王文楚等点校，中华书局，2007，第532页。

⑥ 王溥：《唐会要》卷89，中华书局，1955，第1621页；骆天骧：《类编长安志》卷6，黄永年点校，中华书局，1990，第192页。

清明渠开凿于隋文帝开皇初年,[①] 最早应该是确定新都城址之后开始规划开凿。清明渠引潏水，由长安城南墙西门安化门西侧进城。郭声波考证，清明渠在城内的流向是经大安坊东折，沿安化门大街东侧北流，经过皇城进入宫城内注为三海（南、西、北三海），与龙首东渠南支合流，改向西北，汇入永安渠。[②] 清明渠主要供应长安外郭城从西向东数第四列、第五列、第六列里坊的生活用水。

永安渠和清明渠主要供应隋唐长安城的西半部和皇城、宫城用水。

龙首渠，隋开皇三年开凿,[③] 又名浐水渠,[④] 其水源为浐水。黄盛璋先生[⑤]、史念海先生[⑥]及李令福[⑦]、郭声波[⑧]等均考证过其流向。根据郭声波的考证，龙首渠引水口在西安马腾空村南八里的秦沟村，之后傍浐河西岸向北流到长乐坡西北，然后屈而西南流，从通化门南入永嘉坊，流入兴庆宫、崇仁坊、皇城。龙首渠及其支渠和沿线池沼主要供应长安城东北部和大明宫、禁苑用水。五代后，龙首渠干涸。[⑨]

隋代初年的长安城供水系统大致如图 2 所示。

永安渠、清明渠、龙首渠的开凿时间，既与隋代新都建设时间相吻合，又与开皇初年的干旱链相吻合。

从图 2 来看，隋代初年开凿的永安渠、清明渠、龙首渠的供水区域覆盖了长安城的西半部和东北部，只有外郭城的东南区域未有供水。不过，东南区域暂时没有供水渠道对城市居民的生活没有太大影响，一方面是因为这一区域原有曲江池作为地表水的供水源，另一方面是因为这

---

① 乐史：《太平寰宇记》卷 25，第 532 页。

② 郭声波：《隋唐长安水利设施的地理复原研究》，纪宗安、汤开建主编《暨南史学》第 3 辑，第 11 ~ 31 页。

③ 骆天骧：《类编长安志》卷 6，第 190 页。

④ 程大昌：《雍录》，黄永年点校，中华书局，2002，第 129 页。

⑤ 黄盛璋：《西安城市发展中的给水问题以及今后水源的利用与开发》，《地理学报》1958 年第 4 期。

⑥ 史念海：《西安历史地图集》，西安地图出版社，1996。

⑦ 李令福：《关中水利开发与环境》，人民出版社，2004，第 205 页。

⑧ 郭声波：《隋唐长安龙首渠流路新探》，《人文杂志》1985 年第 3 期。

⑨ 骆天骧：《类编长安志》卷 6，第 191 页。

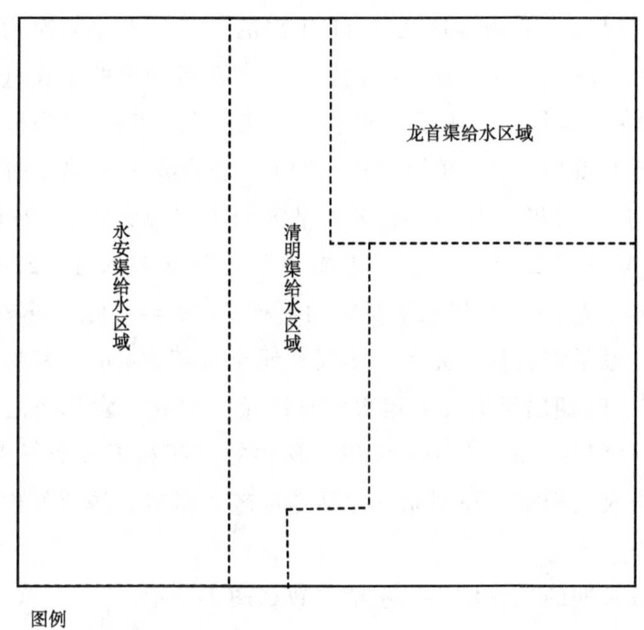

图 2　隋代初年长安城供水系统示意

一区域人迹较少,[①] 用水量也不会太大。因此，至迟到唐代初期，没有文献资料提及外郭城东南区域供水不足的问题。

（二）唐玄宗时期的旱灾与城市地表水供应

唐玄宗时期大力整修了长安城的供水系统，原因有三：第一，到唐玄宗时期，距离隋初建京城已经 100 多年了，随着城市经济的发展和城市人口的增加，原有的供水系统可能已经不敷使用了；第二，唐玄宗时期社会政治、经济各方面均有提升，充足的人力、中央集权的加强、中央财政收入的增长均为京师兴修水利工程打下了良好基础；第三，关中地区严重的旱灾对城市供水有极大的影响。

① 《长安志》卷 7 在开明坊下记载：“自朱雀门南第六横街以南，率无居人地宅。”又注曰：“自兴善寺以南四坊，东西尽郭，虽时有居者，烟火不接，耕垦种植，阡陌相连。”（宋敏求、李好文：《长安志 · 长安志图》，第 260 页）

唐玄宗时期，关中地区发生11年次的旱灾，发生频次为0.25次/年，平均4年发生一次。这一时期，出现了两条明显的旱灾链：一条旱灾链是712～719年，发生了5年次的旱灾，其中712年为持续春夏两个季节的极严重旱灾，[①] 开元二年（714）是持续三个季节的极严重旱灾，[②] 之后开元三年、六年、七年的旱灾均为一般灾害，[③] 711～720年这10年发生旱灾5年次，从图1来看，其频次仅次于621～630年、681～690年、791～800年三个时段的6年次/10年；另一条旱灾链相对较短且为一般旱灾，从开元十二年到开元十五年，4年间发生3年次旱灾。[④] 唐玄宗时期的旱灾发生年次多且严重，因此，袁林将之归入隋唐五代时期（581～960）九个较大旱灾期中的第四和第五个旱灾期。[⑤] 旱灾不仅影响农业经济，还对京师生活造成较大影响，城市的供水系统需要重新整修。

唐玄宗时期的长安城供水系统大致如图3所示。

唐玄宗时期整修的长安城供水系统主要是黄渠。早在唐高祖武德六年（623），宁民县令颜昶凿水渠引南山水入京城，[⑥] 郭声波认为这条水道应该是黄渠的前身。[⑦] 唐玄宗开元年间，大规模疏凿曲江，同时开辟黄渠作为曲江的入水口。[⑧] 黄渠以义谷水为水源，北流至龙渠村，又西北至甫张村、三像寺，上少陵原，又北，分东西二渠，分别入曲江。[⑨]

---

① 《新唐书》卷35《五行志二》，中华书局，1975，第916页。

② 《旧唐书》卷8《玄宗纪上》，中华书局，1975，第172页；《新唐书》卷5《玄宗纪》，第123页；《新唐书》卷35《五行志二》，第916页。

③ 《新唐书》卷5《玄宗纪》，第124、126、127页。

④ 《新唐书》卷35《五行志二》，第916页。

⑤ 袁林：《西北灾荒史》，第60～61页。

⑥ 《新唐书》卷37《地理志一》，第963页。

⑦ 郭声波：《隋唐长安水利设施的地理复原研究》，纪宗安、汤开建主编《暨南史学》第3辑，第11～31页。

⑧ 张礼：《游城南记校注》，史念海、曹尔琴校注，三秦出版社，2003，第81页。关于黄渠开凿的时间，《资治通鉴》卷198胡三省注引《长安志》记载宇文恺凿黄渠（第6243页），但是，今本宋敏求《长安志》并没有相关记载。因此，黄渠开凿时间以《游城南记校注》为准。

⑨ 骆天骧：《类编长安志》卷6，第191页。

曲江，南为芙蓉池，北为曲江池，[①] 其中芙蓉池“为南北长、东西短的不规则形状，面积约为700000平方米”。[②] 与汉长安城的池沼一样，曲江不仅有景观功能，还作为涵蓄水源的小型水库而发挥作用。黄渠、曲江及其下游主要供应长安城东南一带用水。

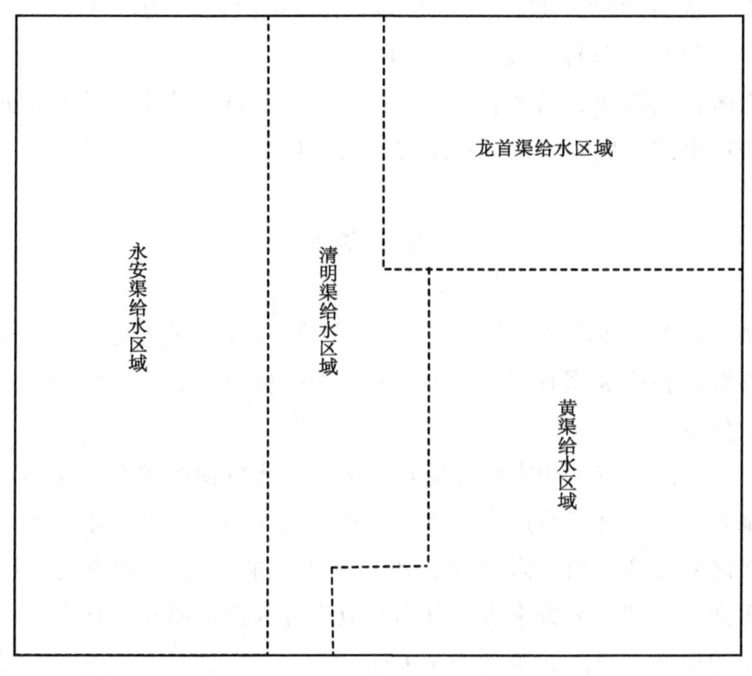

图3　唐玄宗时期长安城供水系统示意

唐玄宗时期还针对城市的物资供应整顿了漕渠。隋文帝开皇四年，“命宇文恺率水工凿渠，引渭水，自大兴城东至潼关，三百余里，名曰广通渠。转运通利，关内赖之。诸州水旱凶饥之处，亦便开仓赈给”。[③]

① 李令福：《关中水利开发与环境》，第210页。

② 杭德州、雒忠如、田醒农：《唐长安城地基初步探测》，《考古学报》1958年第3期。

③ 《隋书》卷24《食货志》，第684页。

广通渠，即为隋代漕渠，施工时名为“富民渠”，竣工后改称“广通渠”，又名永通渠。[①] 唐玄宗天宝元年（742），重新疏浚漕渠，陕郡太守韦坚增凿广运潭，[②] 同时，京兆尹韩朝宗开凿“南山渠河”。[③] 韩朝宗开凿的南山渠河，引“渭水”入金光门，至西市，以漕南山木材。黄盛璋先生认为“渭”系“潏”之误。[④] 郭声波则认为“渭”乃“漕”之误，[⑤] 是引长安城南部的沉水入城。

隋唐长安城地表供水系统的不断整合与完善，是应对旱灾的重要措施，对城市的发展和建设有重要的推动作用。

余 论

基于灾害的视角来透视城市水资源，可以发现旱灾对隋唐长安城地表水资源的整合利用有很大影响。通过相关资料，我们还可以解读出其他一些信息。

第一，隋文帝、唐玄宗时期长安城地表水资源的整合，与旱灾严重期是耦合的，但并不是所有旱灾严重期都要大力整顿地表水资源。

较之隋文帝、唐玄宗时期，还有旱灾比较严重的如唐高宗、唐德宗、唐文宗时期，大致来说，分别对应袁林提出的隋唐五代九个较大旱灾期中的第三、第六、第七个旱灾期。[⑥]

唐高宗在位34年，发生旱灾15年次，发生频次为0.44次/年，较之隋文帝和唐玄宗时期的0.25次/年要高。但是，文献资料未见这一时

① 《隋书》卷61《郭衍传》：“征为开漕渠大监。……名之曰富民渠。”（第1469页）《长安志》卷12：“永通渠……初名富渠，仁寿四年改。”（宋敏求 、李好文：《长安志·长安志图》，第390页）其中，“永通渠”之名，可能是隋炀帝时期避讳“广”字而改；“富渠”之名，可能是唐人记载时，避唐太宗讳，省略“民”字而来。

② 《旧唐书》卷9《玄宗纪下》，第216页。

③ 《旧唐书》卷9《玄宗纪下》，第216页。

④ 黄盛璋：《西安城市发展中的给水问题以及今后水源的利用与开发》，《地理学报》1958年第4期。

⑤ 郭声波：《隋唐长安水利设施的地理复原研究》，纪宗安、汤开健主编《暨南史学》第3辑，第11~31页。

⑥ 袁林：《西北灾荒史》，第59~61页。

期供水工程修建的记载，可以推测这一时期城市供水系统正常使用，无须修复或增建。

从图 1 可以看出，唐代中后期，旱灾次数较多。最为严重的是唐文宗时期（826～840），唐德宗时期（780～804）次之。唐文宗时期的旱灾频次最高，为 0.57 次/年；唐德宗在位 25 年，发生旱灾 12 年次，发生频次为 0.48 次/年。由于旱灾严重，唐代中后期屡有整修渠道的提议，有的付诸行动，如元和八年（813）“以神策军士修城南之洨渠（永安渠）”,[①] 大和九年（835）“发神策军掘黄渠，淘曲江”;[②] 有的未付诸行动，如宝历二年（826）广运潭被赐予司农寺,[③] 表明漕渠被废弃。唐文宗开成元年（836），由于岁旱河涸，咸阳县令韩辽提议复开漕渠。[④] 黄盛璋、马正林等学者均以为漕渠复凿,[⑤] 但据《新唐书》[⑥]《资治通鉴》[⑦] 等文献记载，漕渠应该是没有恢复的。[⑧] 从文献记载来看，除元和八年和大和九年各整修一条供水渠道之外，没有出现大规模全面整修长安城供水工程的记载。干旱严重期，城市供水系统亟待修复而未见修复，应该与当时的国家财政、人口动员等因素有较大关系。

所以，隋文帝、唐玄宗时期大规模开凿整修入城渠道，绝不是旱灾一种因素的影响，这是中央集权、国家财政收入、城市人口与旱灾影响等多因素综合作用的结果。

第二，隋唐长安城地表供水是由八水、五渠、九湖等水体组成的复杂庞大的供水网络。

隋唐长安城周围的河流包括城北的泾河、渭河，城东的浐河、灞

① 《唐会要》卷 89，第 1621 页。

② 骆天骧：《类编长安志》卷 6，第 191 页。

③ 《旧唐书》卷 17《敬宗纪》，第 520 页。

④ 《旧唐书》卷 172《李石传》，第 4485 页。

⑤ 黄盛璋：《西安城市发展中的给水问题以及今后水源的利用与开发》，《地理学报》1958 年第 4 期；马正林：《渭河水运和关中漕渠》，《陕西师范大学学报》（哲学社会科学版）1983 年第 4 期。

⑥ 《新唐书》卷 183，第 5385 页。

⑦ 《资治通鉴》卷 249，第 8045 页。

⑧ 郭声波：《隋唐长安水利设施的地理复原研究》，纪宗安、汤开建主编《暨南史学》第 3 辑，第 11～31 页。

河，城西的沣河、涝河，城南的滈河、潏河等。这些河流的汇水区覆盖了整座长安城及周围区域，是大面积的城市供水区。与汉长安城以城市西部的昆明池蓄水工程为中心的城市水资源利用相比，隋唐时期形成围绕城市全方位引水的格局。

永安渠、清明渠、龙首渠、黄渠、漕渠等五渠将八水与长安城紧密联系起来，引河水入城，其支渠流经大部分里坊，形成一条条供水线。

城内外的自然或人工湖池作为一座座中小型蓄水池存在，这些蓄水池数量惊人，包括昆明池、镐池、定昆池、曲江、东西市的放生池及宫殿群内的太液池、兴庆池、灵符池、鱼藻池和私家园林、寺庙道观的池沼。这些湖池涵蓄的水量，在一定程度上保障了干旱时城市的供水。因此，湖池是河流或渠道上的具体之点。

湖泊、水渠、流域形成了点、线、面的组合，成为隋唐长安城复杂庞大的供水网络，保障了城市地表水资源的有效利用。因此，“（隋唐）长安城的供水是我国历史上规模最大和成功的典型之一，它巧妙地把各用水部门联系起来，也是个综合利用的典型”。[①]

第三，隋唐长安城水资源利用存在重视供水系统而不太重视排水系统的问题，导致唐代中后期城市排水出现较大问题。

从唐高宗时期开始，长安城出现雨水排泄不畅的问题，至唐代中后期愈益严重。[②] 吴庆洲认为，隋唐长安城的排水设施是有失误的，一是未针对地形特点采取相应的防洪排水对策，二是城市水系缺乏足够的调蓄能力，三是长安城内的渠道对于城内的排水只起到辅助作用。[③] 归根结底，长安城排泄不畅的问题是由不重视排水系统建设造成的。

隋唐长安城地表水资源的整合，是在旱灾影响下对水资源的充分利用，对现代城市地表水资源的整合与利用有一定的借鉴作用。

---

① 郑连第：《古代城市水利》，水利电力出版社，1985，第52页。

② 《旧唐书》卷37《五行志》有六次相关记载。

③ 吴庆洲：《唐长安在城市防洪上的失误》，《自然科学史研究》1990年第3期。

明清时期江淮地区的旱灾与雨神信仰的构建*

张崇旺**

摘　要　明清时期江淮地区因地处季风气候在春夏、夏秋之际多发旱灾。大旱之年多有蝗灾、疫灾相伴生，禾稼枯萎，蝗飞蔽天，粮食歉收，逃荒者众，疫病流行，路有哀号，尸横遍野。面对严重的旱灾，江淮地区官府和民间社会力量共同构建起了以龙王、城隍为主体，以人格化的乡土神、其他祈雨灵异的神灵为辅助的庞杂雨神信仰系统。雨神信仰活动表面看起来是迷信，但它反映了人们的自然观和社会观，在某种程度上是江淮地区人们对频发旱灾的区域环境所做的一种心理调适。

关键词　江淮地区　旱灾　雨神信仰　明清时期

近年来，灾害史研究，无论是研究队伍，还是研究成果，早已蔚然大观。不过，学者关注的主要是灾情、荒政、灾荒与社会互动等方面，对灾害与区域社会文化、民众心态与民间信仰风俗的研究明显不足。至于将灾害与民间信仰联系起来进行研究，比较早的是邓拓《中

---

* 本文为国家社会科学基金项目“建国以来淮河流域水资源环境变迁与水事纠纷问题研究”（14BZS071）、教育部人文社会科学重点研究基地重大项目“徽州文化与淮河文化比较研究”（05JJDZH219）、安徽大学“淮河流域生态建设与经济社会发展”创新团队项目的阶段性成果。

** 张崇旺，安徽大学马克思主义学院、安徽大学淮河流域环境与经济社会发展研究中心教授。

国救荒史》[①]和竺可桢《论祈雨禁屠与旱灾》[②]。改革开放以后，较早从灾害史角度研究民间信仰的力作当属王振忠的《历史自然灾害与民间信仰——以近600年来福州瘟神“五帝”信仰为例》[③]一文，此后虽然学界出了不少相关研究成果，[④]但学者还多是限于灾情—成因—影响—救灾—防灾—灾害信仰的逻辑框架，灾害与信仰的研究彼此分立，[⑤]分灾种探讨灾害和与之相应的灾害信仰内在关系的成果则更少。本文试以江淮地区为对象，以明清时期为研究时段，以旧志文献为中心，对旱灾与雨神信仰的构建问题做些粗浅的探讨，重点论述明清江淮地区旱灾危机下民众的心理应对及旱灾与雨神信仰之间、祈雨活动中官民之间的互动关系，勾勒出区域灾害与民众心态、民间信仰风俗的发展变迁，以期对明清时期江淮地区的旱灾概况以及民众与历史环境的互动有所揭示与呈现。

① 邓云特：《中国救荒史》，商务印书馆，1937。

② 《东方杂志》第23卷第13号，1926年。

③ 《复旦学报》（社会科学版）1996年第2期。

④ 王振忠：《清代徽州民间的灾害、信仰及相关习俗——以婺源县浙源乡孝悌里凰腾村文书〈应酬便览〉为中心》，《清史研究》2001年第2期；丁贤勇：《明清灾害与民间信仰的形成——以江南市镇为例》，《社会科学辑刊》2002年第2期；徐心希：《明清时期闽南地区自然灾害与民间信仰的特点》，《闽都文化研究》2004年第2期；高茂兵、刘色燕：《略论晚清时期桂东南地区自然灾害与民间信仰》，《广西民族研究》2010年第1期；胡梦飞：《自然灾害与神灵崇拜——明清时期苏北地区灾害信仰的历史考察》，《防灾科技学院学报》2014年第4期；李小琴、耿占军：《清代晋西北地区的农业自然灾害与民间信仰风俗关系》，《唐都学刊》2016年第2期；王建华：《自然灾害与民间信仰的区域化分异——以晋东南地区成汤信仰和三嵕信仰为中心的考察》，《中国历史地理论丛》2018年第2期；李慧芳、谈家胜：《明清时期徽州地区自然灾害与民间神灵信仰》，《黄山学院学报》2018年第4期；周启航：《民国时期江南灾害信仰研究》，硕士学位论文，苏州科技学院，2010；孙玲：《明代黄河灾害与河神信仰》，硕士学位论文，青海师范大学，2013；李筱利：《明清皖北地区的灾荒与神庙信仰的历史演变》，硕士学位论文，厦门大学，2014；任冠宇：《北宋旱灾禳弭研究——以皇帝为视角的考察》，硕士学位论文，兰州大学，2017；等等。

⑤ 灾害史研究成果难以枚举，禳弭信仰的代表性成果有陶思炎《祈雨扫晴摭谈》，《农业考古》1995年第3期；毛世全《古代祈雨现象漫说》，《水利天地》1996年第3期；张健彬《唐代的祈雨习俗》，《民俗研究》2001年第4期；周致元《明代君臣祷雨的宗教阐释》，《安徽大学学报》（哲学社会科学版）2002年第1期；高中华《广西祈雨民俗与雨神崇拜》，《农业考古》2002年第3期；林涓《祈雨习俗及其地域差异——以传统社会后期的江南地区为中心》，《中国历史地理论丛》2003年第1期；胡梦飞、安德明《天人之际的非常对话：甘肃天水地区的农事禳灾研究》，中国社会科学出版社，2003；苑利《龙王信仰探秘》，台北，东大图书股份有限公司，2003；等等。

一　江淮地区旱灾概况

就灾次和灾度来说，明清时期江淮地区的旱灾是仅次于水灾的一个主要灾种。为了便于分析江淮地区旱灾的特点及其影响因素，笔者依据前人已经整理的水旱灾害史料和相关的地方志文献，制成表1。

表1　明清时期江淮地区旱灾年份和季节分布

单位：年，次

地区	旱灾年份分布	合计
安庆	1439　1453　1466　1478　1491　1509　1522　1523　1532　1544　1545　1588　1590　1592(夏秋)　1608　1641　1646　1652(夏秋)　1653　1657　1671(夏秋)　1678　1679(夏秋)　1714　1716(夏)　1781　1814　1820(夏秋)　1832　1856　1867	31
怀宁	1466　1478　1509　1523　1532　1544　1545　1588　1592(夏秋)　1641　1646　1652(夏秋)　1653　1671(夏秋)　1678(夏秋)　1679(夏秋)　1716　1781　1814　1856　1871(十一)　1887(夏)	22
宿松	1370(夏)　1376(六)　1466　1478　1509　1522　1523(秋)　1532　1544　1545(夏秋)　1585　1588　1589(春夏)　1592(夏秋)　1608　1629(秋)　1641　1642　1646　1652(夏秋)　1653　1654(夏)　1655(秋)　1671(夏秋冬)　1679(夏秋)　1738(秋)　1775　1785(夏秋)　1802(秋冬)　1808　1814　1820(秋)　1832　1835　1836　1856　1864　1867　1887　1892　1895　1897	42
望江	1466　1478　1509　1523(夏秋)　1532　1535(五)　1545　1561(夏)　1585　1587(秋)　1588　1589　1590　1592　1593　1608　1641　1646　1652(夏秋)　1662(夏秋)　1671(六)　1674(秋)　1679(夏)　1693(夏秋)　1708　1714　1716　1738　1739　1814　1867	31
太湖	1478　1509　1523　1544　1545　1588　1625　1641　1646　1652(夏秋)　1657(夏)　1659　1671(夏秋)　1672　1679(夏秋)　1693(夏)　1716　1738　1785(夏)　1835(夏秋)　1856　1864(夏秋)　1865(夏)	23
潜山	1466　1478　1509　1523　1532　1544　1588　1590　1592(夏秋)　1598(秋)　1608　1641　1646　1652(夏秋)　1653　1670　1671(夏秋)　1672　1678(夏秋)　1679(夏)　1693(夏)　1714(秋)　1716　1739(春夏)　1777(夏秋)　1779(夏)　1781　1785　1812　1814　1846　1856(夏秋)　1864(夏秋)　1889　1895(夏)　1897(秋)	36

续表

地区	旱灾年份分布	合计
桐城	1466 1478 1509 1522 1523 1532 1544 1545 1588 1589 1590 1592(夏秋) 1608 1641 1644(十) 1646 1652(夏秋) 1654(夏秋) 1655 1671(春夏秋) 1677(秋) 1678(秋) 1679(秋) 1714(秋) 1775 1778 1785 1786(春夏) 1814 1856 1867 1892	32
庐州	1479 1491 1503 1514 1523 1526(六) 1534 1535 1539 1544 1552 1562 1564 1589 1590 1626 1632 1634 1639 1640 1641 1644(夏秋) 1652 1653(夏) 1671 1679 1690 1692 1693 1695 1711 1712 1714 1716 1722 1723 1726 1733 1734(冬) 1738 1739 1758 1764 1768 1774 1775 1785 1786 1797 1799 1802 1805 1811 1812 1814 1820 1821 1856 1857 1858 1870 1872 1875 1888 1895	65
合肥	1514 1544 1553 1554 1626 1640 1652 1653 1665(六) 1671 1675 1679 1695 1711 1712(春) 1714 1715 1716 1738 1739 1768 1774 1775 1785 1797 1812 1814 1845 1858 1862 1872 1875	32
舒城	1508 1523 1537(五) 1538(春夏秋) 1564 1566 1589(春夏秋) 1617 1634 1639 1640 1652(夏秋) 1654(秋) 1671 1677 1679 1680 1690 1711 1714 1722(秋) 1738(秋) 1748 1756 1758 1784 1785(夏秋) 1786 1805 1814 1816 1856 1872 1875 1891 1895	36
庐江	1468 1491 1526 1534 1539 1544 1549 1552 1589 1626 1641 1653(夏) 1654 1671 1679 1690 1693 1694 1711 1714 1716 1738 1739 1775 1785(秋) 1811 1812 1813(秋) 1814 1835(秋) 1836 1856(秋) 1857(夏) 1872 1875	35
巢县	1544 1590(夏) 1632 1639 1641 1644 1652 1665(六) 1679 1690 1692 1693 1694 1714 1723 1764 1775 1778 1785 1797 1799 1802 1811 1814 1820 1821 1824 1834 1858 1870(夏) 1872 1875	32
无为	1523 1544 1589 1641 1644 1652 1653 1654 1668 1671 1679 1690 1692 1693 1694 1711 1714 1722 1723 1726 1733 1734(冬) 1738(春夏秋) 1739(春夏秋) 1775 1778 1782 1785(春夏秋冬) 1786 1802 1814 1864(夏秋冬) 1872 1875	34
和州	1373(七) 1432 1523(冬春夏) 1534 1544 1552 1554 1559 1563 1570 1574 1589 1616(七) 1640 1671 1679(夏秋) 1680 1708(夏秋) 1709 1725 1736 1738 1768 1785 1807 1814 1821 1856 1867(秋) 1874 1875(秋) 1891 1892	33

续表

地区	旱灾年份分布	合计
含山	1432 1459 1486 1487 1523 1544 1554 1563 1564 1570 1589 1640 1641 1652 1657 1665（七） 1671 1678 1679 1683（夏秋） 1701 1708 1722（六） 1747	24
滁州	1393 1461（夏秋） 1487 1523（秋） 1536 1617 1627 1640 1651 1652（夏） 1670（夏） 1671（夏） 1678 1679（夏秋） 1768 1785 1786 1856 1888	19
全椒	1487 1508 1523 1559 1570 1589 1617 1619 1640 1641 1653 1654（六） 1655 1665（七） 1667 1671（夏） 1678 1714 1768 1785 1786 1814 1856 1888 1911	25
来安	1432 1523 1527 1528 1529 1530 1531 1532 1533 1538（春） 1544（春夏秋） 1559 1563 1564 1566（秋） 1567（五） 1568（夏） 1583 1587 1589 1590 1610 1614（夏） 1616（夏） 1617 1651 1671（夏秋） 1672（秋） 1674 1678 1679 1681 1684（秋） 1689（秋） 1707（秋） 1709 1712 1714（秋） 1716 1718 1723（夏） 1738 1753 1756 1758 1768（夏） 1771 1775 1778 1781 1785 1811 1814	53
六安	1433 1434 1508 1523 1555 1589 1615 1640（夏） 1641 1665（七） 1671 1679（夏） 1692 1694 1711 1714 1715 1716 1738 1768 1775（秋） 1785（春夏秋） 1845 1856（夏秋） 1867（春夏） 1870（春）	26
霍山	1508 1588（夏秋） 1589 1615 1640 1641 1652（春夏秋） 1671 1679 1690 1711 1714 1738 1768（秋） 1775（秋） 1785 1802 1814 1845 1856（夏秋）	20
霍邱	1481（五） 1482 1487 1488 1529（夏） 1540 1544 1549 1572 1586 1588（春） 1589（春夏秋） 1617 1640 1661 1665（夏） 1667（五） 1679（春夏秋） 1711 1714 1715 1738（秋） 1744 1752（夏） 1758 1768 1778 1782 1785 1807 1811（秋） 1814 1823 1856 1857（秋） 1867（春夏） 1889 1892 1894 1899	40
寿州	1383 1415 1456（六） 1479 1509（夏） 1512 1514 1520 1527 1568 1678 1679 1686 1737 1741 1743 1751 1752 1768 1774 1775 1778 1785 1802 1803 1807 1811 1814 1855（夏） 1902	30
凤台	1741 1743 1802 1803 1805 1811 1813	7

续表

地区	旱灾年份分布	合计
凤阳府	1415 1456(六) 1479 1508 1509(夏) 1512 1514 1520 1527 1568 1569 1580 1585(夏) 1589(春夏秋) 1659 1671(夏) 1672 1678 1679(春夏秋) 1681(夏秋) 1686 1693(夏) 1713 1716 1738 1743 1748 1752 1768 1771 1774 1775 1785 1802 1855(夏) 1856(四)	36
凤阳县	1371 1397(夏秋) 1415 1436(四) 1440(五) 1453 1457(春夏) 1461(夏秋) 1479 1488 1509(夏) 1511 1512 1514 1520 1523 1527 1540 1544 1568 1569 1580 1585(夏) 1588(春夏) 1589(春夏秋) 1619 1626 1629 1636 1671 1672 1673 1678 1681(夏秋) 1686 1693(夏) 1713 1738 1743 1748 1752 1768 1771 1772 1774 1785 1805 1823 1833 1849 1854 1856	52
怀远	1405(春夏) 1466 1581 1587(夏) 1589(夏秋) 1653 1661(夏) 1663 1667 1671 1672(五) 1679(春夏秋) 1686 1704(春) 1711(春夏) 1713 1716(夏秋) 1755 1782 1785 1796(夏) 1801 1803 1807 1814 1856 1870	27
定远	1415 1441(夏) 1442(夏) 1450 1454(六) 1568 1639 1640 1671 1673 1686 1689 1768 1771 1774 1775 1785 1794 1797 1832 1833 1837 1843(秋) 1846 1847 1856 1862 1869 1876(夏) 1877 1879 1880 1891(八) 1892 1893	35
盱眙	1393 1415 1433 1456(夏) 1465 1503(夏秋) 1509(夏) 1512 1514 1520 1523 1527 1535 1568 1587 1588 1617 1619 1626 1640 1652 1653 1663 1671(春夏秋) 1678 1679 1686 1687(秋) 1691 1692 1696 1700 1703 1707 1710 1711 1714(夏秋) 1716(秋) 1722(秋) 1725 1735 1737 1738 1743 1785 1810 1811 1814 1823 1828 1829 1832 1833 1835(秋) 1840 1850 1854 1856 1873 1891(五)	60
天长	1457(夏秋) 1523 1548(冬春夏) 1615 1616(春夏秋) 1617(春夏秋) 1619(春夏) 1624 1625 1629 1640 1641 1648 1651 1652 1671(春夏秋) 1678 1679 1706 1707 1714 1716 1717 1723(秋) 1724 1738 1748 1751(春夏秋) 1768(夏) 1772(夏) 1785 1792 1802(夏) 1806 1807(夏) 1809(秋) 1810 1811(秋) 1823 1850 1873	41
淮安	1468 1471 1479 1502 1513 1515 1523 1524 1528(五) 1559 1573 1585(春夏) 1587(夏) 1588 1589(春夏) 1590 1594 1596 1604 1605 1607 1608 1614 1615 1624 1625 1626 1640 1641 1654 1674 1678 1679 1704 1716 1721 1735 1738(夏) 1781 1782 1783 1785 1825 1856 1858	45

续表

地区	旱灾年份分布	合计
阜宁	1678 1735(六) 1738(春夏) 1739 1768 1775 1781(秋冬) 1782 1785 1786 1825 1835 1836 1856(春夏秋) 1858 1862(夏) 1867(春) 1876 1877 1880(秋冬春) 1885 1900 1904	23
高邮	1380 1474 1503(秋) 1505 1506 1508 1523 1529(七) 1535(春夏) 1536 1540 1543 1544 1545 1559 1565 1570 1617 1625 1626 1640 1641 1653 1663 1674 1678 1679 1702(夏) 1707(夏) 1714 1739 1759 1768(夏) 1775(夏) 1778 1780(夏) 1782(夏) 1785 1814 1889 1891(夏) 1892(夏) 1899 1902 1909	45
兴化	1468 1472 1503 1508 1536 1541 1544 1545 1554 1559(春夏秋) 1589 1590 1640 1641 1653 1679 1707 1713 1716 1729 1738 1744 1768(春夏秋) 1775 1785(春夏秋冬) 1807 1809	27
扬州	1470(秋) 1471(春) 1514 1520 1536 1554 1583 1589 1590 1617 1618(夏) 1639 1640 1650 1653 1759 1768 1785 1805	19
如皋	1392 1440 1456 1466 1470(秋) 1471(春) 1484(秋) 1487 1501(春) 1502 1503(秋) 1513(夏秋) 1514 1523 1526 1528 1535 1540 1541 1554 1559 1590 1607(夏) 1615(夏) 1617(七) 1633 1638 1639 1640 1641 1648 1652 1653 1654 1657 1662 1679 1693 1699 1728(夏) 1729(夏) 1733 1738(秋) 1744(夏) 1746(夏) 1754 1759(夏) 1785 1786(春) 1789 1820(夏) 1824(夏) 1843 1856(夏) 1873(夏)	55
通州	1439 1456 1470 1471 1484 1503 1505 1523 1535 1540 1541 1554 1559(夏秋) 1589 1590 1625(六) 1633 1638 1639 1640 1641 1647 1648 1649(七) 1663 1671(夏秋) 1679 1699 1728 1729 1733 1738(秋) 1739(夏) 1744(夏) 1746(夏) 1754 1759(夏) 1785(春夏) 1789 1814(夏) 1820(夏) 1829(七) 1843(夏) 1856(夏秋) 1873(夏)	45
合计		1238

说明：①（）内容代表旱灾发生的季节或者月份，____代表旱灾连发。②本表为不完全统计。一是表中所列府州县只是江淮地区的绝大部分，还有少数州县未统计在内；二是因明清时期各地修志时间不同，所列府州县后面的旱灾次数合计，统计的时间长度标准并不统一；三是表末合计江淮地区旱灾的次数，不代表明清江淮地区实际旱灾发生的次数。

资料来源：①安徽省水利勘测设计院编印《安徽省水旱灾害史料整理分析》，1981。②相关府州县地方志。

据表1，我们大致可以分析出明清时期江淮地区旱灾的时空分布和特点。

（一）时间分布

首先从旱灾季节分布来看，明清时期江淮地区一年四季都有可能发生旱灾，但就总体而言，冬春连旱较少，而以夏秋连旱为多，春旱、夏旱、春夏连旱、春夏秋连旱也不少，这与季风气候区的副热带高压位移的强弱有关，副热带高压在该地区的跳动容易造成降水的年际变化趋于极端，使夏伏连旱（5～8月）或伏秋连旱（7～10月）或夏秋连旱（5～10月）的灾情频频出现。

再从长时段的旱灾时间分布看，据表1和邹逸麟[①]、吴必虎[②]等人的研究成果，我们大致可以看出，明清时期江淮地区有8次大旱期和特大灾年，即嘉靖二十三年至二十四年（1544～1545）、万历十五年至十八年（1587～1590）、崇祯十三年至十四年（1640～1641）、顺治八年至十一年（1651～1654）、康熙十年至十一年（1671～1672）、康熙十七年至十八年（1678～1679）、乾隆五十年至五十一年（1785～1786）、咸丰六年至八年（1856～1858）。在大旱期和特大灾年，灾情都极其严重，草木皆枯，河井干涸，米价飞涨，饿殍遍野，死者枕藉。[③] 如嘉靖二十三年（1544）的宿松是“大旱，自夏至秋五月不雨，饥民食草木”，桐城是“大旱，民多殍死”，来安是“春至秋不雨，民食草子、树皮”。次年的安庆府及桐城因大旱“民饥，米价腾贵”，宿松县继续是“自五月至九月下旬始雨，民饥，死者枕藉”。万历十五年的淮安府夏天大旱蝗，草木皆空。万历十六年，宿松“夏大旱，三月不雨，民饥”，安庆府其他属县多是“大旱，民饥，多疫”。此年的霍山县“夏秋大旱，稻菽尽坏”，凤阳“春正月至夏六月始雨，大旱”，江苏淮安府是因旱而横尸满路。万历十七年，宿松“春夏不雨，湖陂干裂，禾无粒收，民多殍死”，望江“大旱，河井干涸，田亩颗粒无收，殍死甚

---

① 参见邹逸麟主编《黄淮海平原历史地理》，安徽教育出版社，1997，第60～77页。

② 参见吴必虎《历史时期苏北平原地理系统研究》，华东师范大学出版社，1996，第149～153页。

③ 下文未注明出处的明清时期江淮地区旱灾时间分布和空间分布的资料，均参见《安徽省水旱灾害史料整理分析》。

众，秋冬疫大作，灾连数千里”，桐城也是大旱，米价腾贵，死者盈野。这一年的庐州“郡属大旱，升米百钱，人相食”，府属的舒城“自正月至秋七月不雨，斗米千钱，民多饥死”，霍山“又大旱，米百钱，道馑相望”。颍州府的霍邱及凤阳府都是“自春至秋不雨，淮水竭，井泉枯，野无青草，流亡遗道，担水千钱”。淮安大旱，自二月入夏不雨，二麦枯槁。万历十八年，潜山大旱，“民多饥死”，望江“复大旱，春夏间民苦尤甚，食草根木皮尽，仍饥死”，其他府属县多有大旱，民多饥死之记载。江苏扬州此年则因旱蝗相继，下河茭葑之田尽成赤地。崇祯十三年至十四年的大旱，因和蝗灾并发而使灾情加重，在这两个特大灾年中，很多地方是两年连旱，加剧了旱情的恶化。江淮地方志中到处充斥这两年大旱蝗、人相食、死者枕藉的记载。清顺治八年，滁州、来安大旱，“斗米值七十”。顺治九年，安庆府属各县被旱灾，四月不雨至秋八月，“湖陂干裂，深二尺许，颗粒无收”，灾伤九分、十分不等。桐城在这一年还于二月十五日子时发生地震，此后便是“自三月至七月不雨，水道尽涸”。[①] 此年的庐江县也是“大旱，禾尽槁”，霍山“自三月不雨至于七月，居民采橡挖蕨为食”。至顺治十年，庐州府属连年旱魃为虐，赤地千里，湖泽涸而生尘，禾苗尽槁。康熙十年的安庆府“夏秋间连旱三月，安、凤、庐三郡视江南受灾尤甚，安属六县被虫旱灾伤”，宿松“大旱饥，秋冬无水饮，有汲数十里者”，望江“六月大旱，禾苗枯死，饥民采菱芡度日，草根木皮，一时俱尽”，桐城春夏秋无雨，岁大饥，秋旱灾伤田达2750亩。此年的和州、含山、滁州、来安、全椒、凤阳府属各县，则是夏大旱，秋又遇飞蝗，是故禾苗无有，民大饥，人食树皮、观音粉，以天长县为烈，“赤旱，自三月不雨至九月，飞蝗蔽天，锉草作屑，榆皮剥尽，人民相食，子女尽鬻”。康熙十八年，安庆府夏秋不雨，五虫俱灾，飞蝗蔽天，仅桐城一县的灾伤田亩就达3116顷。天长大旱，湖水皆涸，民大饥，人相食。乾隆五十年，宿松“夏秋大旱饥，斗米五百有奇，冬饥，殍相藉，民多涉远”。

① 道光《续修桐城县志》卷23《杂记·祥异》，《中国地方志集成·安徽府县志辑》第12册，江苏古籍出版社1998年影印本，第772页。

庐州府属俱大旱，道馑相望，其中舒城“五月不雨至八月，禾稼枯，谷贵冬荒”；无为州“奇旱，自去冬至是年终岁无雨，江潮闭，山田籽粒无收，圩之滨河湖者收三十分之一，人饿死者相枕藉，米价每石足制钱七千文”。来安“自冬至次春，饿殍相望于道”。六安、霍山自三月至八月不雨，“川竭草枯，米有以千五百钱易粟一斗者，民掘草根树皮以食，道馑相望”。天长大旱，“岗田颗粒无收”。江苏的六合、江浦、通州、如皋、泰兴、阜宁、江都、仪征、宝应、盐城皆大旱，岁大饥，有的地方还有瘟疫。此外，泰县“大旱蝗，自是年三月至明年二月不雨，无麦无禾，河港尽涸，民大饥”。[①] 东台也是“三月至明年二月方雨，民饥”。[②] 高邮大旱，“七里湖涸见底，民食榆皮草根皆尽，掘石屑煮之，名观音粉”。[③] 兴化“大旱，自是年三月不雨至明年二月始雨，岁大饥”。[④] 咸丰六年（1856），江南北均大旱，怀宁“大旱，赤地千里，自四月至八月不雨，斗米千钱，饥民嗷嗷，食榆树皮叶皆尽”，舒城、六安、霍山一带自咸丰六年冬迄次年春连旱，“丐民盈道路，鬻衣物、妇女者成市焉”。[⑤] 又据安徽巡抚福济奏折，皖北旱情也前所未见，“入春以来，本属雨泽衍期，禾苗未能遍插。自夏徂秋，骄阳酷暑，未沛甘霖，井涸地干，半多断汲”。结果是“田禾全行枯槁”，轻灾区收成约在五分以上，重灾区则千里赤地，收成无着。广大灾民“或吞糠咽秕以延命，或草根树皮以充饥，鹄面鸠形，奄奄垂绝，流离颠沛情形，虽使绘流民之图有不能曲尽其状者”。[⑥] 江淮东部，“自五月至七月不雨，江北奇旱。下河诸湖荡素称泽国，至是皆涸，风吹尘起，人循河行以为路。乡民苦无水饮，就岸脚微润处掘尺许小穴，名井汪，待泉浸出，

① 国学图书馆辑《清代江苏三届大旱年表》，《江苏月报》第3卷第2期，1935年。

② 嘉庆《广陵事略》卷7，据湖北省图书馆藏嘉庆十七年（1812）归安姚氏开封节院刻本影印。

③ 道光《续增高邮州志》第6册《灾祥志》，《中国方志丛书·华中地方·第一五四号》，台北，成文出版社1974年影印本，第729页。

④ 国学图书馆辑《清代江苏三届大旱年表》，《江苏月报》第3卷第2期，1935年。

⑤ 储枝芙蓉塘：《皖樵纪实》（上），《太平天国史料丛编简辑》第2册，中华书局，1961，第96页。

⑥ 《录副档》，咸丰六年八月十七日安徽巡抚福济折，转引自李文海、周源《灾荒与饥馑：1840—1919》，高等教育出版社，1991，第72页。

以瓢勺盛之，恒浑浊有磺气，妇子争吸，视若琼浆玉液”。[①] 淮安，大旱，运河断流。阜宁大旱，自二月至八月不雨，禾苗皆枯。高邮，十月运河水竭。[②] 在盐城，大旱又有卤潮倒灌。[③] 江都，五月至八月不雨大旱，运河水竭。泰县，五月至八月不雨大旱，运河水涸，赤地千里，飞蝗蔽天。江浦、六合、通州、如皋、泰兴皆夏大旱，飞蝗蔽天，岁大歉。[④]

最后从短时段的旱灾时间分布看，明清时期江淮地区的旱灾具有连发性特征，即两年或者三年连续发生旱灾的概率占有相当的比例，还有少数地方，如宿松在1652～1655年、庐江在1811～1814年、淮安府在1587～1590年、通州及如皋在1638～1641年都是四年连旱，个别地方如来安县甚至发生了1527～1533年的七年连旱的严重情况。

（二）空间分布

从旱灾受灾范围来看，旱灾与水灾稍有不同，“洪灾一条线，旱灾一大片”，跨府州县同时遭旱灾的情况比较多。如在嘉靖二十三年至二十四年江淮大旱期，嘉靖二十三年旱情影响所及有安庆、怀宁、宿松、太湖、潜山、桐城、庐州、合肥、庐江、巢县、无为、和州、含山、来安、凤阳县、霍邱以及江苏的高邮、兴化等地，嘉靖二十四年，怀宁、宿松、太湖、桐城、高邮、兴化之旱情继续蔓延。在万历十五年至十八年大旱期，万历十五年受灾的仅是望江、来安、怀远、盱眙、淮安等少数府州县，至万历十六年旱情进一步扩大，波及安庆、怀宁、宿松、望江、太湖、潜山、桐城、霍山、霍邱、凤阳、盱眙、淮安等地，到万历十七年旱情达到了这个大旱期的极致，形成特大灾年，几乎是江淮同灾，遭灾的有宿松、望江、桐城、庐州、舒城、庐江、无为、和州、含山、全椒、来安、六安、霍山、霍邱、凤阳府、凤阳县、怀远、淮安、兴化、扬州、通州等府州县。在崇祯末年大旱期，崇祯十一年江淮局部

---

① 臧谷：《劫余小记》，中国科学院历史研究所第三所近代史资料编辑组编辑《太平天国资料》，科学出版社，1959，第87页。

② 国学图书馆辑《清代江苏三届大旱年表》，《江苏月报》第3卷第2期，1935年。

③ 光绪《盐城县志》卷16《艺文》，光绪二十一年（1895）刻本。

④ 国学图书馆辑《清代江苏三届大旱年表》，《江苏月报》第3卷第2期，1935年。

地区出现旱情，如通州、如皋一带，到崇祯十二年旱情蔓延到了庐州、舒城、巢县、扬州等府州县。至崇祯十三年受灾的有庐州、合肥、舒城、和州、含山、滁州、全椒、六安、霍山、霍邱、定远、盱眙、天长、淮安、高邮、兴化、扬州、如皋、通州等府州县，崇祯十四年旱情继续向江淮西南部扩散，受灾的有安庆、怀宁、宿松、望江、太湖、潜山、桐城、庐州、庐江、巢县、无为、含山、全椒、六安、霍山、天长、淮安、高邮、兴化、如皋、通州等府州县。在顺治八年到十一年大旱期，顺治八年江淮中东部的滁州、来安、天长已经有了旱情，顺治九年安庆、怀宁、宿松、望江、太湖、潜山、桐城、庐州、合肥、舒城、巢县、无为、含山、滁州、霍山、盱眙、天长、如皋等府州县皆旱，顺治十年的安庆、怀宁、宿松、潜山、庐州、合肥、无为、盱眙、如皋等府州县复遭大旱，同时新增了庐江、全椒、怀远、扬州、高邮、兴化等府州县。顺治十一年，旱情范围才逐渐缩小，除了宿松、全椒、桐城、舒城、庐江、无为、淮安、如皋等少数府州县有旱情外，其他地区旱情得到了缓解。在康熙十年至十一年大旱期，康熙九年在西部的潜山和中东部的滁州已经有旱情报告，进入康熙十年，旱区急遽扩大，受灾的有安庆、怀宁、宿松、望江、太湖、潜山、桐城、庐州、合肥、舒城、庐江、无为、和州、含山、滁州、全椒、来安、六安、霍山、凤阳府、凤阳县、怀远、定远、盱眙、天长、通州等府州县，康熙十一年旱情逐步得到缓解，只有太湖、潜山、来安、凤阳府、凤阳县、怀远等少数府州县有旱情记录。在康熙十七年至十八年大旱期，康熙十六年在桐城就有旱情的发展，康熙十七年旱情区域扩散，有安庆、怀宁、潜山、桐城、含山、滁州、全椒、来安、寿州、凤阳府、凤阳县、盱眙、天长、淮安府、阜宁、高邮等府州县受灾。至康熙十八年旱情更为严重，受灾的有安庆、怀宁、宿松、望江、太湖、潜山、桐城、庐州、合肥、舒城、庐江、巢县、无为、和州、含山、滁州、来安、六安、霍山、霍邱、寿州、凤阳府、怀远、盱眙、天长、淮安、高邮、兴化、如皋、通州等府州县，可以说是江淮遍旱。在乾隆五十年至五十一年大旱期，乾隆五十年遭旱灾的有宿松、太湖、潜山、桐城、庐州、合肥、舒城、庐江、巢县、无为、和州、滁州、全椒、来安、六安、霍山、霍邱、寿州、凤阳府、凤阳县、怀远、定远、盱眙、天长、淮安、阜宁、高邮、宝应、盐城、东台、兴化、泰县、扬州、江都、仪征、江浦、六合、靖江、泰兴、如皋、通州等府州县，至乾隆五十一年旱情缓解，只有桐城、庐州、舒城、无为、滁州、全椒、阜宁、如皋等部分州县复遭旱魃之虐。在咸丰六年至八年大旱期，咸丰六年可以说是江淮同灾，波及的有安庆、怀宁、宿松、太湖、潜山、桐城、庐州、舒城、庐江、和州、滁州、全椒、六安、霍山、霍邱、凤阳府、凤阳县、怀远、定远、盱眙、淮安、阜宁、盐城、江都、泰县、江浦、六合、靖江、如皋、泰兴、通州等府州县。咸丰七年、八年旱情减轻，七年时受灾的有庐州、庐江、霍邱少数府州县，八年时受灾的有庐州、合肥、巢县、淮安、阜宁等少数府州县。

江淮地区地处长江、淮河之间，分布有山地、丘陵、平原，地形复杂，使得季风气候条件下的旱灾地区分布呈现不均衡的特征，即旱灾发生概率由江淮南部向北部逐渐增大，境内山地、丘陵、岗地旱灾多发，沿江、沿淮平原旱灾概率相对较小。笔者据表1计算出了明清时期江淮各府州县平均每次旱灾间隔年数（见表2），从中可进一步明了这一非均衡特点。

表2 明清时期江淮地区旱灾发生频次

单位：年

地区	时段	总年数	旱灾年数	平均每次旱灾间隔年数
安庆	1439～1867	428	31	13.8
怀宁	1466～1887	421	22	19.1
宿松	1370～1897	527	42	12.5
望江	1466～1867	401	31	12.9
太湖	1478～1865	387	23	16.8
潜山	1466～1897	431	36	12.0
桐城	1466～1892	426	32	13.3
庐州	1479～1895	416	65	6.4
合肥	1514～1875	361	32	11.3
舒城	1508～1895	387	36	10.8
庐江	1468～1875	407	35	11.6

续表

地区	时段	总年数	旱灾年数	平均每次旱灾间隔年数
巢县	1544～1875	331	32	10.3
无为	1523～1875	352	34	10.4
和州	1373～1892	519	33	15.7
含山	1432～1747	315	24	13.1
滁州	1393～1888	495	19	26.1
全椒	1487～1911	424	25	17.0
来安	1432～1814	382	53	7.2
六安	1433～1870	437	26	16.8
霍山	1508～1856	348	20	17.4
霍邱	1481～1899	418	40	10.5
寿州	1383～1902	519	30	17.3
凤台	1741～1813	72	7	10.3
凤阳府	1415～1856	441	36	12.3
凤阳县	1371～1856	485	52	9.3
怀远	1405～1870	465	27	17.2
定远	1415～1893	478	35	13.7
盱眙	1393～1891	498	60	8.3
天长	1457～1873	416	41	10.1
淮安	1468～1858	390	45	8.7
阜宁	1678～1904	226	23	9.8
高邮	1380～1909	529	45	11.8
兴化	1468～1809	341	27	12.6
扬州	1470～1805	335	19	17.6
如皋	1392～1873	481	55	8.7
通州	1439～1873	434	45	9.6

由表2可知，宿松、望江、庐江、和州、含山等地位于长江北岸，平均每次旱灾间隔年数分别为12.5年、12.9年、11.6年、15.7年、13.1年，而向北渐向丘陵岗地过渡，旱灾出现概率也随之增大，如庐州为6.4年、舒城为10.8年、盱眙（西南多岗地）为8.3年、来安为7.2年。江淮丘陵地区旱灾发生的概率比其他地区稍高，原因就在“地

处高阜，灌溉为难，以故不耐旱潦”。[①] 如合肥地最高，“恒忧旱”，关键在于塘堰蓄水不足。“凡灌稻百亩，须广十亩、深二寻之塘一，然后田水均。今广轮五百里中，塘之可名者仅四十有二，所余皆太半浅小。梁北地高，益不治塘堰”，是故夏水盛涨无所容，旱时无所潴，“此邑之所以常忧旱也”。[②] 而大别山山地和江淮中东部山地因降水丰富，旱灾发生概率相对较低，如平均每次旱灾间隔年数太湖为16.8年，霍山为17.4年，滁州为26.1年。江淮平原地区则地势低洼，河道纵横，湖泊众多，因旱成灾的概率不是很高，如高邮为11.8年，扬州为17.6年。至于通州和如皋，虽位于长江中下游北岸平原，但旱灾频次较高，分别为9.6年和8.7年，主要原因在于境内岗地众多，地势相对里下河地区较高，灌溉困难，所以小旱就可能成灾。

二　江淮地区雨神信仰系统

明清时期江淮地区仍然处于以农为本、少事商贾、桑织欠缺的农耕社会环境，农业生产基本上靠雨旸时若，“设有雨旸非其时，则成偏灾矣”。[③] 每每旱灾来临，由于官方救济不力，民间防灾抗灾能力有限，民众深受旱灾摧残，饿殍遍野却束手无策，转而以为“鬼神实司灾祥之柄”，[④] 只好求助于超自然力量的能“为风雨”的各种神灵，构建起了以龙王信仰、城隍信仰为主体，乡土神、其他祈雨灵异神为辅助的雨神信仰系统。

（一）龙王信仰

龙王本是先人幻想出来的动物神，在古代传说中，龙往往具有降雨的神性，如《山海经》中的应龙和烛龙。佛教传入中国以后，因佛经

① 汪廷珍：《合肥县志序》，嘉庆《合肥县志》卷首，《中国地方志集成·安徽府县志辑》第5册，第2页。

② 嘉庆《合肥县志》卷4《山水志·水利》，《中国地方志集成·安徽府县志辑》第5册，第60页。

③ 钱泳：《履园丛话》，张伟点校，中华书局，1979，第186页。

④ 周世选：《重修栢子龙潭祠记》，赵廷瑞辑《南滁会景编》卷1，《四库全书存目丛书》（集300），齐鲁书社1997年影印本，第524页。

称诸大龙王“莫不勤力兴云布雨”，于是大江南北龙王庙林立，与城隍、土地庙相埒。

明清时期，龙王庙几乎遍及江淮地区各州县。据记载，庐州府属合肥县白龙王庙，康熙志记在县西40里，各乡多有之。在庐州，州城德胜门外20里蔡家桥南有龙王庙，在水西门街火神庙西有龙王庙，在大蜀山有渊济龙王庙，在土山有广惠龙王庙，在小蜀山有感应龙王庙，在浮槎山有义济龙王庙。[①] 在安庆府宿松县治西北40里西源山有龙王庙，“岁旱祷雨辄应”；[②] 太湖县龙神庙，在县北三里龙山宫，祀龙王之神，“岁旱祷雨辄有应”。[③] 霍邱县新河州有张龙公祠，以祭祀张公路斯，“旱涝祷雨旸辄应”；霍邱县西2里许有张公顺济龙王庙，主祀张路斯，[④] 此庙在清代时移建城外西北隅。[⑤] 凤阳府临淮县有淮渎龙王庙、泉源龙王庙、白龙王庙；凤阳县有龙王庙在县东八里奕坛；定远县有龙王庙在县东泉坞山上，有石泉，祷雨尝应；泗州有龙王庙在城西50里龙窝镇；[⑥] 盱眙县有嘉泽龙王庙，在县治西南嘉山上，“祷雨辄应”；[⑦] 天长县龙王庙有二：一在县西，一在北门外三里。其中横山竺龙祠，“遇旱祷雨辄应”。[⑧]

从明清旧志文献看，江淮地区龙王庙多分布在山上，或山地深潭、深泉、深井边。古人云“积土成山，风雨兴焉”，山多深潭、幽洞，具有水的神秘性，且被民众认为是龙的藏身之所。这样，很多龙王庙也建在山上。如盱眙县龙王庙有4座，除1座建在淮河沿，其余3座都建在

① 嘉庆《合肥县志》卷12《祠祀志》，《中国地方志集成·安徽府县志辑》第5册，第121～122页。

② 道光《宿松县志》卷5《舆地志·坛庙》，道光八年（1828）刻本。

③ 同治《太湖县志》卷首《绘图》，同治十一年（1872）熙湖书院刻本。

④ 成化《中都志》卷4《祠庙》，《四库全书存目丛书》（史176），齐鲁书社1996年影印本，第204页。

⑤ 同治《霍邱县志》卷2《营建志七·坛庙》，《中国地方志集成·安徽府县志辑》第20册，第63页。

⑥ 成化《中都志》卷4《祠庙》，《四库全书存目丛书》（史176），第200～204页。

⑦ 光绪《盱眙县志稿》卷3《建置》，《中国方志丛书·华中地方·第九三号》，台北，成文出版社1970年影印本，第205页。

⑧ 成化《中都志》卷2《山川》，《四库全书存目丛书》（史176），第146页。

山上，即斗山、治西南官庄山、治东南东庙山各一座。① 和州的苍山、梅山，也建有龙王庙。② 望江祈雨山建有龙王庙，石龙山建有石龙庙，邑北20里的横山建有甘庄庙，俱祀龙神。盱眙县治东南云山上，就因为有白龙潭而建起了祀龙王的白龙潭庙。③ 安庆府多名山，其镇郡城者曰大龙山。洪武初，封其山顶神井为“天井顺济龙王”。历代以来“旱祷辄应”。④ 潜山龙湫祠在天堂山，祀天堂龙湫之神；太湖龙湫祠在龙山崖下，祀龙山之神；宿松龙湫祠在西源山九井，祀西源龙湫之神。⑤ 寿州凤台县有白龙王庙，就建在县东北白龙潭上；顺济龙王庙，则建在黑龙潭山资寿寺旁。⑥ 定远县龙王庙建在县东北15里泉坞山北，庙前有泉水，“清冷，祷雨辄应”。⑦

江淮地区的龙王庙，除了少数建于唐宋，大多数为明清时期修建或重建。尤其是雍正五年（1727）下令各省展祀龙神以后，又掀起了修葺或重建龙王庙的一波高潮。如淮安府北沙镇龙王庙，“其神灵感，遇水旱迎祷辄应”。知府陈文烛撰写的该庙碑记云，该龙王庙创自元人，“明兴罢海运二百年，庙亦久废”，民间相传该庙之龙王能致风雨，且它是水神，不宜永祀海上。因此，隆庆时，山阳知县高君时重修了该庙。⑧ 山阳县境内有3处龙王庙，一在县东门外，明崇祯年间建；一在新城北；一在龙兴寺前，清代漕督杨锡绂建。⑨ 盐城县东门外的龙王

---

① 光绪《盱眙县志稿》卷3《建置》，《中国方志丛书·华中地方·第九三号》，第205页。

② 光绪《直隶和州志》卷5《舆地志·坛庙》，《中国地方志集成·安徽府县志辑》第7册，第99页。

③ 光绪《盱眙县志稿》卷3《建置》，《中国方志丛书·华中地方·第九三号》，第205页。

④ 任埈：《新建龙王庙碑记》，康熙《安庆府志》卷27，1961年安庆古旧书店借安庆市图书馆藏书复制本。

⑤ 正德《安庆府志》卷13《礼制志第四上》，《四库全书存目丛书》（史185），第431~432页。

⑥ 嘉庆《凤台县志》卷3《营建附寺观》，《续修四库全书》第710册，史部·地理类，上海古籍出版社1995年影印本，第305页。

⑦ 道光《定远县志》卷3《舆地志·祠庙》，《中国地方志集成·安徽府县志辑》第36册，第32页。

⑧ 万历《淮安府志》卷6《学校志·祠庙》，《天一阁藏明代方志选刊续编》第8册，上海书店出版社1990年影印本，第494页。

⑨ 同治《重修山阳县志》卷2《建置》，《中国方志丛书·华南地方·第四一四号》，台北，成文出版社1983年影印本，第30页。

庙，万历九年知县杨瑞云重建。[①] 阜宁县治寿安寺东龙王庙，明景泰年间（1450~1456）建。[②]江都县瓜洲龙神祠，历代有之。成化二十二年（1486），李侯绂祈雨有感，遂建南楼，曰临济。[③] 在扬州北门外七里店有一龙王庙，因离城太远，复建于扬州广储门外。嘉庆四年运使重建之，"每逢旱潦，祈祷立应"。嘉庆七年盐政、运使又重修。[④] 宝应龙王庙，在南门外，洪武十九年建，康熙二十九年知县徐鼪重修，嘉庆六年"王王氏同孙自秀施白垛田22亩"。[⑤] 泰兴有4处龙王庙：一在通江铺，洪武十八年建；一在天宁庄，洪武二年建；一在河口；一在新河，天顺八年（1464）建。[⑥] 通州有3处龙王庙：一在东门外2里，洪武十一年建；一在西门外，永乐十八年知州严敦大建，嘉靖三年毁于倭寇，嘉靖四十三年复建；白龙王庙则在州西北15里，洪武十七年建。[⑦] 来安县南门外2里有一座龙王庙，为明知县陆宗俊、魏大用、刘正亨相继增修，道光二年（1822）知县杨炘重修。[⑧] 安庆府属怀宁县集贤门外旧有龙王庙，顺治年间，郡守李士桢另建于康济门外，乾隆时巡抚高晋又移建于集贤门内北察院故址，嘉庆、同治时重修。[⑨] 望江县金井庙，祀龙神，原建于太阳山中峰绝顶，顺治辛丑年移至今址，即陈师冲。乾隆八年重建，"岁旱祷雨，必应"。[⑩]

明清时期，江淮地区龙王庙的大量修建，不仅从一个侧面说明了江

① 乾隆《盐城县志》卷10《坛庙》，1960年油印本。

② 民国《阜宁县新志》卷末《杂志》，《中国方志丛书·华中地方·第一六六号》，台北，成文出版社1975年影印本，第1230页。

③ 张侃：《瓜洲龙祠漕福碑颂》，嘉庆《江都县续志》卷9，《中国方志丛书·华中地方·第三九四号》，台北，成文出版社1983年影印本，第350~351页。

④ 嘉庆《两淮盐法志》卷52《杂纪一·祠庙》，嘉庆十一年（1806）刊本。

⑤ 民国《宝应县志》卷2《寺观》，《中国方志丛书·华中地方·第三一号》，台北，成文出版社1970年影印本，第129~130页。

⑥ 康熙《泰兴县志》卷4《祠祀第十六》，抄本。

⑦ 万历《通州志》卷5《杂志·坛庙》，《四库全书存目丛书》（史203），第147页。

⑧ 道光《来安县志》卷2《营建志·坛庙》，《中国地方志集成·安徽府县志辑》第35册，第333页。

⑨ 民国《怀宁县志》卷9《祠祭》，《中国地方志集成·安徽府县志辑》第11册，第142页。

⑩ 乾隆《望江县志》卷2《地理·祠庙》，《中国地方志集成·安徽府县志辑》第13册，第347页。

淮旱灾的多发，而且说明了旱魃肆虐与大量修建龙王庙之密切关系。望江弹丸小县，祀龙王的庙宇居然多达七八个，以至于康熙《望江县志》的作者发出了“岂龙之变化不测，多栖于此耶”的感慨。接着作者又分析到，望江之所以龙王庙众多，主要原因在于“雷（即望江，以古雷池在其境内而名）十年之中旱居四五”。[①] 太湖县地处大别山山区，“所苦尤在旱”。当地地方官郭起元“虑无以为经久计，爰相陂塘沟洫所宜疏浚者营之，以次毕举”，这样觉得还不很保险，见城北3里许有龙山，“盖邑之上流雄砥也。源发邑北明堂山，迤逦而来，至四面山陡然而坠，复穹然而起。俯临深潭内，有穴相传有龙尸之”。因其地形宛若龙形，“先有祠祀龙神，后废不治”。郭起元认为“龙见而雩，雩则祈雨泽也。是故世俗有龙王之号，证以山川出云及云从龙之说，则是当祀之”，所以“夫龙能为民致霖雨，润禾稼，有祷辄应，固可无祀乎？”于是征求诸父老的意见，鸠工庀材缮修之，以答神庥。[②] 江苏里下河地区的兴化县龙王庙，在龙珠院东。光绪十年（1884）知县刘德澍改建，“以岁旱虔祷辄应，详情大吏达于朝，奉敕赐神号曰‘利泽’，额曰‘润泽万物’”。关于兴化龙王庙的修建，时人分析道：“邑有五患，曰旱，曰涝，曰蝗，曰坝水，曰海潮。海潮不常至，坝座不轻启，涝虽苦于低田而无虞于高阜，蝗有时而不为灾。独至于旱，来源远而少，既截于上游，河荡多而浅，无以资灌溉，苟非大雨滂沱，万难滋长禾稼。”[③] 这说明兴化县的旱、涝、蝗、坝水、海潮五种主要灾害中，旱灾对农作物生长的威胁最大，所以修建龙王庙，祈灵于龙王旱时降雨，就成为当地官方和民间要做的一件大事。

（二）城隍信仰

城隍之名，见于《周易》。至于城隍神的起源，有始于尧、始于先秦、始于汉、始于三国诸说。而一般的看法是，汉以前祀城隍之事，

① 康熙《望江县志》卷7《祠祀》，《稀见中国地方志汇刊》第20册，中国书店1992年影印本，第915页。

② 郭起元：《重修龙山宫碑记》，民国《太湖县志》卷35，《中国地方志集成·安徽府县志辑》第16册，第417页。

③ 民国《续修兴化县志》卷1《舆地志·祠祀》，1944年铅印本。

史无确证，故《明史·礼志》谓“城隍之祀，莫详其始”。至南北朝时，始有祀城隍神的明确记载。城隍神兼管水旱吉凶的记载，始于唐代。唐代张说、张九龄、韩愈、杜牧、李商隐、许远等在出任地方守宰期间，皆撰写祭城隍文。而这些地方官撰写的祭城隍文，多为淫雨乞晴、天旱祈雨之作。如《宾退录》卷8云：杜牧为黄州刺史，即有祭城隍祈雨文二首。唐缙云县令李阳冰遇夏不雨时，躬祷于城隍神，与神约以五日，至期果雨，合境告足。乃与耆老群吏，自西谷迁庙于山巅，以答神庥。[①] 又宋代陈耆卿《嘉定赤城志》卷31云：“城隍庙，在大固山东北，唐武德四年建。初，吴尚书屈晃妻梦与神遇，生子曰坦，有神变，能兴云雨。……及是以屈氏故居为州治，祀为城隍神，水旱祷祈多验。”[②] 故从唐代起，城隍之祀已成风俗，“水旱疾疫必祷焉”。[③]

明清承唐宋，城隍神的祈雨扫晴驱疫之职责，已被列入国家祀典。“明礼制，天下郡县无大小，通祀城隍，岁时旱干水溢，无祷不从。”[④] 并颁令如式，具体规定了旱灾发生时，祭祀城隍的参加人员及要穿的服装、祭祀程序、何种禁忌、行何种叩拜礼等，即“凡遇亢旱，地方官遵照会典设坛祈祷”，仪注为：“凡境内亢旱，择地设坛，移牒城隍神庙。先集僧道净坛，官民致斋。禁止屠宰，不理刑名。戴雨缨，各官素服办事。步诣坛所，每日行香二次。拜神行六叩礼。如得雨，谢神用羊豕，穿补服行礼。祈晴驱疫同。”[⑤]

正因为官府对城隍神的重视和倡导，明清江淮地区官民遇旱都普遍地崇祀城隍。如安庆城隍庙，当地人“水旱疾疫必祷”。[⑥] 舒城县治东

① 徐信：《城隍庙仪门改建审事厅碑记》，咸丰《海安县志》卷六，扬州古旧书店1962年据咸丰乙卯（1855）石麟画馆原稿本复印。

② 姚福钧：《铸鼎余闻》卷3，光绪二十五年（1899）刊本。

③ 李阳冰：《缙云县城隍神记》，董诰等编《全唐文》卷437，中华书局，1983，第5册，第4461页。

④ 康熙《含山县志》卷15《祠祀》，《中国地方志集成·安徽府县志辑》第6册，第119页。

⑤ 嘉庆《如皋县志》卷10《礼典·祈祷》，《中国方志丛书·华中地方·第九号》，台北，成文出版社1970年影印本，第772页。

⑥ 正德《安庆府志》卷16《艺文》，《四库全书存目丛书》（史185），第473页。

的城隍庙，“祷祈水旱灾者，必先牒告而后立坛”。[①] 巢县城隍庙则官民敬祀，颇为灵验。万历二十年（1592），天下大旱，江淮最烈。知巢县事马如麟“斋宿城隍，祷于神，神即以连雨应”，从此“巢之民靡不颂神之灵异者，共相敬祀之”。[②] 无为城隍庙，在州治东。明洪武四年（1371）建，康熙、乾隆、嘉庆三朝皆重修，“祈祷晴雨，设坛于庙中”。[③] 寿州城隍庙，在州署东大街，“水旱祈祷应亦如此”。[④] 凤阳府天长县城隍祠在县治东，百武主簿蒋成贵“以神素著威灵，蝗旱祈禳，罔有不应，乃撤其旧庙而一新之”。[⑤] 泰州城隍之神，在应祀之列，“一郡凡遇水旱疾疠行祷”。[⑥] 海安城隍庙，原在邑东，天启间移至镇中，“镇之水旱必祷焉，饥疫必祈焉，寒食、中元之祭，厉坛有专司焉”。[⑦]

（三）乡土神信仰

明清时期，龙王、城隍神是江淮地区广泛祭祀的雨神。但除此以外，由于地理环境的差异性和旱情发展的区域性，民间相传能致雨的一些乡土神祇也得到了敬祀。

乡贤名宦在生前或刚烈，或正直，或忧国忧民，或做了一番保障乡土之事业，死后往往被当地人建祠敬祀。每逢大旱不雨时节，当地民众认为这些乡贤名宦一定会庇佑他们，纷纷至供奉这些乡贤名宦的祠庙祷雨，于是乡贤名宦演化成了一种人格化雨神。如在安庆府的怀宁、宿松一带，流行一种汪爷信仰，当地居民多建庙祀唐越国公汪华。汪华，隋

① 雍正《舒城县志》卷8《祀典》，《稀见中国地方志汇刊》第21册，第253页。

② 马如麟：《重修城隍庙记》，康熙《巢县志》卷17，巢湖市图书馆据康熙十二年（1673）复印本。

③ 嘉庆《无为州志》卷10《学校志·祀典》，《中国地方志集成·安徽府县志辑》第8册，第135页。

④ 光绪《寿州志》卷5《营建志·坛庙》，《中国地方志集成·安徽府县志辑》第21册，第67页。

⑤ 周洪漠：《城隍庙碑记》，嘉靖《皇明天长志》卷5《人事志·纪载》，《天一阁藏明代方志选刊》第26册，上海书店出版社1981年影印本，第24页。

⑥ 孙琛：《重修城隍庙碑》，民国《续纂泰州志》卷33，抄本。

⑦ 陈缜：《城隍庙碑记》，咸丰《海安县志》卷6。

末天下纷争时，起事保护新安，故在徽州一带民间将之视为地方保护神。而安庆府属各县，在明初有很多来自江西和皖南的移民，再加上明清时期遍行天下的徽商多在其会馆里供奉乡土神——朱熹和汪公（即汪华）、张公（即张巡），[①] 因此，笔者推测，安庆府怀宁、宿松一带的汪爷崇拜，打上了移民的烙印。不同的是，汪爷崇拜移植到安庆府后，地方保护神的功能开始淡化，而有了降雨的新神职。如怀宁洪家铺旧有红庙，钦化乡有三绿庵，绿水乡有汪爷庙，俱祀越国公汪华。[②] 桐城有汪公庙，在太平桥保，为祈雨讲约之所。[③] 宿松县汪洋庙在治北仙田铺南首，道光十五年建。同治六年，宿松“久旱，祈雨立霈。邑庠段缙绅倡募重修，增饰廓，并置田产，庙貌甚辉”。[④] 宿松县遇旱则有祭祀汉代县令张何丹以求雨的习俗。每年的六月六日，相传为汉令张何丹忌辰，宿松人“修庙祀，祈雨”。[⑤] 望江县也有以三闾大夫屈原为祈雨对象的。其庙遍及望江，称为忠洁王庙。据康熙志载，望江县有4处忠洁王庙；一为东厢庙，在东门外，近庙处有新坝湖，每岁取鱼利为神庙报赛之费；一为西厢庙，在西门外；一在华阳镇；一在雷港镇。[⑥] 望江县治东30里雷港镇的张家庙，祠忠洁王楚三闾大夫，祈雨、告病、辨直、救厄都灵验异常。明代李东阳《重修忠洁王庙记》云：“庙旧有异，县之人疾必祷，岁水旱必走而祈。”[⑦] 望江县的姚太尉庙祈雨也很灵验。该庙在县北7里处，康熙十八年重建，“凡岁旱祷之屡应”。[⑧] 在和州，民间则以西楚霸王为雨神。和州人认为项羽不但

---

① 参见张崇旺《谈谈徽州商人的宗教信仰》，《安徽史学》1992年第3期。

② 民国《怀宁县志》卷9《祠祭》，《中国地方志集成·安徽府县志辑》第11册，第159、155页。

③ 道光《续修桐城县志》卷4《营建志》，《中国地方志集成·安徽府县志辑》第12册，第329页。

④ 民国《宿松县志》卷10《民族志·宗教》，《中国地方志集成·安徽府县志辑》第14册，第215页。

⑤ 民国《宿松县志》卷8《民族志·风俗》，《中国地方志集成·安徽府县志辑》第14册，第149页。

⑥ 康熙《望江县志》卷7《祠祀》，《稀见中国地方志汇刊》第20册，第914页。

⑦ 万历《望江县志》卷7《艺文》，《稀见中国地方志汇刊》第20册，第804页。

⑧ 乾隆《望江县志》卷2《地理·祠庙》，《中国地方志集成·安徽府县志辑》第13册，第348页。

生前叱咤风云，而且死后能护佑当地居民，于是在乌江县治东南约3里的项亭建西楚霸王灵祠，“迄今和人遇潦干，祈祷顺序”。[①]

还有一种乡贤名宦是因为生前善于祈雨而在死后得到了当地人的崇祀。如在桐城有祈雨于名宦张孚卿的习俗。相传唐贞观年间，桐城久旱无雨，塘堨见底，河水断流，田地龟裂，草木皆枯，瘟疫大作。县丞张孚卿祷雨龙眠山下，不料风雨大作，其越溪时坠马溺死，尸南流10里。其妻王氏泣奔投于县北观音崖，尸溯流与张合。士民哀之，并葬于龙眠山口，仍为立庙，号曰“白马”，“祷雨多应”。唐封为英烈昭应侯，妻封列夫人庙。在龙眠者曰“境主庙”，在邑中者曰“青庙”，仍祀名宦祠。[②] 自唐而后，“庙或圮敝，民辄新之”。[③] 明代六安州香炉崖的张大悲，“每言天时晴雨皆验”。洪武初年即游方外，莫知所终，“至今居民立祠，肖像于香炉崖祀之，水旱祈祷辄应”。[④] 在江苏扬州江都、仪征等地，小范围内流行向康令祠求雨的习俗。江都康令祠、仪征康公庙，俗称古镇明王庙，民间相传，其神主为唐江阳（今江苏六合县）县令，失其名。唐代咸通年间（860～874），“以身祷雨，赴水死，天即雨，民为立祠”。[⑤] 桐城县紫来桥东有张公庙，庙里敬祀的是县南70里雨坛冈的民家子，因其“生有异术，善祈雨，没后土人立庙祀之。每岁大旱祷雨辄应”。[⑥]

（四）其他神灵信仰

除了上述龙王、城隍、乡贤名宦人化雨神信仰外，江淮各地还流行着一些在当地祈雨灵异的雨神信仰，这些雨神或是传说中的人物，或是

---

① 不兰奚：《重修西楚霸王庙记》，嘉庆《历阳典录补编》卷2，《中国方志丛书·华中地方·第二三〇号》，台北，成文出版社1974年影印本，第82页。

② 康熙《桐城县志》卷3《名宦》，《中国地方志集成·安徽府县志辑》第12册，第103～104页。

③ 姚鼐：《惜抱轩全集》文后集卷10《重修境主庙记》，中国书店，1991，第309页。

④ 万历《重修六安州志》卷8《仙释》，《稀见中国地方志汇刊》第21册，第174页。

⑤ 嘉靖《惟扬志》卷11《礼乐志》，《四库全书存目丛书》（史184），第606页。

⑥ 道光《续修桐城县志》卷4《营建志》，《中国地方志集成·安徽府县志辑》第12册，第329页。

寺庙道观中供奉的神，因为其有“感应”降雨的能力，故受到当地官民的供奉。如在太湖县北10里有狮子庵，“内奉大士，祷雨辄应”。[①]在全椒县南1余里的蔡湖旁有一蔡姥庙，“姥又素著灵异，祷雨辄应”。徐徽《蔡姥庙祷雨灵应记》记载，元祐七年（1092）夏四月至五月，全椒县大旱，“田畴皆涸，螟螣将起”。县令姚君滂忧民之忧，“不遑启处，遍祈于神，未获嘉应”。丙申日斋戒至蔡姥庙致祷，“丁酉日中，忽有暴风骤云自西南而至，须臾大雨，沟浍皆盈，向晚复雷震电耀。雨益大注，高下流湍，远近告足。自是膏泽继至，多稼丰茂。一县士民莫不悦曰：‘蔡姥之神灵如此，可不敬之哉。’”[②]

淮安府的东岳庙也是重要的祈雨之地。郡城东岳庙创建于唐贞观年间，永乐间都指挥施文重建，宣德间平江伯陈瑄修。成化三年，“知府杨杲以祷雨屡应增修，属州县各有庙”。[③]扬州五司徒庙，在西峰。或说始于晋时，或说始于五代。明洪武十六年，庙重建，正统、成化间相继增修。嘉靖六年，巡盐御史雷应龙毁之，“立胡安定先生祠，土人更作庙于祠东”。[④]咸丰间毁于兵火，光绪初复修。其祈雨的灵验性，据方志记载，康熙三十一年，县令熊开楚因旱祷雨有应，为立庙碑。雍正十一年，“春雨浃旬，郡令尹会一过庙祈晴立霁。入夏弥月不雨，又虔祷于庙，甘雨大沛。因陈牲昭报，并檄行县，令每岁春秋，永远致祭”。[⑤]扬州仙女庙，在城东北30里。“庙素著灵异，岁有水旱及盐纲经过，必祷焉。”[⑥]江都县南宫庙在张纲镇，“祀祠山大帝，水旱祈祷

① 康熙《安庆府志》卷4《寺观》，1961年安庆古旧书店借安庆市图书馆藏书复制本。

② 民国《全椒县志》卷2《舆地志·古迹》，《中国地方志集成·安徽府县志辑》第35册，第50~51页。

③ 万历《淮安府志》卷6《祠庙》，《天一阁藏明代方志选刊续编》第8册，第493~494页。

④ 民国《甘泉县续志》卷11《祠祀考》，《中国方志丛书·华中地方·第一七三号》，台北，成文出版社1975年影印本，第801页。

⑤ 李斗：《扬州画舫录》卷16《蜀冈录》，汪北平、涂雨公点校，中华书局，1960，第390页。

⑥ 光绪《江都县续志》卷12上《建置考第二上》，《中国方志丛书·华中地方·第二六号》，台北，成文出版社1970年影印本，第731页。

屡应”。[①] 江都县宜陵镇的东陵圣母庙，一名圣母祠。《汉书·郡国志》曰：“广陵东陵亭，有女子杜姜左道通神，县以为妖，收狱桎梏，变形莫知所及。县以状上，因即其处为庙，号曰东陵圣母祠。”宋代“韩魏公（琦）守扬州，尝祷雨于祠”。[②] 祭祀东陵圣母之风在明清时期的江都依然不衰。

此外，苏北通扬运河沿线一带还流行祈雨灵异的碧霞元君信仰。据记载，如皋县伏海寺后的碧霞山上有碧霞元君庙，当地居民崇祀之，祈雨多应。志载：“自吾乡建立斯宇，佛法仙灵，祷祈应响，曾非一事。每见大旱雩祭，设坛必于此，舞倀而厉魃除，焚疏而甘雨降。”[③] 在海安镇东凤山之巅也有碧霞行宫，代有增饰，“以故镇之旱涝疠疫望宫而祷，祷辄应，即数十百里外，闻应而祷者，祷复应，于是祷者转多”。[④]

三　江淮地区官民的祈雨活动

以上分析了明清时期江淮地区遭旱祈雨的对象，探讨了流行于当地的雨神信仰系统，重在明了向谁祈雨的问题。下文分析明清时期江淮地区祈雨的主体构成以及祈雨仪式、祈雨习俗，旨在搞清楚主要由谁进行祈雨、如何进行祈雨的问题。可以说，在传统社会，因旱而祈雨于神灵事关国家税课和百姓生计，所以上自皇帝下到百姓，都十分重视祈雨活动。

（一）朝廷和地方官

明清两代皇帝遇旱亲自祈雨或遣官祷雨，是常有之事。江淮地区滁

① 嘉庆《江都县续志》卷4《祠祀》，《中国方志丛书·华中地方·第三九四号》，台北，成文出版社1983年影印本，第136页。

② 乾隆《江都县志》卷8《祠祀》，《中国方志丛书·华中地方·第三九三号》，台北，成文出版社1983年影印本，第402页。

③ 江大键：《重修伏海寺碑记略》，嘉庆《如皋县志》卷20《艺文》，《中国方志丛书·华中地方·第九号》，台北，成文出版社1970年影印本，第1917页。

④ 余有丁：《海安镇碧霞宫碑记》，咸丰《海安县志》卷6。

州城西南丰山最高峰栢子山下的栢子龙潭，因明太祖朱元璋驻跸时大旱不雨而亲自祷雨立应而闻名远近。据记载，宋代的欧阳修曾赛龙于栢子龙潭，“潭左高阜旧有会应祠，绘五龙像祀之，五龙各封王爵”。明太祖驻跸滁州时，恰逢当地旱暵，“尝祷雨于神，大著灵应”。为此，太祖还京后御制了栢子龙潭神龙碑文。因祈雨的灵验和皇帝的亲临，栢子龙潭受到各级官府的重视，不仅对它大加修葺，还时常遣官致祭。如洪武二十九年（1396），京师大旱，“朝廷遣使赍香币祝文致祷，雨立至”。[①]

明初朱元璋不仅自己遇旱祈雨，还下令“朕每念四方水旱如履渊冰，其诏天下守令，各予惠困穷，用称朕意”，结果“一时中外臣工罔不兢兢然”。[②] 为此，祈雨成了地方官日常事务中的重要内容。据《明史·职官四》，知府的职责中就有“修明祀典之事”的明确要求，而知县的职责中也包含“祀神”这样的内容。这样，明清江淮的地方官包括府、州、县以及漕运、水利、盐运部门的守令，实际上就构成了该地区旱时祈雨的一支主要力量。他们都把祈雨视为和兴修水利、防灾救灾、兴学校化风俗等一样重要的政事来抓，如明中叶的杨世瑞，出任潜山知县时，“值岁旱，竭诚祷雨，出谷赈饥，民赖以安”。[③] 明代景泰年间出任安庆知府的陈云鹗，其政绩除兴学校、洗冤抑、屏盗贼外，还有“旱则祷雨，歉则赈贷”。顺治时，赵世祯守皖出任知府时，也是“捕蝗祷雨则有实政”。[④]

明清地方官府祭祀雨神有以下两种情况。一是神祇因祈雨灵异而得到地方官的定期常祭。通常情况下，地方官要按照朝廷规定的日期前往当地的龙王庙致祭，即“以每岁春秋仲月致祭，其日部颁”。[⑤] 如通州

---

① 陈琏：《栢子潭记》，赵廷瑞辑《南滁会景编》卷1《栢子潭文集》，《四库全书存目丛书》（集300），第520～521页。

② 陈儒：《庐阳喜雨记》，雍正《合肥县志》卷22，《稀见中国地方志汇刊》第20册，第257页。

③ 康熙《安庆府志》卷12《郡政绩传》，1961年安庆古旧书店借安庆市图书馆藏书复制本。

④ 康熙《安庆府志》卷12《郡名宦传》。

⑤ 道光《来安县志》卷2《营建志·坛庙》，《中国地方志集成·安徽府县志辑》第35册，第333页。

的龙神庙，“岁春秋仲月辰日致祭”；[①] 靖江龙王庙在城西北 6 里，洪武年间里民捐建，“岁旱祷雨，往往灵应”，有司官春秋仲月壬日致祭。[②] 安徽六安州北门外龙王庙，“每年春秋仲二月用辰日致祭”；[③] 寿州龙王庙在城南门外，“春秋仲月辰日致祭”。[④] 当然，有少数地方的龙王庙，祭祀日期不在春秋仲月，而是有自己的特定日期。如安庆顺济龙王庙，“庙之称无考，大抵为祷雨而立”，“故事岁二八月望日，知府诣其祠致祭”。[⑤] 舒城县西南 15 里的龙王庙，“每岁五月二十五日，县令亲祭之于此。劝农庙前有龙泽，祷雨辄应”。[⑥] 而该县的龙王庙，据谢上林《开浚河道新修龙王庙碑记》，也是“岁五月二十日，有司亲祭，劝农祷雨辄应”。后新修之，以期“风雨以时，波涛不作”。[⑦] 望江离县治 10 里的地方“因义泉祷雨有应”而立庙祀龙神，每年六月十三日，“邑长以下，亲往祭之”。[⑧] 二是每遇大旱不雨，地方官率僚属前往雨神显灵之地致祷。如永乐三年（1404）春三月及夏五月，滁州不雨，知州率僚属“虔祷俱应，是岁大稔，盖神之德于滁人者非一日矣”。[⑨] 万历十五年（1587）夏四月，滁州旱灾为甚，“远近有司为民祈祷”，特别是在栢子龙潭虔诚致祷，并请道士施法，结果“大雨如注，远近沾霈，晚种者始有秋矣”。[⑩] 此类官府致祭雨神，在江淮各地旧志文献中多有记载，现检索出制成表 3。

---

① 光绪《通州直隶州志》卷 6《仪典志 · 秩祀》，《中国方志丛书 · 华中地方 · 第四三号》，台北，成文出版社 1970 年影印本，第 277 页。

② 光绪《靖江县志》卷 2《坛庙》，《中国方志丛书 · 华中地方 · 第四六四号》，台北，成文出版社 1983 年影印本，第 41 页。

③ 同治《六安州志》卷 6《坛庙》，《中国地方志集成 · 安徽府县志辑》第 18 册，第 90 页。

④ 光绪《寿州志》卷 5《营建志 · 坛庙》，《中国地方志集成 · 安徽府县志辑》第 21 册，第 66 页。

⑤ 正德《安庆府志》卷 13《礼制志第四上》，《四库全书存目丛书》（史 185），第 429 页。

⑥ 雍正《舒城县志》卷 8《祀典》，《稀见中国地方志汇刊》第 21 册，第 254 页。

⑦ 嘉庆《舒城县志》卷 36《记》，《中国地方志集成 · 安徽府县志辑》第 22 册，第 389 页。

⑧ 康熙《望江县志》卷 7《祠祀》，《稀见中国地方志汇刊》第 20 册，第 915 页。

⑨ 陈琏：《栢子潭记》，赵廷瑞辑《南滁会景编》卷 1《栢子潭文集》，《四库全书存目丛书》（集 300），第 521 页。

⑩ 周世选：《重修栢子龙潭祠记》，赵廷瑞辑《南滁会景编》卷 1《栢子潭文集》，《四库全书存目丛书》（集 300），第 523 页。

表3 明清时期江淮地方官祈雨活动一览

时间	祈雨官员	祈雨活动	祈雨效果	资料来源
正统七年(1442)	通州知州高鹏	尝力疾祷雨,冒暑徒行		万历《通州志》卷6《名宦》,《四库全书存目丛书》(史203),第180页
弘治三年(1490)	东台判官徐朋举	天久旱不雨,致祷	乃大雨,三日而后霁	嘉靖《两淮盐法志》卷2《秩官志第二》,《四库全书存目丛书》(史274),第177页
弘治五年(1492)	宿松县令陈恪	岁旱相仍,陈侯"远诣九井龙宫,取其泉而祈之,遍祷诸神,引咎自责"	俄而,大雨如注,农获有秋	黄巽:《陈邑侯德政碑记》,民国《宿松县志》卷35,《中国地方志集成·安徽府县志辑》第15册,第112页
弘治十六年(1503)	泰州知州谢杰	夏秋亢旱,步虔祷	甘雨立至,州人德之	嘉庆《扬州府志》卷44《宦迹二》,《中国方志丛书·华中地方·第一四五号》,第3087页
弘治十六年(1503)	庐州太守金汝砺	夏,旱魃尤甚,"井泽涸而麦苗槁矣,人心皇皇"。庐州太守金汝砺"乃蔬食斋居,且率群寮吏士免冠行祷于城隍暨诸神之祠者,殆匝月",仍设坛,法汉儒董仲舒以祷,"复给俸赀,市庶品分遣属职","诣诸名山大川、明神宫洞登告。用盂龙潭水填诸潭中,罄竭精诚"	如此未几,天乃大雨,尽三五昼夜。四境沾足,麦秋已登,而槁苗勃然以兴	嘉庆《合肥县志》卷32《集文第二·继乐亭记》,《中国地方志集成·安徽府县志辑》第5册,第380页
正德年间(1506~1521)	潜山知县高通	岁旱,徒步跣请祷		康熙《安庆府志》卷12《邑名宦传》
正德十六年(1521)	如皋县令徐相	祈雨雪,必青衣小帽,不张盖,率官属士民,步行膜拜	求则得之,民怀其惠	嘉靖《重修如皋县志》卷7《秩官·官迹》,《天一阁藏明代方志选刊续编》第10册,第158页

续表

时间	祈雨官员	祈雨活动	祈雨效果	资料来源
嘉靖五年(1526)	无为知州李玻	值郡久旱,率父老祷吁天	越数日,甘雨如注,四郊沾足,是人皆以为太守雨云	乾隆《无为州志》卷14《名宦》
嘉靖十一年(1532)	太湖知县翁溥	夏旱时,素缟徒步,祷于龙山	雨辄应	同治《太湖县志》卷16《职官志·名宦》
嘉靖四十一年(1562)	宝应知县李瓒	凡五祈雨雪	咸感应,人以为善政	隆庆《宝应县志》卷5,《天一阁藏明代方志选刊》第9册,第562页
隆庆二年(1568)	宝应知县汤一贤	岁且旱,贤祷雨	雨大	隆庆《宝应县志》卷5,《天一阁藏明代方志选刊》第9册,第562页
万历时(1573~1620)	霍山知县李希说	岁旱且疫,侯为祷于神而护应	旁邑皆告乏,霍乃赖侯以全活	高第:《李侯德政碑记》,乾隆《霍山县志》卷八之一,《稀见中国地方志汇刊》第21册,第790页
万历十六年(1588)	泰兴知县段尚绣	大旱,祷之	辄雨,乃大有秋	光绪《通州直隶州志》卷末《祥异》,《中国方志丛书·华中地方·第四三号》,第841页
万历四十五年(1617)	何垛场大使张松	祈雨捕蝗	皆有灵应	嘉庆《东台县志》卷20《职官》,《中国方志丛书·华中地方·第二七号》,第825页
顺治八年(1651)	桐城知县张洪极	会岁大旱,徒跣祷于四十里外之屋脊山,逾年复旱,亦如之		康熙《安庆府志》卷12《邑政绩传》
顺治十七年(1660)	东台知县李景麟	自春迄夏苦旱,景麟斋戒祓濯,徒走虔祷	越三日雨,越四日又大雨,禾苗勃兴,群颂为"李公雨",是秋大稔	嘉庆《东台县志》卷20《职官》,《中国方志丛书·华中地方·第二七号》,第817页

续表

时间	祈雨官员	祈雨活动	祈雨效果	资料来源
康熙九年(1670)	光山知县朱鼎振	值夏旱,却盖步祷,自为文告城隍祠	甘霖再应	民国《光山县志约稿》卷3《人物志·名宦传》,《中国方志丛书·华北地方·第一二五号》,第330页
康熙十年(1671)	全椒知县蓝学鑑	日率绅衿步祷二十余日	始得雨	民国《全椒县志》卷16《祥异》,《中国地方志集成·安徽府县志辑》第35册,第286页
康熙十九年(1680)	光州知州张信	遇旱祷必竭诚,夜深焚香以告,昼则曝烈日中	甘澍立应	光绪《光州志》卷6《宦迹列传》,《中国方志丛书·华北地方·第四八四号》,第717页
康熙二十七年(1688)	江浦知县陈君思	岁旱暵,虔诚露祷	霖雨大沛	嘉庆《重刊江宁府志》卷27《名宦》,《中国方志丛书·华中地方·第一二八号》,第1018页
康熙五十三年(1714)	知府张楷	夏,安庆府大旱,知府张楷步行三十余里,虔祷龙泉	雨应时而降,禾稼乃登	康熙《安庆府志》卷6《恤政》
乾隆九年(1744)	盱眙县令郭起元	夏大旱,盱眙县令郭起元设坛祈雨,但不见效,滴雨未下。于是"欲祷于水母,僚掾绅士咸阻止",郭起元为民请命而不听劝阻,竟祷焉	果大雨,槁苗复苏,有秋	光绪《盱眙县志稿》卷11《古迹·郭端亮墓》,《中国方志丛书·华中地方·第九三号》,第905页
乾隆三十二年(1767)	寿州镇总兵陈杰	岁旱,于烈日中,免冠蹑履,祷于山	三日甘霖大沛	光绪《凤阳府志》卷17《宦绩传》,《中国地方志集成·安徽府县志辑》第33册,第83页
嘉庆七年(1802)	舒城县令熊载陞	舒城的韩塘旧传有乌龙父母墓,"祷雨辄应"。夏秋间五十多天不下雨,县令熊载陞遣吏往祷	吏未返,而雨大沛	光绪《续修舒城县志》卷11《沟洫志·水利》,《中国地方志集成·安徽府县志辑》第22册,第491页

续表

时间	祈雨官员	祈雨活动	祈雨效果	资料来源
嘉庆十八年(1813)	知县李兆洛	秋七月旱,“田畴龟坼,禾菽焦暵”,知县李兆洛祷于该庙	祷雨有应,岁以有秋	李兆洛:《黑龙潭顺济龙王庙重修碑记》,嘉庆《凤台县志》卷3《营建附寺观》,《续修四库全书》第710册,第305页
光绪十七年(1891)	漕督	夏四月山阳县旱,漕督派员赴直隶省邯郸县吕祖庙的龙井,请得明成化年祈雨铁牌	驰驿返,果得雨	民国《续纂山阳县志》卷15《杂记》,《中国方志丛书·华中地方·第四一五号》,第150页

明清江淮地方官举行祈雨仪式时，应遵从礼部颁布的礼制规定。这种祈雨礼制，嘉庆《高邮州志》卷6《仪制》记载得很详细，云：“凡遇旱祈雨，择地设坛。先集僧道熏坛，官民致斋。禁止屠宰，不理刑名。戴雨缨，各官素服办事。至期步诣坛所，每日行香二次，行二跪六叩首礼。”地方官主祭时，还要沐浴斋戒，穿戴补服，以示隆神。如六安州龙王庙在北门外，每年春秋仲二月辰日致祭，“至期主祭官补服诣庙迎神”。[①] 同时还要供奉礼制规定的牺牲，行规定的叩拜礼。如通州龙神庙“岁春秋仲月辰日致祭。设帛一尊一爵三羊一豕一，行六叩礼”。祭祀时还要诵祝文：“惟神象应乾元，功施灵雨，佑兹吴会，爰锡福以降祥。相彼农夫庶既富，而方谷兹当东作方兴之日，展先时虔告之仪式，荐馨香，仰邀神格，尚飨秋祭，易东作方兴为黄茂既登，先时虔告，为西成虔报。”[②]

除了上述择地设坛祭祀雨神外，明清时期江淮地方官祈雨活动中还有一种以一般人难以忍受的肉体上的自虐以及对神灵的极度虔诚来祷

① 同治《六安州志》卷6《坛庙》，《中国地方志集成·安徽府县志辑》第18册，第90页。

② 光绪《通州直隶州志》卷6《仪典志·秩祀》，《中国方志丛书·华中地方·第四三号》，台北，成文出版社1970年影印本，第277页。

雨。如表3“祈雨活动”所示的“虔诚露祷”“于烈日中，免冠蹑履，祷于山”“步祷二十余日”“夜深焚香以告，昼则曝烈日中”“徒跣祷于四十里外之屋脊山”“冒暑徒行”等，就是这种情况。地方官虔诚到自虐式的祈雨，大概源于先人的“天人感应”认识。如景泰初年，知仪真的王汉，为政平和，“岁旱祷雨不应。乃诣城隍，告曰：‘令之不德，责与神等。今旱魃为虐，岁且不登。令或不职，甘罹其殃，下民无罪，胡足深罪？’遂铜锁其项，以示罚，俄雨如注。水平地尺，卒得岁”。[①] 万历时六安知州杨际会《祈雨文》曰：天生五谷以养民，民资五谷以立命。雨泽不时，则为异灾，“和气致祥，乖气致异”。神当佑护百姓，若乖和气应该降罪于官，“此下民实有何辜?”又文庄公《告城隍文》曰：“本境地方自去岁之冬，爰及今夏，雨泽不大施，塘堰无蓄水。今东作过期，赤地弥望。近日之雨徒能润燥，犁锄莫施，播种何及？切念本州三年旱潦，菽麦不收，先之饥饿，重以瘟疫，贫者十七，死者十三。”哀此不幸，并认为是“皆德等牧守无状，赏罚不清，下至民怨，上干天和”所致，请求神灵降罚于斯而不要连及无辜之民。所以地方官祷雨时总是先进行一番自省，把对神的祈祷活动和对人的政治检讨一同展开，如明代文庄公《祭山川神祇文》曰：“去岁大旱，五谷不登。今年疫疠，嗣行死者将半，民之危殆甚矣。乃复亢阳为虐，自春徂夏，雨泽鲜惠，播种衍期。东作既弗举，秋成又何望？哀今之人胡为罹此，盖由德等失职，行政用人有乖和气，天实厌之。”于是“自新竭诚请罪，乃遣其官迎泉于龙穴顶上，以幸龙沛”。[②] 雍正五年（1727）《袁式宏祈雨文》曰：“窃惟农事最急，莫如季春之时，雨泽衍期，倍切生灵之望”，五谷之中“此为首务，必备四时之气，乃克有成”。但“今者维暮之春，浃旬嘉泽未沛，已种者既虞于焦土，未耕者复阻于翻犁，稚苗浸觉萎黄，高壤将就稿（槁）白，有风日为之炎烁，无波渠可以灌输，阡陌扬尘，惊飙振地。况凤阳之瘠硗久著，而淮甸之凋瘵频仍，宿麦若枯，将奚续食？新秧未艺（蓺），敢望收成？静言气候之伤

① 隆庆《仪真县志》卷5《官师考》，《天一阁藏明代方志选刊》第15册。

② 万历《重修六安州志》卷7，《稀见中国地方志汇刊》第21册，第135页。

和，端自令宰之失政”，于是其亲行郊野，为民请命，哀祈神灵弭灾消祸。[①] 光绪九年（1883）夏多雨，阜宁知县朱公纯祈晴疏云：“公纯莅任年余，奉职无状，未能于变民志，以致上干天和。今虽不日卸事，而连日大雨，沟浍皆盈，四境田禾多被淹没。将来秋收歉薄，众民何以为生？抚躬自疚，实不忍以去位卸责，而置民生于不顾也。为此敬备礼仪，叩求神明之前，代达天聪，凡民心之善恶皆系于宰官一人之心。如有不善，应降灾咎，均加于公纯一人之身，幸勿累及百姓一人。敢祈速赐晴霽，俾愚民得资衣食，以遂其生，不胜急切悚惶之至。”[②] 这种把顺应天意、体恤民瘼以行惠政和祈求神灵致雨相结合、整饬吏治与祈天祷雨相结合的方式，客观上对贪官佞臣的胡作非为起到了抑制作用，当然也有利于江淮地区社会经济的发展。

（二）地方民众

除了朝廷和地方官构成了明清江淮地区雨神祭祀的重要主体外，乡村百姓和村巫道士作为祈雨的主体力量也不容忽视。乡民是大旱的直接受害者，所以参与祈雨活动最为频繁。如无为州的龙王庙，一在州治东南 25 里滨河地带，“岁旱祷雨于此”。又南乡九卿山有龙王殿，“岁旱，乡人祷雨辄应”。[③] 另在无为州开城乡独山上有神龙祠，原祀土人潘明王。明正德中大毁淫祠，遂改祀神龙，左右置后稷、八蜡神像，“遇祈报及有旱、蝗灾，里人相率祷之”。[④] 庐州浮槎山龙王庙，明代胡时化《浮槎山灵雨记》云：祠白龙神，“凡祷雨必应，应必速”。隆庆六年（1572）夏，“旱魃为虐，甚患之”，“设坛南郭之冈，拜迎龙神，以捍患也。神倏忽变动驱前，旋后众莫能留”，“百姓遮道”。[⑤] 怀宁县释家坂有墨雨庵，为元代建造，初名“普济”。至正年间“洪水浮香木，逆

① 光绪《凤阳县志》卷 14，《中国地方志集成·安徽府县志辑》第 36 册，第 508 页。

② 民国《阜宁县新志》卷末《杂志》，《中国方志丛书·华中地方·第一六六号》，台北，成文出版社 1975 年影印本，第 1228～1229 页。

③ 嘉庆《无为州志》卷 4《舆地志·庙寺》，《中国地方志集成·安徽府县志辑》第 8 册，第 65 页。

④ 乾隆《无为州志》卷 9《祀典》，1960 年合肥古旧书店据原刊本影印。

⑤ 雍正《合肥县志》卷 22《艺文》，《稀见中国地方志汇刊》第 20 册，第 259 页。

流至瀼河，土人刻作龙像奉之，改名‘墨雨’，旱则祷之”。[①] 六合县黄泥坝有神祠，“祷雨辄应”。该庙在当地祈雨辄应的威名，使得乡绅陈鸿绪甘愿捐田50余亩，“以为香火资”，理由是“非徼福也，为其有功于民也”。[②] 在泰州，民众求雨时，“各坊画龙墙上，坛设其下。或设香台于街市，中供王灵官位。用小轿一，以小锣二前引，谓之当当轿”。[③]

祈雨仪式在中国数千年的农业社会中有着广泛的市场，为道教所吸收。道教在承袭传统的祈雨仪式时，又对其加以改造，使其与道教的教规教仪相统一。道教不少经典记述了道教的祈雨仪式。道教的祈雨仪式主要包括设坛、诵经、献祭等部分，是用道教的方式对传统的祈雨仪式加以程式化、规范化的产物。正是因为道教将祈雨纳入了教仪之中，所以在江淮地区民间，村巫道士利用方术祈雨就有很大的市场。如清代桐城人钱澄之“山头放水塘坳干，山下转水人力难。村巫祈雨久不应，沾漉到地旋毁坛。……”[④] 一诗就描绘了当地干旱时塘干地裂、人们忙于灌溉、村巫祈雨不灵的景象。道士用方术祈雨的例子不胜枚举。如明代潜山人何公冕少好云游，遇异人授符箓两卷，说是熟背它就可呼风雨、役鬼神。“习之，得其妙。初置田于乱墩，山硗确，无水路。冕每于暑旱时，取手巾沥水，畦而盈溢，人咸异之。会当旱，郡守呼令祈雨，冕对差役笑曰：‘吾非汝可呼者，但汝往来烈日良苦，吾书符汝手，当有片云覆头，可固握之，驰至府堂开手。’役至，郡守怒曰：‘术士胡不来?’役告以故，郡守令其开手，则雷电交作，莫不惊惧失色。郡守躬往迎之登坛，越二日告守曰：‘上帝封雨部，吾当取扬子江水暂解酷热，雨泽可及五十里耳。’不逾时，果大雨如注，杂鱼虾齐下焉。”[⑤] 世居桐城麻溪的吴志广，初未得法，后得异术，游淮南。“六安旱，坛上三日，雨大注。于合肥亦然。”其死后，土人“乃肖像

① 民国《怀宁县志》卷9《祠祭》，《中国地方志集成·安徽府县志辑》第11册，第161页。

② 光绪《六合县志》卷5《人物志之三·儒林》，光绪十年刻本。

③ 民国《续纂泰州志》卷4《风俗》，抄本。

④ 钱澄之：《钱澄之全集》之五《田间诗集》卷10，诸伟奇等校点，黄山书社，1998，第214页。

⑤ 康熙《安庆府志》卷21《方技》。

之，祷雨辄应，称为吴志广真人”。① 明代六安州添楼乡的胡逸真，在正统年间向州中龙泉观的刘真人学习方术，“真人以秘诀授之，能驱邪治鬼，呼风唤雨甚验。有徒贾天雨，英山尹命祷雨辄应，尹赠以联云：‘三日上坛三日雨，一声号令一声雷。’”吴乡人徐谦三“善符咒，驱风雷”，是故“郡邑旱，请祷辄应。太守龙诰赠联云：‘心上真机旋造化，掌中神术滚风雷。’”② 无为州的王耀宗，“世业阴阳，家有道术，善符咒，祷雨辄奇验”。乾隆五十年（1785）大旱，自冬至夏不雨，“州守张继昺延之，祈请作坛泰山上，以法行之，得雨如注”。③ 江浦人王乘轩，领卫运自燕京载张真人还山，张真人看王乘轩有道骨，教以灵官秘法，“能顷刻致雷雨，凡祈祷驱祟，无不神应”。④ 如皋县清宪道士（字赤臣），为关帝庙主持，善医，“善祈，遇水旱，登坛施法，无弗应者”。该县另一道士朱阳琯，师徒三人皆“善祈祷”，乾隆十二年夏祷雨立应，邑令郑见龙赠以“珮叠青霞”之额。⑤ 东台县的赵凌虚，为安丰场崇宁观道士，“有道气，多法术，尝祈雨以济亢旱”。⑥ 明代光山县的术士左法官，“得五雷正法。每天旱祈雨，结高台，竖大旗于台上，登台披发仗剑，昼夜作法。先示雨期，至日，官僚毕至行礼，用剑挑远岫朵云，随即弥亘晴空，风雨骤至。雷霆旋绕旗上，乃破椀书符御之，霎时平地水深尺余。后传其术于光州王宸，履试于光、汝、信、罗间。持戒庄严，未尝轻泄其法。宸复传其子，试之亦效，后遂无能继之者”。⑦

① 康熙《桐城县志》卷6《仙释》，《中国地方志集成·安徽府县志辑》第12册，第201页。

② 万历《重修六安州志》卷8《仙释》，《稀见中国地方志汇刊》第21册，第175页。

③ 嘉庆《无为州志》卷21《人物志·方外》，《中国地方志集成·安徽府县志辑》第8册，第263页。

④ 嘉庆《重刊江宁府志》卷51《仙释》，《中国方志丛书·华中地方·第一二八号》，台北，成文出版社1974年影印本，第1977页。

⑤ 嘉庆《如皋县志》卷17《列传二·方外》，《中国方志丛书·华中地方·第九号》，台北，成文出版社1970年影印本，第1547～1548页。

⑥ 嘉庆《东台县志》卷35《仙释》，《中国方志丛书·华中地方·第二七号》，台北，成文出版社1970年影印本，第1333页。

⑦ 民国《光山县志约稿》卷3《人物志·方伎传》，《中国方志丛书·华北地方·第一二五号》，台北，成文出版社1968年影印本，第495页。

当然，官府和民众作为祈雨的主体，在祈雨时间、祈雨仪式上彼此相对独立，前者正式、严肃、隆重，符合礼制，后者随意、轻松。但官府和民众祈雨在很多方面又是相通的，因为干旱时都祈望尽快天降雨泽，所以祈雨时官民互动的现象也频繁出现。一种情况是官民共同修建雨神庙。如龙王庙的修建，主导力量是官府，但民间力量也积极参与。清代六合县的郝大言曾捐200余金，建马头山龙王庙。[①] 太湖县龙山祠，在邑北门外，则是合邑同建。[②] 再有一种情况是如上文表3信息中显示的，地方官亲临致祭雨神时，往往率群僚、绅衿、土民前往，声势浩大。还有一种情况是民间祈雨先行，但官府并不认同，后由于其灵验才得到官府的认可，并将之列入官方祀典。如安庆的龙山灵湫，祀天井顺济龙王。龙山"去治三十里，蜿蜒起伏，北峙而西首有泉见，山之巅渊深澄冽，不竭不盈，自山而下，浸田数千顷。岁旱，野人祷之，无不应者。或见云气显物怪为候云，民严事之，所从来久"。可见，所谓龙山灵湫的祭祀，原是民间乡民的自发行为，洪武间敕封，每岁春秋仲月郡守诣祠致祭。康熙十年（1671）郡守姚琅重修，构亭于龙山灵湫前，曰"雨苍"，"谓神之霖雨苍生也"。道光四年（1824）五月不雨，六月十一日巡抚陶澍独往龙山灵湫致祭，"是日往返烈日中，凡七十余里，而雨大至。又前后遣庐州府宋守、安庆府汪守往祷，辄得雨，其应如响，岁则大熟"。[③] 再如舒城县去县治百余里有叫香炉冲的地方，其上林峦蓊蔚，一峰矗立，居民谓之龙王包。山巅有两块大磐石，大可半亩，形合如石磨。"中空穴小如盂，深不盈尺，即龙井也。"其神秘之处在于"无泉出，而四时沾润。岁旱祷雨者，熏以香，拭以巾，然后成珠滴。苦沆瀣，继则涓涓不绝。承以瓦瓮，盈则自止。抱瓮而归，雨亦随至"。舒城县令龚巽向来不信香炉冲龙井的灵验，"以为巨浸大泽实产灵物，狭而竭，其栖神所哉?"但是一年夏天40多天不下雨，面对"禾稼枯萎，人物憔悴，如风火热于鼎而游釜中也。土人忧甚，欲延僧修祈禳事"的局

① 光绪《六合县志》卷5《人物志之六·义行》。

② 民国《太湖县志》卷6《舆地志六·坛庙》，《中国地方志集成·安徽府县志辑》第16册，第46页。

③ 民国《怀宁县志》卷9《祠祭》，《中国地方志集成·安徽府县志辑》第11册，第142页。

面，龚巽也就怀着试试看的心理，“率众致斋，凌晨祷祀如前仪”，结果“得清流。乡人大悦”，连龚巽自己都感到诧异。“及归，微雨从西来，然半刻即止。明晨复然，婴儿遇乳旋得旋失。仰瞻青天，益增烦剧。岂诚有未格，亦地果湫隘不足供潜见耶？既而日方卓午，雷霆訇訇，密云四匝，大雨忽注，盈沟溢浍。稿（槁）者苏，空者补，心地清凉，人物熙恬。……今四境多亢旱，即近邑不免，而我晓天一隅独蒙神桑梓之庇，则斯泉功德曷可忘耶？”①

结　语

综上所述，明清时期江淮地区因地处季风气候在春夏、夏秋之际多发旱灾。从较长时段看，存在8个大旱期，即1544～1545年、1587～1590年、1640～1641年、1651～1654年、1671～1672年、1678～1679年、1785～1786年、1856～1858年。从空间分布看，江淮南部和境内平原，旱灾发生概率和灾情严重程度，相对来说低于江淮北部和境内山地、丘陵地带。从旱灾灾情看，大旱之年多有蝗灾、疫灾相伴生，禾稼枯萎，蝗飞蔽天，粮食歉收，逃荒者众，疫病流行，路有哀号，尸横遍野，明代万历朝、崇祯朝以及清代康熙朝、乾隆朝、咸丰朝在江淮地区都发生过此类大旱灾和特大旱灾。如此大旱灾和特大旱灾形成的燥热环境易使人们产生焦躁的心理情绪，渴求神灵解救，这就为雨神信仰的产生奠定了心理基础。而明清时期江淮地区仍处在农耕社会发展阶段，农业生产主要受气候条件影响，容易雨旸不时，旱涝无常，而遭遇大旱的人们又受先人早已形成并代代相传的祭祀雨神以及祈雨的文化传统浸染，这又构成了江淮地区雨神信仰广泛流传的社会文化环境。

面对严重的旱灾，明清时期江淮地区官府和民间社会力量共同构建起了以龙王、城隍为主体，以人格化的乡土神、其他祈雨灵异的神灵为辅助的庞杂雨神信仰系统。这个雨神信仰系统是多神并存，朝廷和官府

① 龚巽：《龙井碑记》，嘉庆《舒城县志》卷36，《中国地方志集成·安徽府县志辑》第22册，第389页。

多以礼部颁布的礼制制度祭祀龙王和城隍，遇旱祭祀雨神时多以“天人感应”理念进行自虐式虔诚拜祭，而民众祭祀的雨神除了龙王、城隍之外，更多的是流播于当地的乡土雨神，信奉的雨神芜杂，只要祈雨灵异就行，如安庆府宿松、怀宁之汪公信仰，桐城的境主信仰，望江的屈原大夫信仰，和州的西楚霸王信仰，全椒的蔡姥信仰，扬州的五司徒、东陵圣母、仙女庙神信仰，泰州一带的碧霞元君信仰，等等。民间祈雨主体的另一支力量是村巫道士，他们因吸收了民间祈雨的一些习俗，并以自己特有的方术、符箓致雨，从而获得江淮民众的信赖。同时，由于道士祈雨获得民众的认可，地方官有时也将这些祈雨的能人请到官府，为他们提供极好的条件，让他们帮助官府祈雨。

明清时期江淮地区的雨神信仰，多以今人视为迷信的方式如设坛祭祀、诵经祈雨、符咒求雨、暴晒日中、冒暑步祷、灵异造神等禳弭灾害。这种雨神信仰活动表面看起来是迷信，但它反映了人们的自然观和社会观，实际上是民众基于对江淮地区干旱环境的感知而形成的一种应对旱灾危机的方式，是民众通过祈雨活动所呈现的对超自然神力的信仰与崇拜。民众相信天地万物皆有神灵，因而可以通过各种巫术和拜祷的方式使其心理上得到一种慰藉和超脱。诚如学者所云：“地方的惯例和神话等，都被包含在宗教性的思维方式之中。宗教能够使群体中潜在的恐怖和苦恼得到缓解，并提供驾驭激情和紧张的高明手段。”[①] 宗教是这样，雨神信仰亦何尝不是如此呢？因此，我们不能简单地把雨神信仰归为迷信，在某种程度上它是江淮地区的人们对频发旱灾的区域环境所做的一种心理调适。当时的人就是通过各种求雨巫术祭拜神灵，以减轻旱灾带给人们的恐慌与焦虑，给灾区民众以精神支撑和心理安慰。

---

① 池田大作、威尔逊：《社会与宗教》第3部《组织论》，梁鸿飞、王健译，四川人民出版社，1991。

清代以工代赈项目备案制及其在实践中的调适*

牛淑贞**

摘　要　清代以工代赈项目备案制肇端于康熙后期，正式出台于乾隆初年。受实践效果及国家财政能力、财政政策的影响，其内容在乾隆年间进行了多次调适。备案项目主要是由省级政府基于灾害后果针对官修工程而设计的，其启动必须得到中央的批准，且要受是否成灾、工程缓急，尤其是国家财政状况优劣等条件的限制。该制度是清朝政府应对自然灾害以及进行灾后社会治理的一项重要手段，更是清代救荒制度化及其社会治理水平提高的重要表现。

关键词　以工代赈　项目备案制　清代

以工代赈工程不同于一般的工程，其组织运作以地方政府职能部门处于高度的有备状态为前提，必须通过进行项目备案做到对在什么地方兴办什么样的工程心中有数，才能保证灾后或贫民生活拮据的时候及时开工赈灾济贫。“年岁丰歉难以悬定，而工程之应修理者，必先有成局，然后可以随时兴举。”① 目前，学界多仅注意到乾隆二年（1737）以工

* 本文为2014年国家社科基金项目“清代至民国以工代赈研究”（14BZS111）的阶段性研究成果。

** 牛淑贞，四川大学历史文化学院研究员。

① 昆冈等：《清会典事例》卷288，《续修四库全书》第802册，上海古籍出版社，2003，第590页。

代赈项目备案制的出台，[①] 但缺乏对其产生源流、内容变化、启动条件与实践过程中出现的制度困境及其调适的探究，本文拟对上述问题进行探讨。

一　清代以工代赈项目备案制的肇端及其形成

清代以工代赈项目备案最核心的内容就是建立项目库，包括工程的种类、规模（资金额）以及缓急等内容，遇到灾年，即可按图索骥，快速、从容地开展以工代赈。康熙四十六年（1707）十一月上谕：

> 朕在宫中无刻不以民间疾苦为念，恐遇旱涝，必思豫防……江浙农功全资灌溉，今见其河渠港荡比旧俱浅者，皆由素无潴蓄所致，雨泽偶愆，滨河低田犹可戽水济用，高燥之地力无所施，往往三农坐困。朕兹为民生再三筹画经久之计，无如兴水利建闸座蓄水灌田之为善也。江南省之苏松常镇，及浙江省之杭嘉湖诸郡所属州县，或近太湖，或通潮汐，所有河渠水口宜酌建闸座，平时闭闸蓄水，遇旱则启闸放水。其支河港荡淤浅者，并加疏浚，引水四达，仍酌量建闸，多蓄一二尺水即可灌高一二尺之田，多蓄四五尺水即可灌高四五尺之田。准此行之，可俾高下田亩永远无旱涝矣……上曰：今所议闸座原与运道无涉，而关系经费钱粮，所以无人敢言。朕特念江浙财赋重地，小民粒食所资，故欲讲求经久之策……伊等将各州县河渠宜建闸蓄水之处，并应建若干座，通行确察明晰具奏。以朕度之，建闸之费不过四五十万两，且南方地亩见有定数，而户口渐增，偶遇岁歉，艰食可虞。若发帑建闸，使贫民得资佣工度日糊口，亦善策也。[②]

---

① 牛淑贞：《浅析清代中期工赈工程项目的几个问题》，《内蒙古大学学报》（哲学社会科学版）2008年第4期；周琼：《乾隆朝“以工代赈”制度研究》，《清华大学学报》（哲学社会科学版）2011年第4期；等等。

② 《清实录》第6册，中华书局，1985，第313～314页。

这则上谕虽没有用“以工代赈”这样的字眼，但其中通过修建水利工程赈灾济贫的实质显而易见，可视为清代兴修水利工程进行以工代赈备案制度的肇端。“工程之修举，在先事豫筹，别其缓急轻重，则遇灾欲办工赈，无难次第举行。”① 乾隆初年正式出台了以工代赈备案制。乾隆二年，谕总理事务王大臣：

> 今年春夏之交，直隶、山东两省雨泽愆期，二麦歉收。朕已多方筹画，接济民食，且令直隶总督李卫查有应兴工作，以次举行，俾小民得借营缮，以糊其口。今思山东民人多仗二麦度日，今岁麦秋收获既薄，虽屡降谕旨蠲赈、平粜，仍恐闾阎尚有艰食之虞。著巡抚法敏悉心计议，如开渠、筑堤、修葺城垣等事酌量举行，使贫民佣工就食，兼赡家口，庶可免于流离失所矣。再年岁丰歉难以悬定，而工程之应修理者，必先有成局，然后可以随时兴举。一省之中工程之大者，莫如城郭。而地方以何处为最要，要地又以何处为当先，应令各省督抚一一确查，分别缓急，预为估计，造册报部。将来如有水旱不齐之时，欲以工代赈者，即可按籍而稽，速为办理，不致迟滞，于民生殊有裨益。并将此谕通行各省督抚知之。②

在清代的救荒举措中，以工代赈是蠲免、赈济等直接赈济方式的补充。地方政府在平时就要将应修工程，尤其是规模较大的城工的位置、预算经费及缓急等内容造册，报工部备案，以保证突发灾害之后可以快速、有序应对。此后，在各地政府请求及中央有关部门批准兴修城垣等工程实行以工代赈的公文中，往往援引这则谕旨以立论。例如，乾隆三年，两江总督那苏图对江苏遭旱灾各州县卫所予以蠲缓、折征后奏称：“惟是地广民多，乾隆二年曾奉谕旨，令各省督抚将城郭工程豫为估报，遇有水旱，即可以工代赈。”于是，他对受灾县及沿江、沿海紧要

① 杨景仁：《筹济编》，李文海、夏明方主编《中国荒政全书》第2辑，北京古籍出版社，2004，第4卷，第204页。

② 《清实录》第9册，第794～795页。

地方的应修城垣进行预算，请求中央拨正项及时兴修，以工代赈。得旨："著照所请具题办理可也。"① 乾隆四年，浙江东阳县的赈期将要结束，巡抚卢焯疏称，该县庄稼还不到收割季节，"必须兴举城工，俾贫民佣工就食"。其城垣早已被原任总督嵇曾筠列为应修工程，预算也报工部备案，"令地方官于农隙及时修补"，工部准其所请。② 乾隆四年，礼部议复甘肃巡抚元展成请修古浪文庙的奏疏时称，"况该县上年歉收，与乾隆二年以工代赈之谕旨相符，应如所请"。③

御史、巡抚、府尹等各级官员也会据此上谕对所在地的以工代赈项目进行预算备案。乾隆初年，左都御史陈世倌上疏称"以工代赈实为良法"，山西各地应修城垣已进行预算并报部备案的共有34座，"此内有成灾处，即动项发州县备料兴工，俾贫民得佣工度日，报可"。④ 乾隆四年，黄河、沁水一起涨水，河南濒河47州、县成灾，巡抚尹会一称："被水州县勘报之后自加赈恤，但自冬徂春，为日正长，必须兴修工程，俾贫民得以力作糊口，庶可接济。查从前已经估报之城垣，本声明于水旱不齐之年兴举，应即遵照原估，速行领帑开工。"⑤ 同年，奉天府尹吴应枚奏请为锦州府城加筑护堤，也是先行进行预算，"俟歉岁兴工代赈"。户部等部门商议"应如所请行"。⑥ 乾隆十年，云南总督兼管巡抚事张允随对全省的78座城垣调查后，将其中的10座确定为以工代赈工程，报部备案。⑦

"思患而防，事豫则立也。"⑧ 乾隆初年除对应修城垣进行备案外，还对河流、沟渠、塘堰、堤圩等应修农田水利工程进行备案。乾隆初年，方苞奏称："救荒宜豫……古者城必有池，周设司险、掌固二官，恃沟树以守，请饬及时修举，通川可开支河，沮洳可兴大圩，及诸塘堰

① 《清实录》第10册，第248～249页。

② 《清实录》第10册，第464页。

③ 《清实录》第10册，第517页。

④ 《清实录》第11册，第808页。

⑤ 尹会一：《健余先生抚豫条教》卷4《饬催兴工代赈》，清畿辅丛书本。

⑥ 《清实录》第10册，第518页。

⑦ 《清实录》第12册，第281页。

⑧ 杨景仁：《筹济编》，李文海、夏明方主编《中国荒政全书》第2辑，第4卷，第204页。

宜创宜修，若镇集宜开沟渠、筑垣堡者，皆造册具报，待岁歉兴作，以工代赈。”奉旨：“沟树塘堰诸事，令各督抚筹议。”[①]

综上可见，清代以工代赈项目的备案主要由省级政府遵循“自上而下”的路径进行。备案内容比较简单，多侧重于宏观的指导，较少微观层面的具体指导。该备案是基于灾害后果而针对当时看来需要兴修的官修工程所设计的，因此所涉工程大都不是灾毁工程，也就无法覆盖灾后亟待修复的急要险重工程，包括民修工程。为了弥补这一制度的缺陷，清朝往往根据实际需要，或直接兴工代赈将灾毁官修工程予以修复，或“照以工代赈之例”将民力无法修复的民修工程予以修筑。[②]

二　以工代赈备案制的调适

乾隆初年以工代赈备案制出台后，首先因应其实践效果对备案启动时间进行了规定。乾隆二年，直隶总督李卫奏称，代赈工程必须在气候适宜的农闲时节兴工，才能取得较好的成效。“如夏日农忙，秋月收获，寒冬水坚地冻，皆非修举之时。故估计备料，自宜行于秋冬，而兴工动作必在春融，否则，民食固有借顿，而工程不能坚固，诚恐草率难以经久。”[③] 乾隆六年，给事中钟衡上奏建议对以工代赈举行时间进行预先筹划，尽量在农闲时节举行。他称：“嗣后各省工程饬令督抚相度地方情形，先行酌定一年之内，何月农忙，听其治业；何时农隙，可以力役。所有应修工程，定限年内先行查明咨部，俟次年春融农隙有以工代赈者，立即发帑办理。倘有兴修迟延、辗转贻累民生者，该督抚即将承修之员据实参处。如此则工程得受实效，而小农不致苦累。”如果农忙时兴工代赈，“小民未受代赈之利，而已先有废业之虞”。他们“所

① 赵尔巽等：《清史稿》第34册，中华书局，1977，第10271页。

② 牛淑贞：《制度的外延：清代“照以工代赈之例”政策的变化与得失》，《湖北社会科学》2019年第12期。

③ 《乾隆二年六月十七日直隶总督李卫奏为遵议户部尚书海望勘实估报应修城垣堤岸沟渠及以工代赈折并请派员办理事》，中国第一历史档案馆藏宫中档朱批奏折，档案号：04－01－01－0014－012。

得一时之工价，所失终年之农事”，得不偿失。灾民农闲时可以“借工糊口”，承修官员招募劳力也较容易，“诚为工、民两便之道”。[①]

乾隆九年，因应国家财政状况及财政政策变化对代赈城工的规模予以规定，即规定所需经费在1000两银以上的城工才能列为以工代赈项目。但是这一规定因推广到全国后出现了种种弊病，很快被取消。是年，河南巡抚硕色对全省的应修城垣进行调查统计后，拟对预算需工料银在200～1000两的城垣，限1～5年修竣，且“俱令各州县于额设公费内动用”。对于需工料银在1000两以上的城垣，“存俟水旱不齐之年，以工代赈”。对于硕色的这一方案，乾隆谕旨：“应不时察查，勿致累民也。”[②] 后来，直隶一带的城垣倒塌，出入践踏成路，硕色将这一情况上奏，上谕：“嗣据巡抚硕色奏请：分别工程一千两以上者，俟以工代赈之年动项兴修；一千两以内者，令各州县分年修补。除土方小工酌用民力外，其余即于公费项下支修。”乾隆将硕色的奏折令各省督抚阅看，“俾其仿照办理”。[③] 河南的做法由此得到推广，城工被列为以工代赈项目有了资金额上的限制，并成为其入选以工代赈项目的一个标准。例如，乾隆十年正月，军机大臣议复称“城垣为地方保障”，应准甘肃巡抚黄廷桂请修全省城堡边墙的奏请，让其“仿照豫省之例，凡工程在一千两以内者，令各州县动支额设公费银，分限五年修竣；在一千两以外者，无论新坍旧坍，俱确估造册，取结存案，俟水旱不齐之年，以工代赈。自一万两至十万有余者，难一时并举，应酌地形缓急次第兴修”。[④] 这一奏请得到了乾隆批准。硕色的方案之所以能够得到推广，与下文所述乾隆六年抑制“繁兴糜费”政策的实施不无关系。

之所以要把以工代赈城工的资金额限定在1000两银以上，是因为城工对劳动力的吸纳并不是很大，只有其规模比较大时，才能吸纳相对较多的劳力，达到赈济灾民、贫民的目的。这一看似较好的制度设计，

① 《乾隆六年正月二十六日巡视西城兵科给事中钟衡奏为兴工及时以利民生以收实效事》，中国第一历史档案馆藏宫中档朱批奏折，档案号：03－0310－035。

② 《清实录》第11册，第940～941页。

③ 《清实录》第12册，第335页。

④ 《清实录》第12册，第11页。

在实际运行中却出现诸多问题。有的地方以城工浩大为由请求开捐筹资，如乾隆十年，署广西巡抚托庸奏，“粤西城工浩大，请分款开捐”。得旨：“为修城而开捐，各省将视以为例矣。且最多亦不过四五十万，四五年间次第兴修，所费亦不至无措也。此奏不准行。”① 乾隆令在全国推广硕色的做法时，特别要求各地督抚“善为经纪，勿致累民”，有人却“因此奏请开捐土方，并将各官养廉合力捐修者”，对于此类奏请，乾隆“或经批示，或经议驳，俱未准行”。此时，鄂弥达还奏请按田起夫，称恐怕“占田之户必派之佃田之家”，不如暂借税银生息以备修补。乾隆十一年二月初二日，上谕痛斥：

> 此奏甚属错误，全不知朕本意矣。盖城垣为国家保障，其责专在地方官员，其所以酌用民力，盖因各处城垣偶有坍损，地方官并不查禁，任民践踏，甚且附近居民竟将城砖窃取，以供私用。是以令于农隙之际酌用本地民夫补葺，使民知城垣之设原以卫民，己身曾用力于其间，则遇有坍损自然护惜，不肯任意践踏。且随时修补亦易为力。此上下相维之义，并非令其按田起夫，竟成赋额之外增一力役之征也。如鄂弥达折内所称者，恐各省督抚亦错会朕旨，成致办理未善，致有累民之处。用是特颁此旨，晓谕各督抚知之。②

是年三月，礼科给事中刘方蔼上奏，指出限定以工代赈城工资金额的做法在制度设计上的缺陷，及其推广到全国后出现的弊端，提出应“一视同仁”，统一由政府出资修补，获乾隆批准：

> 前因直省城垣多缺，谕各督抚留心整饬。据抚臣硕色奏请，分别工程一千两以上者，俟以工代赈之年，动项兴修；一千两以内者，令该州县分年修补。除土方小工酌用民力外，余于公费项下支修。夫同此城垣，同为编户，固当一视同仁。乃彼县工程多者，给

① 《清实录》第12册，第17~18页。

② 中国第一历史档案馆编《乾隆朝上谕档》第2册，档案出版社，1991，第81页。

以夫直（值），此县工程少者，俾任空劳，明明歧视，此疆彼界，何以平其心而使之帖然服役？且地方官以酌用民力之呼应艰难，或宽估以就千两以上之兴修动项，则工程转至多费。硕色所奏，原未能周详允协，各督抚难于照办，不得已而开捐土方，或官捐养廉，又请按田起夫、暂借税息，纷纷折奏。在各督抚皆熟计土方小工酌用民力，必不免偏累佃田之家，佣力之民于劳则未均，于势则难强，于事则难济，所以合群策而不得一用民勿累民之善术也。臣愚以为酌用民力，又窘于无法可设，势必至增征力役。可否将州县城垣，无论工程千两上下，统令动项修补，俾天下佃田食力之穷民勿致苦累。得旨：刘方蔼所奏是，著照所请行。①

乾隆为了避免河南做法在全国推广后出现的诸种弊端，将所有应修城工不论资金规模大小统一由政府出资修补。“城垣些小坍塌，地方官应照例随时苫（粘）补。如工程浩大，必需动帑者，查明系可缓工程，详请咨明，俟水旱不齐之年，以工代赈。若工程紧急，不能缓待者，仍照例估报题修。”② 如此一来，只有工程浩大的可缓城工才能列入以工代赈项目。

上述以工代赈备案项目在启动时间、资金规模方面的规定及变化，表明其内容是可以根据现实需要及实践检验情况不断进行调适的。

三　以工代赈备案启动的限制条件

并不是所有列入以工代赈备案的工程最终都予以兴修，其启动除受气候与农业生产时间的限制外，还受是否成灾、工程缓急，以及政府财政状况、财政政策等因素的限制，其中最主要的限制因素则是政府的财政政策及其财政状况。

一般来说，只有那些“成灾”地方的备案工程才能真正得到兴修。但

① 《清实录》第12册，第363～364页。

② 姚碧：《荒政辑要》，李文海、夏明方主编《中国荒政全书》第2辑，第1卷，第813页。

如果是以济贫为初衷设计的代赈项目，则不见得非要在灾年兴工，丰年也可利用贫民兴工。乾隆十年，巡察江南漕运御史王兴吾条奏水利农田事宜时称："修治陂塘，宜相度地形，定界立案。遇民食拮据，以工代赈。查陂塘蓄泄关系农田丰歉，现饬地方官乘此稔岁儹筑，不得概俟散赈之年，间有工程较大者，或酌给帑金，或须借口食，分别办理。"①

影响备案项目启动的因素还有工程的缓急与国家财政状况的优劣等因素。从工程的缓急来看，列入以工代赈项目库的有缓工、急要工，往往先修急要工程，后修缓工。国家财力状况不佳时，往往将可缓之工列为以工代赈项目，等灾年再兴修；在国家财政实力增强的情况下，则将此前已列入的以工代赈项目不分缓急，一律动用国家正项予以修筑。乾隆九年，直隶总督高斌分别缓急兴修遭灾各县城垣以工代赈时，根据各地的实际情形，将冀州、武强及庆云三地的城垣"均请列为要工"，深州、任邱、肃宁三处则"请列为缓工"。② 乾隆二十六年，河南36个州县的城垣坍塌，首先兴修了祥符等十州县的城垣、河堤等最为紧要的工程。乾隆二十八年，甘凉等地遭灾，甘肃布政使吴绍诗奏请兴修张掖等八州县厅城垣，以工代赈，最后只修了张掖、永昌、高台、碾伯、抚彝、隆德、泾州七处城垣。镇番县城垣之所以缓修，是因为当时该县城垣东、西、北三面内外"砂与城齐，几无城垣形迹"。陕甘总督杨应琚先组织人力刨运走壅城砂土，并在近城处种柳成林，"俟足御风砂之后，始可徐议修葺"。镇番县灾民可前往永昌等县就近佣工。乾隆帝认为："此法甚善。"③ 乾隆三十年，开始大规模兴修各地城工，陕甘先把各处驿站经由大路及有偏灾处所城垣，于乾隆三十一年修竣，其余应修各处城垣于次年接办完工。直隶应修城垣55处，难以同时兴工，则令该督先修接近山西、河南等界驿站经由大路及各州县的城垣。④ 道光三年（1823），御史程矞采奏请以工代赈先行疏浚文安河时称：直隶全省"河道淤塞甚多，非一时所能骤复，自应先其所急，次

① 《清实录》第12册，第15页。
② 《清实录》第11册，第913页。
③ 《清实录》第17册，第881页。
④ 海宁：《晋政辑要》卷8，清乾隆山西布政使司刊本。

第兴修”。[①] 上述史料也表明，地方政府并不是盲目遵循以工代赈程序备案，而是在灾后根据实际情况的变化对其进行完善、优化，甚至可以根据情势变化对备案内容进行变通，并进行必要的裁量，使其更加可行。

灾地轻重不等，工程缓急有别。如果不分轻重缓急，所有工程一起上马，就会加重百姓负担，招致民怨。乾隆四年，宁夏地震，应重建、补修大小城垣共24处，宁夏道阿炳安“办理急迫，人多贪怨，且向各府调集夫匠，甚属劳民”。川陕总督尹继善将其办理不妥之处逐一更正，对所有应修工程分别缓急次第兴修，“自是民力渐得舒徐”。[②] 同年河南遭水患后，河南巡抚雅尔图除将省城积水处进行开挖，一些紧要河工实行以工代赈外，“其余一切河渠，目前既不足为害，将来亦未必有利者，似不必妄议兴举。现届麦熟，农务已殷，非以工代赈之时。尤不便以爱民之意转为厉民之政……总因豫民元气亏损，此时亟宜休息，为培养计，不宜再劳民力”。[③]

不论工程缓急与是否有兴修的必要而大量兴工代赈，不仅会加重百姓负担、影响农时，还会造成财政开支太大。乾隆五年，河南道监察御史陈其凝称：

> 兴工代赈，必被灾之所人民无以聊生，赈以济其老稚，工以赈其强壮，此代赈之法宜行也。若本无需代赈，则国用有经，工程宜省。近见各省题修之工甚多，如西宁之建筑、河海之堤防，此出于万不可缓。其余言挑浚、言修建，揆其情节，事在得已。若不问缓急任其开销，势必有亏国帑。请敕谕各省督抚，凡地方官详请工程，必细加勘实，万难稍缓方准题达。该部亦必详核，毋得滥准，倘冒昧请帑兴修不紧要工程者，照捏报例议处，则工程减省，帑项

① 《清实录》第33册，第1000页。

② 《乾隆七年五月川陕总督尹继善奏为宁夏地震后修复城工酌分缓急事》，中国第一历史档案馆藏军机处录副奏折，档案号：03－1145－001。

③ 《清实录》第10册，第698页。

不致耗费，遇有紧要工程亦无需商人捐助。均应如所奏行，从之。①

缓、急只是相对而言。陈其凝仅对“万难稍缓”的工程进行代赈修筑的建议得到中央的采纳，说明自乾隆二年正式建立以工代赈项目备案制以来，利用国帑兴工代赈的口子开得有点大，需要紧缩。乾隆初年，国家的财政实力还不够雄厚，不能“繁兴糜费”，在基础设施建设方面采取的是量入为出的财政政策，不轻易开启商人捐输。一些需要兴修的工程往往留待灾年通过以工代赈的方式兴修。乾隆三年，湖广总督德沛请动项疏浚安陆府城北、西、南三面的支河。上谕：湖北省要修的工程很多，“似此可行、可止之事，莫若缓之，或遇地方偶尔水旱，以为兴工代赈之举，不亦美乎，何急迫乃尔？”② 这样做，不仅可收赈济与修建一举两得之效，还可较平常节省工钱，与其时比较紧张的财政收入状况比较契合。乾隆六年，户部左侍郎梁诗正奏：“每岁春秋二拨解部银，多则七八百万，少则四五百万，而京中各项支销合计须一千一二百万，入不敷出。”是年，户部尚书果毅公讷亲等奏称：“直省一切正杂钱粮，康熙、雍正年间岁岁相积，仍有余存，迩年以来，统计直省收支各数所和仅敷所出，倘有蠲缺停缓，即不足供一岁用度，其支放纷烦，尚须酌为裁减，各省官员毋任其增设工程，宜权其缓急。”大学士议复后称：“直省一切新建工程，俱经各衙门议准、工部核算工料兴修。现在各省城垣令督抚确查，分别缓急，豫估报部，将来遇水旱不齐之时，以工代赈。其文武衙署偶有坍塌，只可随时粘补。其必须修理者，该督抚斟酌题报，俟部复方准兴修。至民堤、民埝有应修理之处，即于农隙劝导修整，毋动公帑。除临江、滨海、边疆重地、营房、墩台、海塘、沟渠、堤坝，事关积贮、防守、捍卫民生等类紧要工程外，其可缓兴修者，应令各地方官申报督抚勘估，酌量次第题报，庶不致繁兴糜费。”③ 乾隆帝批准了这一议案。

① 《清实录》第 10 册，第 763 页。
② 《清实录》第 10 册，第 147 页。
③ 《清实录》第 10 册，第 1055 ~ 1056 页。

抑制“繁兴糜费”的政策由此出台。

抑制“繁兴糜费”的政策在随后的一段时间内一直执行着。乾隆十年，山东巡抚喀尔吉善奏称：全省应修城垣有91处，共需工料银一百数十万两。范县、高密城垣的工料费在千两以内，其余各处的工料费从数千两至数万两、十余万两不等，费用巨大，难以同时兴修，“自应分别缓急”。而像府岩邑这样的南北通衢、滨海要地，“未便置为缓图”，宜动用司库存公银按年陆续兴修。“地非冲要”州县的城垣，则留待灾年以工代赈。谕旨：“只可如此从容次第料理也。”① 同年，湖北巡抚晏斯盛奏请，动支司库存荆关减半余平银，开修东湖、归州、长阳、巴东四州县入川陆路，并称宜昌府以下三峡水路内的十二碚为纤道必经之地，险窄倾斜，请将其中没有修过的四碚一起兴修。乾隆认为：“此处向未修理，姑仍其旧。且明年免各省正供，所用钱粮正多，理应节省。此项俟有偏灾，以工代赈，尚可为耳。”② 同年，乾隆以同样的理由，驳回云南总督兼管巡抚事张允随重建顺宁、剑川二府州严重残缺城垣的奏请。③

在抑制“繁兴糜费”政策背景下，大量列为以工代赈项目的工程迟迟得不到修建，影响到地方的基础设施建设。“若必俟兴工代赈，不过纸上空谈，毫无济于实事，且必俟民饥而后兴工，则使万年乐利而竟可听其废弛乎，及今可为而不为，再复数十年而坏者益坏，如欲收拾，所废不赀矣。”④ 有的地方政府因利用以工代赈方式兴修城工遥遥无期，在工程急迫、地方财政资金严重不足的情况下，请求照土方例开捐修城。乾隆三年，四川勘查全省需要修葺的城垣，分别缓急工程，预算需工料银120余万两，报部请求拨发资金修葺，“部复俟有水旱不齐之年，以工代赈”。但直至乾隆十年，这些城垣也没有得到修葺。巡抚纪山奏称：“边城实非可缓，臣于前咨报部急工之中择其至紧者，雅州府属之雅安、清溪、名山、荥经四县，龙安府属之平武、石泉二县，宁远府属

① 《清实录》第12册，第86~87页。

② 《清实录》第12册，第246页。

③ 《清实录》第12册，第281页。

④ 魏元枢：《与我周旋集文》卷1《代北文集》，清乾隆五十八年清祜堂刻本。

之冕宁、越嶲二县卫，叙州府属之屏山县，保宁府属之剑州、绵州并所属之绵竹县，或逼近番夷，或通省扼要，计十二州县卫均应先修。”这些工程按报部册核算需费20余万两，而四川省“实无可动之项”，各州县也没有“额设公费”可用，不得不因地制宜，“酌开急公之例”。虽然通过捐纳筹集资金也需要较长的时间，但“究不似以工代赈之无期”。大学士等议复：“查开捐为一时权宜之计，亦可暂行。但现在江南、直隶例尚未停，未便又开一例。且川省途路遥远，即使开例，赴捐必少，恐属有名无实。应将该抚纪山所请照土方例开捐之处无庸议。”面对四川的困局，大学士等又议复：“城垣修筑原议陆续办理，川省现有征剿瞻对之事，大工亦难并兴。应令纪山于城工紧要中择尤急者，动项先行修葺，余议次第兴举。从之。”[①] 如此一来，本已列入以工代赈项目计划的一些城工，因工程急迫、以工代赈遥遥无期而改为正常修筑。同时能看出，受中央或地方财政状况的制约有的备案项目难以尽快启动，或者根本无法启动。

这种状况随着乾隆中期财政状况的好转而发生了大逆转，中央改变了抑制“繁兴糜费”的政策，在全国开展修城运动。乾隆三十年，户部议奏，各省修理城垣所需经费停止劝捐，但直隶、山东、陕西、浙江、广西、山西等省修筑城垣，还需要银531万余两才能竣工，户部让这些省在“偶遇水旱不齐之年，该督抚照以工代赈之意，酌量奏请办理”。乾隆认为“所议停止劝捐之处颇合朕意”，但各省需要修理的城工较多，“若俟该省水旱不齐之年，再行奏请以工代赈，未免旷日持久，完工无期”，到那时，已经出现坍塌的城垣愈难修整。[②] 把这些城工列为不知何年何月才能动工的以工代赈项目，不仅有碍地方城镇观瞻及安全，而且使其坍塌日益严重，加之物料价格的涨落，也使其先前的预算不尽准确，还需要重新再做。[③] 乾隆认为，各省修城工所缺银不过500余万两，“现在军需已罢，各省多报有收，正府库充盈之际，而朕所念者，库

① 《清实录》第12册，第66～67页。

② 《清实录》第18册，第232页。

③ 海宁：《晋政辑要》卷8。

中所存者多，则外间所用者少，即当动拨官帑俾得流通，而城工亦借以整齐……著该部按照各该省需用银数多寡，每年酌拨银一百万两，统计五年，而各省城工遂可一律告竣”。[①] 户部据此谕旨将各省城工分别先后缓急予以办理。[②] 是年十二月，乾隆借方观承节省经费筹办城工一事，进一步阐发在国家财力充裕情况下“以工赡民”的思想，并令户部以5年为期，每年拨银100万两给直隶等省修葺城垣，[③] 充分显示出乾隆帝“财大气粗”之状态，以及清廷抑制“繁兴糜费”政策的大逆转。

方观承奏筹办城工一折，内称界连驿路之怀安等县土城，现在勘估改建砖城，其余偏僻小邑仍就土城黏补修葺，工费较省等语。所奏尚未悉办理城工之本意。前因各省应修城垣费繁工巨，特发库帑五百万两分拨各省一律兴修，只期于卫民有益，虽多费亦所不较。况频岁年谷顺成，库藏极为充裕。因思天下之财止有此数，库中所积者多，则民间所存者少。用是动拨官帑，俾得流通，而城工亦赖以完整。此朕本意也。且国家一应工作，料物皆按值购办，食用亦计日给资，闾阎不但无力役之烦，而无业穷民并得借力作以糊口，实寓以工赡民之意，是一举而数善咸备，更无庸较量工费，意存节省。至土城改建砖城，虽现在为费略多，其实壮观瞻而资巩固，且省不时修葺之劳，视土城尤为经久。即出于原估五百余万两之外，正亦何妨？朕惟期有益于民，岂计所费之多寡乎。但承办之地方官能实用实销，不致浮开糜费，则工程自然坚固。而夫役工料等事皆实发价值，丝毫不科派里下，庶于民生实有利赖。前已降旨：令各督抚遴委大员分办经理，以专责成。如各省或有土城应改建砖城者，并著一体确估核奏。该督抚等务饬督办各员实心查察，设致不肖有司冒销侵蚀，草率了事，及借端扰累者，若经发觉，则该督抚不得辞重咎。著将此通行传谕知之。[④]

① 《清实录》第18册，第232页。

② 海宁：《晋政辑要》卷8。

③ 《清实录》第18册，第232页。

④ 《清实录》第18册，第261～262页。

清代以工代赈项目的备案工作尽管是由省级政府主持的，但其启动必须获得中央的批准，即以“地方申请—中央批准—地方办理”为运作流程，从而导致了地方政府在备案启动中处于被动地位。清代以工代赈项目的备案主要是针对官修工程所开展的，因此政府在其中处于绝对的主导地位，民间力量的参与度十分低，大量社会资源闲置，导致备案项目启动受到政府财政政策及其财政状况的影响很大。

此外，以工代赈备案项目的启动还受到地方政府执行力的影响。以工代赈工程与一般工程最大的区别在于其承载着赈灾济贫的职能，因此那些出于赈灾目的设计的以工代赈项目一定要在灾年及时兴工，不然就失去了赈灾济荒的本意。乾隆二十四年秋季安徽遭灾后，获中央批准按以工代赈方式修筑潜山、太湖二县城工，却拖延至乾隆二十六年才开始请帑兴工。此时，灾荒已过，不能产生赈济效果，巡抚就请求取消该代赈项目。他称：“以工代赈原为接济饥民，兼完工作之意。今时移事过，岁获丰登，借代赈之虚名，轻动十余万之帑项，殊非慎重钱粮之道。臣愚以为此等代赈之工，应请停止。潜山、太湖二县城垣，另行勘估妥办。”工部核议后认为，“若不将代赈之工及时兴举，迨时移事过，始行请帑兴修，殊非以工代赈之本意”，于是，令安徽巡抚将潜山、太湖二县城工不及时兴工接济饥民的原因据实查参，并令将该二县城垣原估银二十二万二千余两“另行确查办理，报部查核”。同时，工部再次强调乾隆二年上谕中有关及时兴办城工进行以工代赈的相关规定：“原令各省预为估计造报，以便按籍而稽，速为办理，不致迟滞。如遇水旱灾伤应行代赈之时，当于加赈案内附疏题明，照例兴举。或因事在至急，具折奏明亦无不可。总宜及时兴工，使灾黎得以力作谋食，弗稍迟误为要。”①

结　语

清代以工代赈备案制肇端于康熙后期，正式出台于乾隆初年。受实

① 姚碧：《荒政辑要》，李文海、夏明方主编《中国荒政全书》第 2 辑，第 1 卷，第 813 ~ 814 页。

践效果及国家财政能力、财政政策的影响，其内容在乾隆年间进行了多次调适，最终成为指导以工代赈实践的一项重要制度，也成为清代救荒制度化及其社会治理水平提高的重要表现。其本质属于政府对灾害的一种应对机制，是政府进行灾后社会治理的一项重要手段，也是政府行政能力的一种反映。清代以工代赈备案项目主要是由省级政府基于灾害后果针对官修工程设计的，因此政府在其中处于绝对的主导地位，民间力量的参与度十分低。其功能更多侧重于宏观的指导，较少微观层面的实际指导。备案项目的启动是一个从“文本格式”变为“程序格式”的过程，这个过程深受是否成灾、工程缓急、国家财政状况及其行政能力等条件的限制，有的以工代赈备案项目会因启动条件的制约而沦为摆设。清代以工代赈备案工作尽管是由省级政府主持的，但其启动必须得到中央的批准，即以“地方申请—中央批准—地方办理”为运作流程，从而导致了地方政府在备案项目启动中处于被动地位。但是灾害发生后地方政府还可以根据实际情况对其进行优化与完善，使备案项目更加可行。

清末直隶鼠疫救治中的中西医纷争及其应对（1910~1911）*

白丽萍**

摘　要　清末1910~1911年的东北鼠疫是近代以来极为严重的一次疫灾，在疫情的救治过程中，西医影响力借以大增，中医第一次遭受到前所未有的整体信任危机。本文通过对东北鼠疫蔓延所引发的直隶鼠疫救治过程的考察，认为：不同于东北鼠疫的救治过程，直隶地方政府通过防疫组织的主导性、强调中西防救医术的互补性、防治过程中的中西合作等，主导疫灾救治事务，并通过强调中医传统优势来抗衡西医的有效性，着力营造中西医“平等而又相异”的格局。这反映出当时在西方“进步”知识和强权威胁下，地方政府和社会以“传统”和“国家在场”应对的复杂心理和民族姿态，也是近代卫生防疫机制建立过程复杂性的体现。

关键词　直隶鼠疫　中西医纷争　清末

近代以来，西方医学知识在中国的传播往往和强权裹挟在一起。从现代化的视角，学者多将其视为“进步”的表现，认为是卫生现代化的体现。然而，由此引起的西医和传统中医的碰撞、冲突必然会对中国社会造成不小的冲击，给地方应对带来新的挑战。这是一个漫长曲折而又痛苦的过程。本文试从救灾的角度解析这一问题。

---

* 本文得到“中央高校基本科研业务费专项资金”资助。

** 白丽萍，中国政法大学马克思主义学院教授。

疫灾是由动物引发的灾害的一种特殊表现形式。近些年来，对清代疫灾的研究日益受到重视。就疫灾的发生频率而言，有学者依据史料统计，认为清代几乎“无年不疫”，[①] 这样就将疫灾提到了和传统社会“无年不灾”的水旱灾害相提并论的高度。就疫灾与社会的研究而言，国内较早从事此项研究的有余新忠、曹树基、李玉尚等学者。余新忠《清代江南的瘟疫与社会——一项医疗社会史的研究》一书，以清代江南的瘟疫为研究对象，质疑20世纪90年代十分流行的“国家－社会”二元对立的理论在中国本土的适用性，认为历史上的中国国家和社会是一种既冲突又合作的博弈关系。[②] 此后，他在此领域持续深耕，由疫灾及其防治出发，进而探讨了清代卫生防疫机制的建立及其近代演变。[③] 同时，由他主编的《清以来的疾病、医疗和卫生——以社会文化史为视角的探索》论文集，设有“中西交汇下的医生与医疗”专题，其中，路彩霞的《中医存废问题第一次大论争——清末天津中医与〈大公报〉笔战事件考察》一文专门讨论了东北鼠疫救治所引发的中医存废危机。[④] 曹树基、李玉尚等学者亦研究过近代以来的鼠疫与社会问题，其研究时限延伸至20世纪50年代，他们以鼠疫为切入点，形成了近代社会变迁的本质是“生态变迁”这一富有新意的观点和认识。[⑤] 李玉尚还

---

① 李孜沫：《清代疫灾流行的环境机理研究》，博士学位论文，华中师范大学，2018，绪论，第1页。

② 余新忠：《清代江南的瘟疫与社会——一项医疗社会史的研究》，中国人民大学出版社，2003，第349～351页。

③ 余新忠：《清代卫生防疫机制及其近代演变》，北京师范大学出版社，2016。

④ 余新忠主编《清以来的疾病、医疗和卫生——以社会文化史为视角的探索》，生活·读书·新知三联书店，2009，第216～233页。

⑤ 曹树基：《鼠疫流行与华北社会的变迁（1580～1644年）》，《历史研究》1997年第1期；曹树基：《1894年鼠疫大流行中的广州、香港和上海》，《上海交通大学学报》（哲学社会科学版）2005年第4期；曹树基：《人鼠大战：1950年代的内蒙古草原——以哲里木盟为中心》，近代中国的城市·乡村·民间文化——首届中国近代社会史国际学术研讨会论文，青岛，2005；李玉尚：《和平时期的鼠疫流行与人口死亡——以近代广东、福建为例》，《史学月刊》2003年第9期；曹树基、李玉尚：《历史时期中国的鼠疫自然疫源地——兼论传统时代的“天人合一”观》，中国农业历史学会编《中国经济史上的天人关系学术讨论会论文集》，1999；曹树基、李玉尚：《鼠疫：战争与和平——中国的环境与社会变迁（1230～1960年）》，山东画报出版社，2006。

专门探讨了近代鼠疫的应对机制。[①] 美、日学者的研究则主要关注鼠疫及卫生制度化和近代社会变迁问题。[②]

毋庸讳言，不同于以水旱救助为主的传统国家荒政体系，亦不同于清代江南瘟疫的应对模式，清末以东北鼠疫为代表的疫灾救治事务溢出了国内事务的范畴，西方列强的干预和西医的介入在一定程度上“塑造”了救灾形式，深刻地改变了疫灾救治的旧有格局，使其呈现“国际化”的新特点。这正如王立新所言，中医的萎缩和西医的输入是另一个跨国力量塑造中国的故事。[③]

本文无意于探讨由鼠疫救治而引发的近代卫生防疫机制的制度转型，以及中医存废问题，而是聚焦于如下方面：在针对这次东北鼠疫及其蔓延的防救过程中，清政府既需要向国内民众负责，又需要向西方各国有所交代；在东北，清政府受制于“主权”问题，受俄、日、美等国牵制，难以完全主导救灾过程，加之西医防治手段的有效性，西医地位借此大彰；[④] 相比之下，尽管西方列强通过各种方式不断施压，但清中央和地方政府面临的主要问题仍然是如何处理中医和西医之间的关系。借此可以考察，在近代以来西方医学知识传播和中外主权冲突互为纠缠的大背景下，清末政府和社会对中西医关系的认知程度以及应对措施。

与对东北鼠疫的研究热度相比，[⑤] 目前尚无一篇专门讨论直隶鼠疫

---

① 李玉尚：《近代中国的鼠疫应对机制——以云南、广东和福建为例》，《历史研究》2002年第1期。

② 班凯乐：《十九世纪中国的鼠疫》，朱慧颖译，中国人民大学出版社，2015；饭岛涉：《鼠疫与近代中国：卫生的制度化和社会变迁》，朴彦、余新忠、姜滨译，社会科学文献出版社，2019。

③ 王立新：《民国史研究如何从全球史和跨国史方法中受益》，《社会科学战线》2019年第3期。

④ 王学良：《1910年东北发生鼠疫时中美与日俄间的政治斗争》，《社会科学战线》1992年第3期；胡成：《东北地区肺鼠疫蔓延期间的主权之争（1910.11—1911.4）》，常建华主编《中国社会历史评论》第9卷，天津古籍出版社，2008，第214～232页；等等。另，上海报登载有日本在东北鼠疫发生后不肯早断铁路交通、山东发生疫情后要求合办防疫等举动，见李文海、夏明方、朱浒主编《中国荒政书集成》第12册，天津古籍出版社，2010，第8163页。

⑤ 截至2018年底，中国知网以“东北鼠疫”为篇名的期刊论文、学位论文计49篇，另有专著1部（焦润明：《清末东北三省鼠疫灾难及防疫措施》，北京师范大学出版社，2011）。

的期刊论文。学位论文方面可见一篇，2012 年，河北师范大学尤敬民的硕士学位论文《1911 年直隶鼠疫防治研究——以媒体的相关报道为中心》，从政府、民间、各使馆及租界三个方面分析了不同主体对直隶鼠疫的不同反应，论文最后一部分着重分析了报刊媒体对鼠疫的报道，探讨其在救治鼠疫中的作用。其中，也涉及天津中医与《大公报》之间的中西医之争的论战。① 因研究视角的原因，此论文并未对直隶鼠疫救治过程中的中西医之争展开进一步的专门研究。本文以当时主持鼠疫救治的保定知府延龄事后编写的《直隶省城办理临时防疫纪实》为主要资料，意欲对相关问题予以探讨。② 不当之处，敬请方家祈正。

一

1910～1911 年的直隶鼠疫主要是因在东三省暴发的鼠疫中受到感染的劳工回乡过年和避灾所致，疫情最早出现于宣统二年（1910）十二月中旬。总体来看，该次鼠疫的出现和蔓延主要发生在各州县乡村之中，省城保定由于检查和隔离及时得以保全，未出现大面积疫情。

在各乡村中，此次疫情大致可以分为三个阶段。（1）零星出现期（宣统二年十二月至宣统三年一月）。发源自东北的严重鼠疫自宣统二年九月出现以来，影响甚巨，由于朝廷直到十二月二十一日才以宣统皇帝名义发布上谕，彻底停止从东北开往京津的火车，③ 故疫情轻易地往关内蔓延，天津、直隶、山东等地陆续出现感染人群，甚至南方的上海、福建等地亦声称受到威胁。据载，大约在宣统二年十二月中旬，保定府满城县汤村张姓农工自长春染病回村，一星期内，全家 14 口人相继而死。这是最早发现的死亡病例。直隶鼠疫由此暴发。④（2）快速传

① 尤敬民：《1911 年直隶鼠疫防治研究——以媒体的相关报道为中心》，硕士学位论文，河北师范大学，2012。

② 李文海、夏明方、朱浒主编《中国荒政书集成》第 12 册，第 8013～8029 页。

③ 《大清宣统政纪实录》（3），台北，华文书局，1968，第 822 页。

④ 李文海、夏明方、朱浒主编《中国荒政书集成》第 12 册，第 8019～8020 页。

染期（宣统三年一月至二月）。由于人员走动、省内未及时隔断交通，疫情在省城附近的博野、束鹿、深州、武邑、定州、宁津等州县快速蔓延，造成大量民众染病或病亡。据直隶临时防疫局正月二十七日的报告，鼠疫"甚有燎原之势"，染疫村落不断出现，这使对未患疫地方断绝交通一事变得异常严峻。（3）控制好转期（宣统三年二月至三月）。在采取疫区消毒、病人隔离及住院治疗、分散服药、阻断交通、加强检查、清洁卫生等诸种措施之后，疫情逐步得到控制，情况得以好转。至三月中旬，疫情基本平息。三月十四日，直隶总督陈夔龙上奏直隶鼠疫已完全扑灭。[①] 次日，直隶临时防疫局在完成了使命后予以裁撤，不再提供逐日疫情报告，其人员和财产归并到新成立的卫生医院。

对此次直隶鼠疫的大致经过，直隶临时防疫局有逐日报告记录，时间从宣统二年十二月二十八日至宣统三年三月十五日该局裁撤日为止，历时 78 天。鼠疫影响波及 16 州县 113 个村庄，伤亡人数达 1093 口。[②]

二

清末暴发的这次严重鼠疫疫情不可避免地成了西方列强滋生事端的借口。宣统三年二月，民政部在向各国公使的声明中，针对东南各省出现的"鼠疫颇盛"谣言驳斥道，除了天津、山东烟台及少数地方外，其他地方均"安谧如常，并无鼠疫"，要求各处领事"不得借口鼠疫再生意外之要求"。[③] 显然，在中央政府看来，与其他地方相比，直隶鼠疫疫情谈不上有多么严重。不过，在居住于直隶尤其是省城保定的西方人看来却并非如此，直隶鼠疫从暴发、防疫、救治到善后各环节皆有西方势力以不同形式介入其中。对保定知府延龄而言，防疫事务需对上不

① 戴逸、李文海主编《清通鉴》第 20 册，山西人民出版社，1999，卷 268，第 9068 页。
② 李文海、夏明方、朱浒主编《中国荒政书集成》第 12 册，第 8129 页。
③ 《京师防疫纪》，《申报》1911 年 2 月 22 日，第 5 版。

负“圣主之仁”，对外需消除“友邦之诮”，不能不高度重视和谨慎处理。首先对直隶发生鼠疫做出反应的是日本。延龄在事后编纂的纪实中，开篇“往来函电”第一条即提及此事，称，宣统二年十二月二十四日，北京民政部发来电报，日本外使致电，“风闻保府鼠疫流行，该国旅保教习人等已共筹防疫事宜”。不能说直隶和保定府地方官在此之前对防疫一事毫无准备，但日本外使的电报明显促使地方官加快了防疫的动作。延龄称，接民政部电报后，“迅速布置”，请西医配置消毒药水，并将办理情形“随时电禀”。①

宣统三年正月十九日，外务部转英使函称，冀州境内王家庄、李家庄，深州境内柒两村均已染疫，要求严行查禁，阻止该两州工人前往京城，以免疫情扩散。② 后据冀州、深州知县查复，冀州两庄并无疫患，深州更无柒两村之名。③ 二十三日，英使又称，河间、博野、定州等地疫毙多人，保定学校开学在即，学生难免有由疫区而来者，万一流行京城，“实属可虑”。保定知府延龄以暂缓开学一个月予以回复。④

宣统三年二月二十四日，直隶、天津一带疫病渐平，外务部交涉司安排英国医生幕大夫前往各处检查。经过其实地调查，方“取信外人”，宣告疫情结束。⑤

在种种外来压力之下，延龄和直隶临时防疫局采取了一系列应对措施，尽量在消解西方怀疑和调和中西医纷争、有效救治疫情之间保持平衡。

（一）成立防疫组织

该次东北鼠疫被称为前所未见之“第一剧烈菌毒”，死亡率高，西医亦无法根治，仅能配药消毒，防止进一步传染，中医对此更是应对

① 李文海、夏明方、朱浒主编《中国荒政书集成》第12册，第8019页。
② 李文海、夏明方、朱浒主编《中国荒政书集成》第12册，第8022页。
③ 李文海、夏明方、朱浒主编《中国荒政书集成》第12册，第8027页。
④ 李文海、夏明方、朱浒主编《中国荒政书集成》第12册，第8023页。
⑤ 李文海、夏明方、朱浒主编《中国荒政书集成》第12册，第8034页。

乏力。面对这种困境，主持办理保定及深、冀、定、直、南一带防疫事务的延龄从一开始即秉承“防疫为地方官责任，未便联合外人”的立场，[①] 尽力将西医、西方力量控制在一定范围内，一方面利用西方的医术和人员参与防疫，另一方面坚持由地方官主导疫灾防治的全局性事务。

宣统二年十二月七日，针对此次疫情，清廷下令成立直隶省城临时防疫会，由知府延龄亲任会长。宣统三年正月十五日，仿照京师做法，直隶省城临时防疫会改名为直隶省城临时防疫局，仍由延龄任局长，工训总局局长崔廷魁任副局长。由防疫局订立防疫章程，并每日向京师上报疫情及防治事项（实际自十二月二十八日起即逐日报告）。[②]

在直隶省城临时防疫局医务人员的配备上，延聘中西医官 18 人，除美国长老会驻保定府医院医生陆长乐、狄丽外，其余 16 人均为中国人，且多为中医，中国人以及中医在人数上占据优势。其中，包括京师协和医学堂、山东共和医学堂、南洋医学堂、山东妇婴医院毕业或肄业医生王九德、郑诚、张毓芝等 5 人，陆军第二镇医官张蕴忠、崔凤鸣 2 人，山东文会大学堂毕业陆军小学堂教习 1 人，中医堂有郭敦埙、丁传诗等 8 人，人数最多。[③] 防疫局下设有病院，请绅董一人管理，配备有医护人员，计西医 1 人，中医 2 人，看护士 2 人。[④]

在直隶鼠疫防治中，防疫局两名军医张蕴忠、崔凤鸣于满城疫灾初起、省城保定尚未发生疫情时已较早介入救治，美国西医随后加入。整体防治步骤和思路，以西医和中医合作为主。中西医官的分工情况是：中西医官至疫区检查消毒，中医官则负责疫区协作救治和病院病人治疗。

直隶省城临时防疫局以保定省城为主要区域，附近府州县如发生疫情，由该局派出医生前往处理。

① 李文海、夏明方、朱浒主编《中国荒政书集成》第 12 册，第 8019 页。
② 李文海、夏明方、朱浒主编《中国荒政书集成》第 12 册，第 8034 页。
③ 李文海、夏明方、朱浒主编《中国荒政书集成》第 12 册，第 8016 页。
④ 李文海、夏明方、朱浒主编《中国荒政书集成》第 12 册，第 8076～8077 页。

（二）中西医防救技术的互补

有关中医防治东北鼠疫的有限性和西医的有效性，《大公报》曾组织了一次论战，这不啻是近代以来第一次中医存废之争。学者认为，这一论争是清末庸医问题“严重化”的产物。清末十年，中医与西医的地位悄然发生变化，“迩来西医日盛，中医日衰”，[①] 中医权威地位已渐渐动摇。此次主要争议之处在于，批评中医的观点认为，中医凭着几本陈旧的医书“勉强附会”是不行的，这“可不是撞运气的事”；支持中医的人则坚持中医和西医有本质区别，很难判定高下，“西医和中医，学术不同，疗法不同，而药品又不同，强不同者而使之同一趋向，此必无之事也”。[②]

围绕东北引发的鼠疫，中医和西医的表现究竟如何？西方医生显然认为西医应对疫病更为科学，中医“在外科方面，几乎是完全不足的。更严重的是，对于现代公共卫生事业来说，它们缺乏病源理论，因而没有与流行病斗争的有效手段”。[③] 对于此话，近人显然不能全盘认同。如王照曾言，中国医术已基本接近西方医术，“医学则中国内科经验年久，别有专长，吾姑不论。而汉末华元化之割剖术，明末傅青主之洞视肺腑，皆发明在欧人之先，而能与近世西洋医术逼近，此亦文学中人未能作祟之故也”。[④]

虽然争论最终不了了之，但具体到直隶鼠疫防治中，后一种观点显然占了上风。这一点从直隶省城临时防疫局于宣统三年正月所拟的《防疫办法撮要》中可以窥见。这份办法前半部分简要列明几条防疫应办事项，后半部分则罗列了鼠疫发生原因、捕鼠办法、检疫标准、治疫

① 《研究志闻》，《大公报》（天津）1909年1月16日，第1张，转引自路彩霞《中医存废问题第一次大论争——清末天津中医与〈大公报〉笔战事件考察》，余新忠主编《清以来的疾病、医疗和卫生——以社会文化史为视角的探索》，第216～217页。

② 局外人：《对于〈大公报〉中医全体及丁子良之忠告》，《大公报》（天津）1909年1月30日，“代论”，第1张。

③ 布莱克编《比较现代化》，杨豫、陈祖洲译，上海译文出版社，1996，第331页，转引自胡勇《清末瘟疫与民众心态》，《史学月刊》2003年第10期。

④ 转引自胡勇《清末瘟疫与民众心态》，《史学月刊》2003年第10期。

方药等四项内容。该办法首先提到起草和公布的缘由，称事起于日本野口医生的一封函件，认为鼠疫病毒可能于二、三月间天气转暖后集中暴发，建议成立捕鼠队消灭老鼠以做应对。直隶省城临时防疫局组织各位中西医官集中讨论后，分四点议定防范救治之法。

（1）对鼠疫暴发原因的分析。基本思路是将中西医放在平等地位上，讨论其各自诊断疫病的利与弊。总体看法为：中医论病多主气化，其弊在于捕风捉影；西医论病多主实验，其弊在于刻舟求剑。在疫病起源的问题上，中医多言“气”，“气”乃病之“本”；西医多言“菌”，“菌”为病之“标”。而无论哪种病菌，都由湿、热、秽三气凝结而成，字里行间透露出，中医似更胜西医一筹。不仅如此，还将自东北暴发的鼠疫归咎于“人事”——日俄战事，显现对西方侵略的不满和控诉，认为战事中死亡人数过多，地中“尸秽之气潜伏”，遇天气太暖，“不能藏闭而毒发也”。应该说，此种认识有一定道理，正如文中所提及，义和团运动平息后，因大批人口死亡，华北地区随后即发生了大疫。

（2）捕鼠方法。防疫局医生否定了日本医生提出的官设“捕鼠队”提议，认为其有惊扰民众、不宜白日操作等问题，改为由官府自南方（闽广多发鼠疫）购买捕鼠器，于患疫各村每家分发一个，并配给铜元二三枚，由民户自行捕捉老鼠。

（3）检疫标准。为防各处医生误认病情，列明五条标准帮助甄别鼠疫症状，包括发热头晕、恶寒、胸腹胀痛、咳痰有血或发黑、身上起斑点等，尤其后面两点为主要症状。若符合以上三四项者，即为鼠疫，立即送入医院隔离治疗。

（4）治疗方法。强调西医擅长防卫之法，但少救治之方；中医有治疗喉疫、霍乱等烈性传染病之经验，有一定救治效果，“能救其半”。该次鼠疫虽烈度更强，但按法用药，必然有生还者。接着，将疫病按发展程度分为三个阶段，分别写明不同病情表现、治疗原理及具体药方。办法中声明，按中医理论，正如《黄帝内经》所云，“不通则痛”，既然疫病由“气”不通所致，则所用药方尽管千头万绪，但不外乎“开通关窍”。因此，用中药材如皂角、生军、犀角、大青、当归、红花等活血化瘀、解毒清热之药，再配合刮、放、焠、嚼四种手法，则“关窍通，恶厉除”，疫病亦可有治。①

除了组织局内中西医研究鼠疫应对之法外，防疫局还印发了曾多次发生鼠疫的广州的民间书塾所汇辑的古中医药方，希望予以借鉴，供各处参照应用。该方名为“恶核良方告白”，其中所推荐的“恶核良方”来自王勋臣《医林改错》一书，是书中详细记录了道光元年（1821）的南方瘟疫及治瘟药方。光绪十七年（1891），广州再发瘟疫，时人罗芝园编纂《鼠疫汇编》，录入此方。后来，肇庆人黎咏陔承继之，又编《良方释疑》，阐明此方之功用。据称，罗芝园“屡试之，屡获效”，相信这一药方者人数愈众，“而借此以存活者又益多”。广州城自光绪二十年至光绪三十年的10年间，“历试不爽也”。此方主要有北桃仁、川红花、连翘、当归等10味药，从其另一名称“解毒活血汤”即可察其功效。同时，该告示还谈到有服用此药方不见效者，主要是药量和用法不当，并非药方无效之故，或者“以轻剂治重病”，或者“以缓服治急病”。为解决此难题，特意附上了根据不同病人、不同症状对药方或加或减药量之法，另有敷贴之方，可谓十分周到。

具体操作中，防疫局还采纳西方各国和西医建议，检查消毒，“凡有因疫身死者，将其房屋洒以药水，熏以硫磺，粘贴封条，锁固七日”，其常用衣物估算给价后全部烧掉。并有隔离病患家人及接触之人，令其另择居所留住七日，方准回家，以及遮断交通、有条件的入院救治等规定。② 公共场所如街道、公厕、客店要及时清扫，用石灰消毒。疫区则中西医携带消毒药水、硫黄以随时使用。

另外，以西医人员有限且药物不足为由，将中医所制之药通关散数百瓶，分别发放。③ 宣统三年正月，直隶总督陈夔龙下令，代理东光知县张征乾的“救疫丹”医方在该县施行有效，各处地方官需酌量配制，

① 李文海、夏明方、朱浒主编《中国荒政书集成》第12册，第8081～8083、8086页。

② 李文海、夏明方、朱浒主编《中国荒政书集成》第12册，第8044页。

③ 李文海、夏明方、朱浒主编《中国荒政书集成》第12册，第8024～8025页。

对症施送，以备不虞。[①] 并且强调，防疫一事，事务至繁，非由官绅合力维持，不足以收实效。[②]

同时，东北鼠疫中，中医防疫的经验对直隶的防疫事宜也有着直接的借鉴作用。吉长路局报称，该局医生周开丰等用中药医治鼠疫，颇见成效，该局染疫人员四五十名先后被医治痊愈。为此，该路局特将药方刊布，名为“百斯脱症”方，印成2000张咨送直隶总督，请分发各疫区州县广为传布，治疗病患。[③]

上述东光县令张征乾、吉长路局周开丰医生、直隶省城临时防疫局中西医所开药方以及直隶省城临时防疫局印发广州西关怡怡书塾所辑疫病良方等使用的中药材均有活血化瘀、解毒清热、凉血利咽等功效，就现代医学而言，这当然很难抵御病菌传染，但确实使其中可能误判为鼠疫的病例有治愈的可能性。

（三）针对民众落后观念的防疫宣传

面对清末这次前所未见的烈性传染病疫情，民众的心态经历了一系列变化：首先是恐惧，这种恐惧是眼见疫病带来的死亡人数逐步增加而产生和加剧的，再由恐惧而迷信，再因迷信而抗拒来自西方的防疫手段，直至最后疫病被扑灭，逐步接受现代卫生理念，更新过去的陈旧观念。[④]

由于此次疫情中采取的各种中西防检方法均前所未有，因此，防疫尺度的拿捏较为困难。过于严格，百姓易启埋怨；过于宽松，又招致西方列强之批评。[⑤] 宣统三年正月二十三日，保定工巡局探防队黄殿金声称有病，一小时后猝死。经中医检验是虚脱而亡。然而，西医狄丽诊断是疑似鼠疫，并立即命令照疫死情况，用油布裹尸，房屋内撒石灰消毒。其妻

---

① 李文海、夏明方、朱浒主编《中国荒政书集成》第12册，第8038页。

② 李文海、夏明方、朱浒主编《中国荒政书集成》第12册，第8045页。

③ 李文海、夏明方、朱浒主编《中国荒政书集成》第12册，第8046页。

④ 胡勇：《清末瘟疫与民众心态》，《史学月刊》2003年第10期。

⑤ 李文海、夏明方、朱浒主编《中国荒政书集成》第12册，第8051页。

哭骂不允，最终仍按西医法收敛，并将接触之七人留院观察三日。[①]

对民众诸如此类的表现，保定知府延龄等地方官并非谴责，而是规劝。在这样的思路下，直隶省城临时防疫局想方设法加强防疫宣传。例如，在保定火车站张贴防疫布告，引用《民兴报》所载的劝告民众防疫的白话文《二不可》，对民众信服中医、不信西医的做法表示理解，但强调此次疫病非一般“头痛脑热”可比，须得请西医防治且非隔离不可。[②] 防疫局还印制传单，广为散发，宣传西医的隔离之法。

民间组织天津绅商公立临时防疫会也数次印发传单，以使民众了解此次鼠疫的凶险。民众认为，病人一旦发病，送到医院去治很可能也会死，倒不如死在家里更为安心。对于这种传统观念，传单上明确讲到，这样做会导致家人、邻居连带死亡的严重后果。为了防止疫病扩散，规劝大家改掉不讲卫生的旧习惯，做到勤换衣、勤打扫屋子、每天洗澡、每天刷牙，还劝告大家去卫生局打防疫针。在城市里的人，则规劝其不要去戏馆、茶馆等公共场所，避免交叉感染。

（四）对中西医生携手救治疫病行为的肯定

经过近80天的防治工作，直隶鼠疫终于被扑灭。延龄对防治过程中出力甚多的中西医生、各界人士予以高度评价，称他们为热心之“中西诸君子”，疫情的平息则是中西人士通力合作之结果。他提交的报告中描述，宣统三年正月末，各处疫情施虐，形势紧急，防疫局之总管医生陆长乐、军医张蕴忠二人夜晚制药，白天出诊，早出晚归，自到防疫局半个月以来，始终不懈，辛苦异常。张大夫本为中国人，这是其应尽之义务。陆医生是美国人，能如此之“忠心耿耿”，“实令人感慨”。[③] 在这里，能看到他被陆医生的人道主义精神感动，但尽力淡化其背后西方医学知识的优越性。

---

① 李文海、夏明方、朱浒主编《中国荒政书集成》第12册，第8025页。

② 李文海、夏明方、朱浒主编《中国荒政书集成》第12册，第8069～8070页。

③ 李文海、夏明方、朱浒主编《中国荒政书集成》第12册，第8104页。

结　语

清末东北鼠疫的暴发及其蔓延无疑加重了各种自然灾害的侵袭后果，并进一步加深了当时的政治和社会危机。《大公报》曾痛切言之，“江皖水灾未已，而湘鄂又肇水灾矣。湘鄂水灾未已，而苏浙又肇水灾矣。苏浙水灾未已，而畿辅又肇水灾矣，何今年之多水也？满洲鼠疫未已，而直隶又患鼠疫矣。直隶鼠疫未已，而山东又患鼠疫矣。山东鼠疫未已，而上海又患鼠疫矣，何今年之多疫也？吾民不死于水，即死于疫，岂天之欲绝吾民，使之不留噍类耶？”[①] 客观地讲，宣统二年暴发的东北鼠疫不同于以往发生过的瘟疫，此次是肺鼠疫，属于烈性传染病，主要通过空气飞沫传染，中医采取的个体救治、施药等传统防疫方式，基本对此无用，故时有医患同亡的情况发生。时任东北总督锡良亦承认，“惟鼠疫为中国近世纪前所未有，一切防卫疗治之法，自当求诸西欧。但恃内国陈方，断难收效”。[②] 由此，中医的传统优势地位第一次遭遇整体挑战，借助和吸纳西医的力量成为无奈的选择。但是，当时中西医的纷争和主权、独立等政治诉求相互交织，不能不影响地方政府的立场和相应的救治安排。

在直隶鼠疫救治中，因主权独立以及东三省鼠疫防治的经验，地方官的心态更为自信从容。同时，因其靠近京城的特殊性，直隶防疫比东北又有着更大的紧迫性和重要性，地方官独立自主办理防疫事务的诉求更为强烈，对救治中围绕中西医纷争的处理也更为有力。正如前述，鼠疫发生后，主持防救事务的保定知府延龄在坚持独立防疫的立场之下，极力将中医纳入救治过程中，以期和西医形成分工协作的格局。在防治组织方面，成立直隶省城临时防疫局作为救灾机构，吸纳西人（美国医生）加入，但必须由地方官主导；在防治医术上，认为西医善于预

① 《大公报》（天津版），1911 年 9 月 10 日，第 2 张。

② 李文海、夏明方、朱浒主编《中国荒政书集成》第 12 册，第 8139 页。

防，主要以消毒、隔离为手段，中医则长于救治，可以予人活命，二者处于相互弥补的平等地位；就防治结果而言，地方官称赞防治成功是“中西诸君子热心毅力”之故。同时，地方官在事后撰写的报告中，对地方社会不利于鼠疫防救的“落后”风俗更多的是抱一种理解态度，而非谴责。考虑到直隶的非商埠属性，这样的看法和做法可能更具有代表性，它反映了清末面对外来强势文明、“进步”知识以及强权威胁时，政府努力以“传统”和“国家在场”的方式勉力应对，维护民族自尊。

1906年丙午水害中的救济景观

黄峥峥*

摘　要　1906年发生在江苏省北部的水灾性质为内涝，影响水灾的河流径流存在人工调整，灾害的发酵过程存在由灾变成荒的演化过程。作为行政设施的施赈所是以救济为中心的权力关系的展开，标志着救济物资调用体系的形成。通过古地图分析，将收容设施的布局复原，指出其遵循集中布局、地形上的微高地、救济物资流通便利、接近军事力量等布局原则。另外，常设粮库义仓未能发挥应有的作用，政府在救济地区实施的粮食免厘政策对灾害救济有一定作用。

关键词　丙午水害　水灾救济　赈局　义仓

在灾害救济近代化的脉络中，清末十年作为承上启下的阶段不容忽视，其中尤以1906年的丙午水害及当时的大规模救济受到学界关注。堀地明利用记录光绪三十二年（1906）十一月前苏北地区的灾情及受灾百态的详细记录——《江北饥馑调查报告书》①，探讨了“官赈”和“义赈”，以及“义赈”和政府的关系。② 朱浒在确切勘定历史现场的基础上，阐明了“义赈”、“官赈”和“洋赈”的关系，凸显出这些关系

* 黄峥峥，京都大学博士研究生。

① 日本驻上海总领事馆南京分馆向日本外务大臣寄送的报告中的附带文章。文章内容是东亚同文会接受委托调查后制成。原件现存日本外务省外交史料馆。

② 堀地明「一九〇六年江北の水害・飢饉と救荒活動」『九州大學東洋史論集』33号、2005。

的流向及实质问题所在。在历史脉络中理解救济的实态，并结合政府高层间的权力关系变化，分析了保障救济资金的难点，明晰了救济过程中不同主体之间合作、竞争的关系。[①] 王丽娜充分利用地方各级官僚、中央政府和其他各界的电报，将救济对策和清政府的“禁烟运动”“货币系统与财政危机”相结合，考察了各级政府的应对情况。[②]

以上三位学者都指出了清末时期，中央政府和地方政府在社会不安定和财政困窘的情势下向大规模的难民开展救济行动并主导了救济行动的基本情况。但研究中，灾害从“灾”向“荒”、由点及面的发酵过程，以及政府救荒政策调整的动态过程受到了忽视，而厘清这两点是正确分析救济过程的基础。

本文在确认丙午水害受灾过程的基础上，从“景观”[③] 的视角对救济进行分析，试图阐明清末地方政府救济的空间配置（形态、分布及其演化）以及这样的配置如何影响了救济过程。

一 1906年丙午水害的气候条件和受灾情况

从江苏巡抚陈夔龙上报的晴雨状况以及粮价动向来看，四月至六月（5月23日至8月19日）出现了异常气象。闰四月、五月“雨水过多”,[④] 六月“连遭大雨田禾尽被淹没”,[⑤] 七月虽然没有异常天气，但低地的内涝问题仍然严重。[⑥] 这一动向在苏北地区洪泽湖和大运河

① 朱浒：《民胞物与：中国近代义赈（1876—1912）》，人民出版社，2012，第201～239页。

② 王丽娜：《光绪朝江皖丙午赈案研究》，博士学位论文，中国人民大学，2008。

③ 本文中的景观概念：第一，是在最宽泛意义上用空间分析对救灾过程进行研究；第二，是救灾作为人类活动的痕迹，从人文主义的景观角度进行研究，这是对救灾者的动机（主体性）进行解释；第三，是从景观复原的角度去研究灾害和救济。

④ 六月二日（7月22日）《闰四月份晴雨粮价情形》，《宫中档光绪朝奏折》第23辑，台北“故宫博物院”，1975，第338页；七月二日（8月21日）《五月份晴雨粮价情形》，《宫中档光绪朝奏折》第23辑，第451页。

⑤ 七月二十七日（9月15日）《六月份晴雨粮价情形》，《宫中档光绪朝奏折》第23辑，第520页。

⑥ 八月二十五日（10月12日）《七月份晴雨粮价情形》，《宫中档光绪朝奏折》第23辑，第573页。

（高邮处测量）的水位变化中也有所反映（见图 1、图 2）。大运河的水位从五月二十日到六月末持续上升，在六月十日到达警戒水位，并在六月底七月初达到“历史最高位”。洪泽湖的水位变化与大运河大体一致。

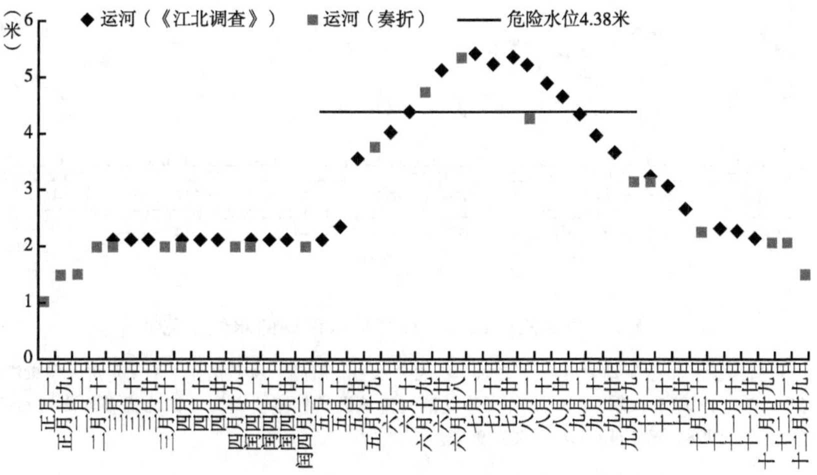

图 1　光绪三十二年（1906）大运河的水位变化

资料来源：根据堀地明「一九〇六年江北の水害・飢饉と救荒活動」（『九州大學東洋史論集』33 号、2005、174～210 頁），水利电力部水管司、水利水电科学研究院编《清代淮河流域洪涝档案史料》（江北提督刘永庆奏折，中华书局，1998，第 1048～1049 页）整理。

本文试着分析受灾地分布及其受灾程度。这里使用的资料是地方政府的救济方针确定之后，地方最高长官向皇帝报告各地歉收情况的公文。两江总督端方和江苏巡抚陈夔龙首先是依据受灾程度，按照重灾地区与次重灾地区分开报告。总体来看，受灾的 13 县均位于苏北地区（该地区有 3 府 15 县）。① 重灾地有 7 县，分布在淮河支流的盐河流域（涟水、海州、赣榆）、六塘河流域（沭阳和海州一部分）以及苏北的大运河沿岸（宿迁、睢宁、邳州）。其他受灾的 6 县位于废黄河流域（萧县、徐州、睢宁、淮安一部分），大运河沿岸（泗阳、淮阴、淮安

① 光绪三十二年十二月六日（1907 年 1 月 19 日）《奏请蠲缓灾属新旧钱粮》，《宫中档光绪朝奏折》第 24 辑，第 201 页。

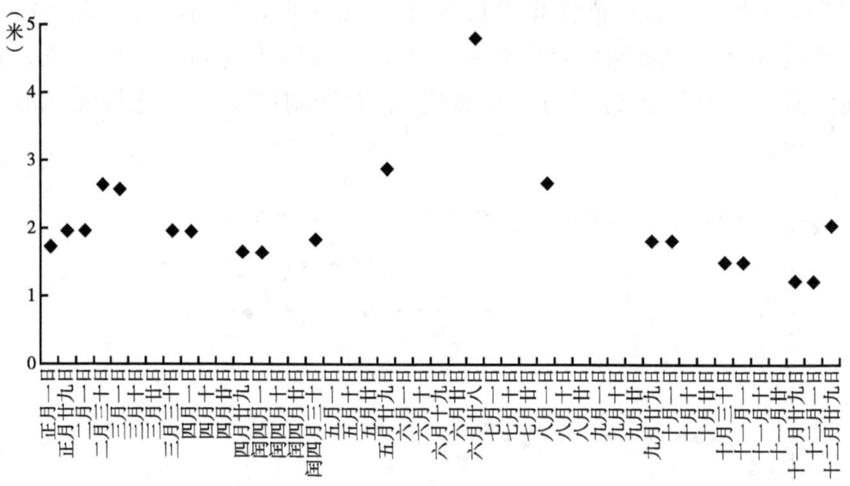

图2　光绪三十二年（1906）洪泽湖的水位变化

资料来源：根据堀地明「一九〇六年江北の水害・飢饉と救荒活動」（『九州大學東洋史論集』33号、2005、174～210頁）、《清代淮河流域洪涝档案史料》（江北提督刘永庆奏折，中华书局，1998，第1048～1049页）整理。

一部分）以及盐河流域（淮阴一部分）。同时，两江总督端方以及江苏巡抚陈夔龙对歉收状况也做了报告。① 苏北地区中“成灾八分”的海州是歉收最为严重的地区，但需要注意的是，州县内受灾情况并非均质，“成灾七分”以及“不成灾”的地区同时存在。另外，歉收“成灾五分、六分”的区域与“重灾区”“次重灾区”一致。同样需要注意的是，这13县内部同样有“不成灾”的地区。另外，在苏南地区有7县（上元、江宁、句容、溧水、高淳、江浦、六合）农作物虽“已垦成熟”但又因水灾歉收，这7县主要位于大运河里下河河段的南河口及以西的长江流域。而废黄河以南的淮河流域、废黄河下游的左岸以及徐州府位于废黄河流域的15县均为“不成灾”地区。被认定为丰收“稔”的仅有泰兴县一处。

考虑到受灾地区和“成灾五分”以上的歉收地区大体一致，受灾

① 光绪三十二年十二月六日（1907年1月19日）《奏请蠲缓灾属新旧钱粮》，《宫中档光绪朝奏折》第24辑，第201页。

程度可能是依据歉收调查的结果做出的判断。但从以上两种受灾指标可以形成两种推测。第一，受灾判断的实际指向。审视受灾的分布可以发现，从歉收状况来看，并不是只有苏北地区一处受灾，南京周边的宁属地区同样发生了水灾。但在端方的奏折中，仅有苏北地区的州县被认定为受灾地，将南京周边的歉收忽视了。结合之后的救济政策，受灾报告的对象确认很可能揭示救灾政策的重点，而并非反映实际的受灾情况。第二，灾害的性质。因为各州县内部的受灾情况是不平均的，对受灾的一个合理推测是水灾中低处的聚落及农作物受害较重，[①] 而对高处地区影响较小。从整体空间分布来看，受灾较重的地区多数位于废黄河以北的沂、沭、泗河流域，而处于淮河下游的废黄河右岸地区受灾相对较小。作为曾经黄河的泛道，重灾区受黄河泥沙淤积的影响而排水困难可能是受灾的诱因。再从水灾的过程来看，因溃坝导致洪水的情况并不明显。唯一提及的溃坝事件是六塘河及其里堰的“决口”问题，[②] 当时的官僚将其归为“水利不修”，并未想到这是人为破坏的结果，[③] 但实际上主因是安东（今涟水）的民众为了降低本地洪水风险，将北六塘河南侧的堤防与里堰破坏，以邻县沭阳为壑。[④] 此后，因此事产生纠纷，诉讼持续 4 年并在地方志中留下记录。[⑤]

歉收情况在整体上不高并不意味着 1906 年的饥馑不严重。到光绪

① 因为农作物受灾同样受到降水环境的影响，要从根本上确认灾害性质需要进一步在地方资料中核实。

② “北六塘河决口，水灌上滩，又扁担沟横堰冲决，下滩水灾亦重。”武同举：《淮系年表全编》第 3 册，民国刊本，1928，第 15 页。

③ “六塘河堤，最关紧要。察勘民人受害之烈，现在河堤缺口，清、安、沭、海境内共七处，其大者辄殃及数十里……每遇大水，辄被奇荒，困苦颠连，平日无告，固属天灾使然。究其原因，亦由堤防残缺，闸洞废圮，水利不修以致于此。”杨文鼎辑《江北赈务电报录》，李文海、夏明方、朱浒主编《中国荒政书集成》第 11 册，天津古籍出版社，2010，第 7810 页。

④ “光绪三十二年湖水暴至，上滩安人挖堤图淤，将北六塘南堤挖决四五处，凶罹灭顶，抢挖沭境横堰，以泄洪流，与安人构讼四年。督委道委暨海、安、沭三牧令会勘四次。”戴仁编纂《重修沭阳县志》卷 2《河渠志》，《中国地方志集成》本，第 52 页。

⑤ 两地之间历史上的水事纠纷，参考张崇旺《淮河流域水生态环境变迁与水事纠纷研究（1127～1949）》（下），天津古籍出版社，2015，第 392～393 页。

三十二年末，苏北三府的饥民大概在240万人以上，[①] 相当于地区总人口10000万人[②]中每40人就有1人苦于饥馑问题。但是在政府的急赈施行前，地方政府并未有合理的对策，受灾者（尤其是因为1905年的歉收自春天开始就缺少粮食的民众）遂选择向南方的大都市逃荒。[③]

关于受灾严重的原因，现有研究大多是引用两江总督端方报告中提及的三点。[④] 前两点指出排涝困难的原因是淤塞，与前述对水灾的属性判断是基本一致的。第三点将河水上涨的原因归结为"阴雨连绵"，只从降水的角度对涨水进行了分析，忽视了水灾发生过程中河流径流的人工调节是略有不足的。从洪泽湖与大运河的水位变化来看，涨水开始后三四个月维持着高水位，但二者几乎同时在到达顶点后短时间内急速下落，这一转变明显就是人工调节的结果。因此，对丙午苏北水灾的受灾分析，必须包括水利设施的操作情况，具体将在下节中叙述。

二　救济过程（光绪三十二年闰四月至光绪三十三年三月）

1. 灾害应对阶段（光绪三十二年闰四月至十月）

以十月大规模救济政策出台为界，可以将丙午水灾的救济过程分为灾害应对阶段以及紧急救济阶段。本节利用《清代军机处电报档汇编》收录的电报公文书，尝试厘清被已有研究忽视的闰四月至九月的灾害应

① "查被灾之海州等十三州县，原查灾民人数共一百五六十万。嗣由清江遣归就赈者四五十万，复查补赈者二三十万，统计灾民约二百四五十万。"《端忠敏公奏稿》卷7《查明水势妥筹办法折》，文海出版社，1967，第920页。

② 依据1912年的数据推算，转引自王树槐《清末民初江苏省的人口发展》，《台湾师范大学历史学报》第7册，1979年，第381页。

③ 根据《江北饥馑调查报告书》，江北难民出逃的原因主要有两个。第一是因为习惯性南下。贫困的江北农民将苏杭视为乐土，在冬日南下寻找生计越冬，并在春天回乡本是常事。根据大东汽船员工的说法，这一人员流动的数量大概每年有7万人。第二是因为有船户免费运送，甚至准备好饭食让饥民乘船，这样船户在经过关卡时让饥民强行闯关，以逃避厘金等税的征收。

④ "下游被灾如是。其重者一则由海、韩各海口多被淤塞。二则由六塘河淤浅，水不归槽。三则阴雨连绵三四个月之久，各处消水迟缓。"《端忠敏公奏稿》卷7《查明水势妥筹办法折》，第899页。

对，尤其是注意灾害应对与“由灾变荒”过程的关系。

关于闰四月至六月初的灾害应对。闰四月初，苏北地区的受灾程度虽然较轻，但长江中游的湖南省遭受严重洪水，洪水引发湖南省的米价高腾，并导致各地米价上涨。江苏省内，上海已于三月禁止米粮输出，传统米粮中转市场镇江的米价也涨到了警戒价位，因此，江苏省的官员（两江总督周馥、江苏巡抚陈夔龙、江北提督刘永庆）禁止镇江口岸向海外输出米粮，但不禁止米粮向内地的流通，[①] 同时，为湖南的灾情筹集救济款。[②] 可见，这一阶段的重点是支援湖南以及降低米价防止骚乱。具体措施是，一方面，动用（政府或地方的）仓谷办理平粜；另一方面，对于进入江苏省的米粮实行厘金减免，借助商人的力量平减物价。[③] 而地方官府最晚在六月四日已经意识到洪水的威胁，[④] 主要措施是从防灾的角度，保护堤防。并且江苏省的官员判断“现在天气晴爽，江河之水虽大可望渐消……如果一月不再霪雨秋收可望，禾价必落”，[⑤] 基于这样“不会成灾”的判断，江苏省政府也就没有申告歉收，意味着地方的府县政府将正常在八月开始征税。

但六月并没有如省官员预期的一样天气转晴，可以结合史料和洪泽湖、运河的水位来看六月至八月的情况。从高邮处测定的运河水位可以看到，水位从五月二十日到六月末都是持续上涨时期，在六月十日达到警戒水位，并在六月二十八日达到史无前例的高位，后随着高邮两处归海拦水坝的打开（六月二十八日车逻坝开启但无效，六月三十日南关坝放水后水势稍定），水位逐渐下降。而洪泽湖的水位变化，大体和运

① 《清代军机处电报档汇编》第29册，中国人民大学出版社，2004，第172页。

② “长沙各属田庐淹没、人口漂流而数十年未有奇灾。请速协济并发借银数十万两以解眉急。将来湘赈捐款内归还。”《清代军机处电报档汇编》第29册，第176页。

③ “现已出示平价，并暂动仓谷发款买米办理平粜。而官力有限，必设法招商贩运，方能源源接济。”《清代军机处电报档汇编》第29册，第245～246页。

④ 光绪三十二年六月四日《收署两江总督、江苏巡抚、江北提督致外务部、军机处电》：“唯米行或因口角细故致刁民借端抢夺，此风万不可长。查扬州一带本系产米之乡，何致缺米？只因外运太多，又值霪雨，兼旬米价增涨……若不惩犯保商，则米不流通，价必再涨。其不产米之处将何所购。”《清代军机处电报档汇编》第29册，第283页。

⑤ 《清代军机处电报档汇编》第29册，第283页。

河一致。虽然高邮处的运河（里运河河段）只是洪泽湖的泄水出路之一，这种变化的一致无法证明洪泽湖的水量完全被运河左右，但至少证明高邮处水坝开启对洪泽湖泄洪的有效性，也即缓解江北地区内涝灾害的有效性。那么关键的问题在于，为什么水位明明在六月十日已经到了警戒线，却要等到六月二十八日才开启调节水位的大坝。根据《清史稿》，负责现场的最高官员蒯光典收到上司要求开坝的文书，但不为所动。[①] 笔者猜测，应该是为了保障里下河流域的粮食收获，在运河“水与堤平”时，担忧可能溃决，才开启大坝。[②] 同时，粮食的收获又可以直接降低江苏省的粮价，进而稳定局势。但这么做的代价就是包括洪泽湖在内的河湖长时间处于高水位，从而加重了江北地区的内涝积潦的程度。七月十日江苏省官员已经意识到江北的徐州府、海州受灾严重，认为两地秋收无望，担心灾民流离失所。[③]

内涝在七月仍然持续，[④] 但江苏省苦于资金不足，仅能通过调用的10万两白银购米平粜。这个措施可以缓解仍有余钱的灾民的困难，但无法救济极度贫困的灾民。[⑤] 最晚在七月二十八日，已经有徐州、海州的灾民开始离开家乡，结伴南下了。[⑥] 一个重要的原因是，八月土地税田赋“下忙”的征收开始了。税收的缓征、减免政策虽然在七月二十八日向光绪帝的报告中提出了，但政策在施行前仍然存在时间差，加上县级地方政府因为运营资金不足更倾向忽视减免的规定，在

① “运河盛涨，光典先分檄河员增修堤，而自泊舟高邮守视。坝险工迭出，大吏以故事，视节候测水，檄启坝，不为动。历月余启二坝，七月杪乃启三坝，下河六县获有秋。”《清史稿》卷452，中华书局，1977，第12581页。

② “立秋后连日风雨。洪湖长至一丈五尺有余。沂泗又经复涨，奔腾东注。高邮志槽至一丈六尺九寸。水与堤平，处处生险，终虑横决受害更大。馥等权衡轻重，万难再守。探闻下河早稻已收大半仍饬赶紧抢获。当于六月二十八日饬开车逻坝，水仍不消复。于三十日启南关坝，水势稍定。”《清代军机处电报档汇编》第29册，第330页。

③ 《清代军机处电报档汇编》第29册，第343页。

④ 《清代军机处电报档汇编》第29册，第363页。

⑤ “徐海等属虽经会奏挪款十万买粮平粜。然只能调剂次贫之户暂免米商抬价，至颗粒无收之贫户，非急办赈抚，无以安民心而免流离。”《清代军机处电报档汇编》第29册，第368页。

⑥ “前日闻徐海灾民间有结伴南下，已饬印委多方劝谕，各回本籍，静守待赈。”《清代军机处电报档汇编》第29册，第368页。

十一月之前照常征收,[①] 迫使更多灾民选择南下。而留在当地的灾民，有许多投身于盗贼、盐枭和会匪。[②] 在八月二十日，终于酿成了数千人规模的海州匪徒抢米事件，但匪徒将抢夺的米谷施舍贫民或廉价卖掉。[③] 这一叛乱在十月十六日前被弹压。[④] 作为叛乱的善后方法之一，救济计划被提出。[⑤] 根据日本在上海总领事永泷久吉提交给日本外务大臣林董关于江北饥馑与地方匪徒的报告[⑥]，一方面，可以确认地方治安的全体像。江北地区的整体不安定中，清江浦（今淮阴）到徐州的运河一带“匪势猖獗”，并且有可能导致“大患”。另一方面，粮食运送与匪患的关系可以更为立体地看待。在日本领事看来，清政府最为担心的不是单纯的匪势猖獗或者粮运阻隔，而是未能严办时二者共同作用下形成的“大患”。因此，救济政策可以视为对小规模叛乱的回应，弹压匪徒以打通粮食运送通道也是保障救济的手段，而在这组辩证关系背后，政府最核心的考虑则是对局势的控制，避免更为严重的“大患”。这一点或许可以解释为何江苏政府得到了中央政府和各界 800 万银两的支持。

① “近据饥民声称，各县催征钱粮甚紧。回家后，所得赈款不敷交纳，是以在浦厂避匿等语。所言不为无因。今年各州县希图开征，讳匿灾状，此时赈抚方急，转事追呼，实无人心。”杨文鼎辑《江北赈务电报录》，李文海、夏明方、朱浒主编《中国荒政书集成》第 11 册，第 7657 页。

② 考虑到清代田赋整体并不重，因此田赋问题如何导致民变的发生仍然需要进一步分析。除了连年灾荒的影响，清末田赋的负担不均问题（王业键:《清代田赋刍论（1750 ~ 1911)》，高风等译，人民出版社，2008）应该是重要原因，但并不影响地区不安定的事实判断。

③ 堀地明「一九〇六年江北の水害・飢饉と救荒活動」『九州大學東洋史論集』33 号、2005、186 頁。

④ “海州匪徒滋扰，当经会派参谋鄢玉春，辑私营王曜等率带营队并水师兵轮分赴剿办，一面电请钧处代奏。奉旨饬将灾民妥为抚恤，严拿匪党务获惩办等。”《清代军机处电报档汇编》第 30 册，第 65 页。

⑤ “查本年海州水灾奇重，此次匪徒滋事，深虑勾煽饥民，致酿巨患……饬令严密搜捕，勿稍疏纵。并由地方绅士设立筹防十所，举办团练，随时实力清查，以善其后。灾赈办法另行专折具奏。”《清代军机处电报档汇编》第 30 册，第 65 页。

⑥ 「江北飢饉地方匪徒情況ニ関スル報告」明治 40 年 3 月 5 日（1907/03/05）、5－3－2－0－1_ 004、外務省外交史料館。

2. 紧急救济阶段（光绪三十二年十月至十二月）

本节先简述在淮扬海道道员杨文鼎主政下，从十月十四日到十二月二日在清江浦展开的大规模急赈过程，然后用景观视角，分析赈灾设施的设置如何缓解灾情。主要使用的资料是苏北赈务的相关官员、士绅往来的电报合集《江北赈务电报录》以及《宫中档光绪朝奏折》和部分官员的奏折合集。

关于紧急救济的背景和概况。饥民南下的洪流，最晚到九月中旬已成规模。[①] 而负责赈务的淮扬海道道员丁葆元“未能得力”，[②] 杨文鼎于十月十四日临危受命赶赴清江浦接任淮扬海道道员一职。杨氏认为各地方州县迅速办赈，使饥民免遭流离是治本措施，而在清江浦处施行留养政策是避免饥民动乱的治标措施。[③] 之后，在十月十五日正式扩大留养厂，建有清江城外58厂，盐河北镇28厂，一个半月时间就收容救济并成功遣返至少170多万的灾民（见表1）。同时，向各受灾州县派遣士绅，全力救济地方，安抚民众。[④] 此后又实行了冬春两赈，办理河工以及平粜事业，经过一年终于结束。[⑤] 实施过程中遇到了多种困难，如因匪贼导致的治安问题、收容过程中火灾的隐患问题、疾病蔓延以及粮食不足问题。[⑥] 除此之外，救济事业还需要与时间竞争，一旦入冬，作为主要交通手段的水运会因为水位变浅或者水面结冰，愈加不便，而冬天的严寒对饥民来说也是考验。另外，因为救济物资不足，数十万人规模的饥民发生民变的可能性同样存在。

---

① 依据监察御史汪凤池九月十八日的奏报“近闻淮徐海饥民，相率南下就食”。《清代淮河流域洪涝档案史料》，第1047页。

② 《端忠敏公奏稿》卷9，第1170页。

③ 杨文鼎辑《江北赈务电报录》，李文海、夏明方、朱浒主编《中国荒政书集成》第11册，第7633页。

④ 杨文鼎辑《江北赈务电报录》，李文海、夏明方、朱浒主编《中国荒政书集成》第11册，第7633页。

⑤ 杨文鼎辑《江北赈务电报录》，李文海、夏明方、朱浒主编《中国荒政书集成》第11册，第7633页。

⑥ 杨文鼎辑《江北赈务电报录》，李文海、夏明方、朱浒主编《中国荒政书集成》第11册，第7642页。

表 1　清江浦处急赈人数

单位：人

旧历		公历		收容	遣返
光绪三十二年十月	十五日	1906 年 11 月	30 日	3000	
	十六日	1906 年 12 月	1 日	50000	
	十七日		2 日	100000	
	二十日		5 日	10 万余	
	二十一日		6 日	200000	
	二十四日		9 日	300000	
	二十五日		10 日	300000	
十一月	三日		18 日	400000	
	九日		24 日	400000	20000
	十日		25 日		53536
	十一日		26 日		
	十二日		27 日	400000	
	十五日		30 日		88117
	十七日	1907 年 1 月	1 日	500000	
	十九日		3 日		100000
	二十日		4 日		136765
	二十四日		8 日		
	二十五日		9 日		209090
	二十六日		10 日		
	二十七日		11 日		
	二十九日		13 日		348793
十二月	二日		15 日	数百	473900

资料来源：根据杨文鼎辑《江北赈务电报录》（李文海、夏明方、朱浒主编《中国荒政书集成》第 11 册）整理。

（1）行政设施：赈局

本部分将考察作为救济指挥中心的赈局，从赈局的属性、经营主体和展开过程三个方面出发，分析救济中“局”的作用。特别是对临时的赈局和常设的政府机关的区别、运营主体是谁、为什么作为指挥中心的总局设在淮阴以及为什么从淮阴展开救济等问题进行探讨。

本文认为“局”是一种临时性、专门性的权力系统，也是灵活调配资源的系统。在救济过程中，赈局的成立意味着以救济为中心的权力关系的开展，以及救济物资调用系统的建立。首先就“局”的一般性说，在清末的历史环境中，国家在近现代化过程中面临大量基本的社会事务问题，日常行政系统难以全面兼顾，需要专属机构和部门以更专业的方式进行应对。因此，在中央和地方设置了多种“局”，以应付近现代化进程中的各种问题。例如，清末在发生军情的省，通常设有“善后局”这一机构来处理特殊事务，总督、巡抚不必严守常规便可调配资金。[①]“局”本身就具有临时性和专业性的特征。其次，考虑到自身的利益，临时机构有时与其他常设政府机构联动，但也会发生摩擦。这反过来证明了“局”这个权力机关的特征。例如，救济现场的负责人杨文鼎对各州县救济拖欠非常不满。按一般情况来说，尽管杨是上级，但并没有对州县长官的直接任免权。但他通过报告江苏省最高负责人的方法，轻而易举地用辞退等手段惩办了重灾区五县的长官。[②] 此外，除了影响机构上下关系以外，作为与政府机关区分的关键点，赈局在物资调用方面也具有独立性和灵活性。例如，在救济初期，需要庞大资金的赈局可以先向其他局（如筹防局、商务局等）或金融机构借款，[③] 再组建新的募捐机构（筹赈局），用捐赠的资金来还款。因为向中央申请截留漕粮、征收新税（赈灾义捐）等通常的手段，都是在紧急救济展开后才采取的，难以立即发挥作用。至于赈灾钱款的使用，也是随机应变的。严格说来，这种资源调节主要是地方间税费的流动，因此，“局”在清末民国时期逐渐成为地方公共机关的一部分也就不足为奇了。最后，本文认为与其将“局”作为一个机构，不如将其认定是一个系统。有别于机关的政治形态，赈局未必有固定的场所、确定的行政空间、行政阶级或内部组织，短期运营的赈局可能会借用已有的政府机关的空间进行工作。

---

① 陈茂同编《中国历代职官沿革史》，昆仑出版社，2013，第500页。

② 杨文鼎辑《江北赈务电报录》，李文海、夏明方、朱浒主编《中国荒政书集成》第11册，第7642页。

③ 杨文鼎辑《江北赈务电报录》，李文海、夏明方、朱浒主编《中国荒政书集成》第11册，第7640页。

在确认“局”的临时性和专业性的关键特征后，仍然需要解答这次紧急救济中“局”是如何作为临时系统维持的，人才是如何选拔的，以及如何表现出了较高的专业性等问题。表 2 整理了淮阴总局的直接负责人杨文鼎从光绪三十二年十月十四日到光绪三十三年七月十四日打电报的频率。[①] 从中可以看出，杨文鼎与各行各业都保持着联系，共同维持着救济体系，且政府之间的联系占主导地位（90% 以上）。其中，与直属上司、中央大臣的联络最频繁，与江苏省最高负责人“两江总督”的联络次数更是压倒性的。其中两位中央大臣原本就热心社会福利事业，在海内外也获得了很高的评价，并且由于他们掌握着国家实业企业的实权，能够筹集到充足的救济资源。另外值得注意的是，受灾地区的县级官员并不是最主要的联络对象。在同直辖地区与部下的联系中，杨文鼎主要也是与府级别的官员进行联系而非县级。而同非直辖地区（例如徐州），主要联系和自己同级（道员）的官员。表 2 中所记录的杨文鼎联系的县级官员，除了赣榆县外，几乎都不属于重灾地区。而联系赣榆其实是杨文鼎试图通过县令联络处于电报沟通不便地区的名流许久香，了解当地粥厂的运营情况。这一对待县令的情形与前文所述惩处五个县令的实例，在逻辑上是一致的，即临时救济系统依靠的并不是现任县令，而是吕海寰、盛宣怀等人提名的“义绅”和“赈务委员”。表 3 统计了丙午水灾救济中派遣的赈务委员的部分名单，可以看出，大部分委员是在捐纳系统下诞生的预备官员，吕、盛称这些人为“义赈熟手”。[②] 如唐锡晋是在救济领域久负盛名的专家；宋治基在光绪二十四年、二十五年有过在海州的救济经验，1906 年也前往了海州赈济。[③]

① 从现实逻辑上说，政府上下级之间仍然有多种不需要借助电报的联络方式，电报频率无法完全反映救济过程中的实际政府往来。但作为清末的高效通信形式，电报正是适应赈局临时性、专业性的物资调配系统的，其内容反映的是该次救济运转的时代特点。

② 杨文鼎辑《江北赈务电报录》，李文海、夏明方、朱浒主编《中国荒政书集成》第 11 册，第 7732 页。

③ 《创办海州云台山数艺公司折》，《刘坤一奏疏》(2)，岳麓书社，2013，第 1414 页。

表2　救济相关的电报联络次数（杨文鼎发）

单位：次，%

类型	名称	联络次数	比重
直属上司	两江总督（端方）	192	37
	江苏巡抚（陈夔龙）	16	3
	江苏布政使（陈启泰）	24	5
中央大臣	兵部尚书、钦差商约大臣（吕海寰）	31	6
	会办商务大臣（盛宣怀）	33	6
同僚道台	徐州道（袁大化）	15	3
	常镇通海道（荣）	13	2
	盐运史（赵）	9	2
	天津道台	3	1
	其他	3	1
府级部下	扬州府	11	2
	淮安府	14	3
	海州	38	7
	镇江府	1	0
县级部下	淮阴本署	29	6
	江都	14	3
	甘泉	11	2
	宿迁	4	1
	山阳	2	0
	赣榆	10	2
局	转运局	5	1
	招商局	4	1
	筹赈局	2	0
	商务局	1	0
	洋务局	1	0
	厘金局	2	0
社会组织	银行、钱庄	4	1
	商会	6	1
	义赈会	5	1
	其他	3	1
名流	许久香	11	2
	张謇	6	1

资料来源：根据杨文鼎辑《江北赈务电报录》（李文海、夏明方、朱浒主编《中国荒政书集成》第11册）整理。

表 3　赈局的运营主体

派遣地(州县)	名字	身份
徐州	吴宪奎	江苏候补同知
邳州	刘康遐	湖北候补知县
睢宁	唐锡晋	长州县教谕
宿迁	柳暹	江西候补直隶州
萧县	韩景尧	湖北试用知县
海州	宋治基	广东候补直隶州
沭阳	刘增	五品顶戴
山阳	高长颐	候选知府
涟水	邵闻洛	候补知县
桃源	严国均	湖北候补知县
扬州	章清华	候补知县
阳湖	刘度来、章钧	前湖北候补知府、直隶候补直隶州知州
无锡所属芙蓉圩		
无锡所属黄天荡		

资料来源：根据杨文鼎辑《江北赈务电报录》（李文海、夏明方、朱浒主编《中国荒政书集成》第11册）整理。

那么为什么淮阴被选为总局实施地呢？既有研究中，堀地明指出逃荒难民南下的路径和目的地分别是：第一，从清江浦出发经大运河以扬州和镇江为目的地南下；第二，从阜宁经盐运河南下；第三，先渡过洪泽湖，再从陆路经过安徽到达南京一带。其中，第一种途径清江浦的灾民最多，第三种则次之。[①] 再结合淮阴的交通区位，即地处淮河与大运河的交汇处，又是"南船北马"的船马替换的交通要道。对于大部分饥民来说，这里是必经之地。总局设在此地，一方面便于收容和救助大部分饥民，另一方面也可以阻止涌向南方的饥民浪潮。

另外，对于急需救助的灾民来说，单纯的点状救援是不足的，必须要有线、面系统的救助。在淮阴开展救济的同时，运河沿线的扬州、镇江也设了赈局。另外，杨氏也向重灾地区安东（今涟水）、桃源（今

① 堀地明「一九〇六年江北の水害・飢饉と救荒活動」『九州大學東洋史論集』33号、2005、186頁。

泗阳）、海州、沭阳、赣榆派遣了“义绅”和“赈务委员”（十月十七日），与县令同时进行受灾调查，制定对策。但因为在调查结束前，各地不能开展大规模救济工作，为减轻淮阴县城的压力，十月二十五日至二十八日在淮阴郊区（四乡）成立分局。而在灾区的救济事业开始后，淮阴就开始对灾民进行遣返（每天 2 万人左右），并在严冬之前的十二月二日结束紧急救济。这一救济方案正是遵照前文所述杨氏的治本方案，而淮阴的留养救济可以视作为其他受灾地区开展救济争取时间。

（2）收容设施：堤防与圩下的“厂围”结构

如上节所述，虽在救济方针中收容留养只是治标的策略，但面对数十万人规模的饥民逐渐南下的事态，如果不直接遣返的话，如何有效地控制人流是紧急阶段政府的工作重心，这也是日后各受灾地区设置赈局的先决条件。即利用收容设施吸引饥民，就能缓和灾民四散逃荒的问题。如果将这些设施配置在淮阴、扬州、镇江等大运河沿岸城市的话，则能更全面地遏制饥民南下。同时，由于水害的涝灾性质，受灾地区的居民必须离家避难，即使政府在最初阶段有人力、物力在受灾地区进行救济，但因人口四散也难以着手。[①]

那么为何淮阴是大规模收容留养的中心呢？一方面，在空间接近性上，淮阴既是灾区，也是苏北灾民沿运河南下的第一个去处；另一方面，从救济的进展来看，在淮阴收容之前，扬州地区曾尝试资遣灾民但破产了。[②] 结果表明，淮阴地区收容控制的灾民人数远远超过扬州的三万多人、镇江的一万多人，也即淮阴虽然是救济的最难关，却是成功开展救济的关键位置。

电报资料中关于收容设施的记述不多，主要有四个内容。其一，基

① 杨文鼎辑《江北赈务电报录》，李文海、夏明方、朱浒主编《中国荒政书集成》第 11 册，第 7646 页。

② 杨文鼎辑《江北赈务电报录》，李文海、夏明方、朱浒主编《中国荒政书集成》第 11 册，第 7637 页。

本结构：各收容设施“棚”的周围建有“围”，在正中间配置一处“厂”[①]。预定每围可收容3000余人，[②] 实际收容了5000人以上。其二，管理制度：一方面，将灾民的户籍登记在册，便于之后的救济和遣返；[③] 另一方面，除了每天由军队维持治安以外，杨文鼎还和城防长官“城守营都司”杨金涛每天到收容所去视察。[④] 其三，救济内容：因为灾民都带着烹调用具，所以最初的计划是发放粮食，但由于赈米运送迟缓，作为应急措施先施与了铜钱。为了应对当时米价高腾，在通常成人三十文、未成年人二十文的基准上再加十文。[⑤] 米粮在政府运营的平粜局买也可以，在米谷商人处购买也可以。然而从事态发展来看，由于运输粮食相当困难，以发放粮食代替发放铜钱的构想未能实现。[⑥] 其四，分布情况：在淮阴，收容所分布在两处，分别是土圩外的52厂（收容约35万人）以及盐河北镇的28厂（收容约14万人）。[⑦] 此外，根据当事人的回忆材料可以确定两处收容设施的位置，即东起铁水牛以东，西至八面佛之西，宽七八里，南起圩根，北至西坝杨庄，长约二十里的范围内。[⑧]

借助历史地图和地方志，可以推测收容设施的分布及分布的依据。首先确认几个关键地点。东面边界的“铁水牛”是1701年在淮河、黄河沿岸建造的16个“镇水铁犀”之一。淮阴城区附近，只有县城北侧

① “厂”可以解释为施赈所。稲田清一『清代江南における救荒と市鎮——宝山県・嘉定県の「廠」をめぐって』甲南大学紀要文学編、1992。

② “至清江，约有饥民三万余人，则以安东、桃源、清河、海属为多。已筑围十座，每座设一厂，能容三千余人。”杨文鼎辑《江北赈务电报录》，李文海、夏明方、朱浒主编《中国荒政书集成》第11册，第7637页。

③ “派员管理，查明户口，造册给牌，以便稽考。”杨文鼎辑《江北赈务电报录》，李文海、夏明方、朱浒主编《中国荒政书集成》第11册，第7637页。

④ 杨文鼎辑《江北赈务电报录》，李文海、夏明方、朱浒主编《中国荒政书集成》第11册，第7633、7659页。

⑤ 杨文鼎辑《江北赈务电报录》，李文海、夏明方、朱浒主编《中国荒政书集成》第11册，第7637页。

⑥ “浦厂如能将数十万饥民概行遣回，所有运到米粮，即分拨各处设局平粜，一律放钱，不必放粮。”杨文鼎辑《江北赈务电报录》，李文海、夏明方、朱浒主编《中国荒政书集成》第11册，第7651页。

⑦ 杨文鼎辑《江北赈务电报录》，李文海、夏明方、朱浒主编《中国荒政书集成》第11册，第7633页。

⑧ 《丙午苏北空前水灾》，《淮阴县文史资料》第2辑，1988，第206页。

的东北方向名为“大口子”的蓄水池附近有一处。[①] 从民国时期地形图来看，“大口子”北侧的堤坝上有“铁牛坝”的地名，此处应该是收容设施的东界。西面“八面佛”的边界在《续纂清河县志》[②] 中有过记录，“江北农林学堂在八面佛的土圩外”。然后，将信息与地图对照起来就可以确定大致的位置。农林学堂南土圩与铁牛坝之间的距离大致是3000米，与上述“宽七八里”对间距的估算是近似的。之后，因为收容设施的东西边界都位于县城北侧，所以南方边界的“圩根”也可以推测为县城北面城墙的外缘。最后确认北界“西坝杨庄”的难点在于西坝和杨庄不在同一个位置。杨庄位于县城接近正西面而非北侧。但是从《光绪丙子清河县志》[③] 中的“新县四境图”来看，近代勘查、工程制图技术普及之前的清末时期，西坝杨庄的位置都位于县城的北侧。另外，从西坝和杨庄之间的堤坝到县城的距离约为10千米来看也符合回忆记述的内容。因此，本文认为，文史资料中的亲历者不是按照地理基础上的南北轴向来判断的，而是依据他们既有的知识或者印象来判断方向的。根据以上的考察可以进一步精确回忆人所叙述的范围，即杨庄东边“盐河南堤”到淮阴县城北圩的西侧与北侧的范围。另外因为确认了“盐河南堤”，同样可以估计盐河北的留养收容设施的大致范围。

在确认大致范围后，剩下的问题就是分析在这个范围内收容设施的分布特征如何。由于资料少，只能试着进行合理的推论。首先，形态上是集中聚集而非均匀分散的。从民国时期的地形图看，土圩的外延遍布大面积的田地和村落。考虑到收容的目的是不干扰周边居民，[④] 收容设

① “在码头镇。康熙间河督张文瑞公鹏翮铸。以五月五日凡十六县分置淮黄运各险工，上命曰镇水犀。”丁晏等纂《续纂清河县志》卷15，江苏古籍出版社，1991，第48页。“第一头牛放在淮安市区东边的大口子附近，至今仍有人把那儿叫做铁水牛。”淮安市文化广电、新闻出版局编《人文淮安——淮安非物质文化遗产通览》卷2，南京大学出版社，2011，第10页。

② 刘寿修《续纂清河县志》第5卷，民国17年（1928），第35页。

③ 胡裕燕、吴昆田、鲁蕡纂《光绪丙子清河县志》，江苏古籍出版社，1991。

④ 杨文鼎辑《江北赈务电报录》，李文海、夏明方、朱浒主编《中国荒政书集成》第11册，第7633页。

施一般呈集中型状态，和村落保持一定的距离。其次，因为淮阴也是受灾地区，地势低的地方水位也会随着涝灾的严重程度上升，所以收容设施只可能设置在地势高的地方。再次，如前一节所述，救济采用的是给灾民钱财以购买粮食的形式，因此收容设施应该设在便于粮食运输的地方，即水运或陆运方便的地方。最后，考虑到收容设施最多同时留养数十万左右的灾民，因此设施周围在理论上应当有军事力量驻扎以预防不测。① 以上所有条件匹配的地方大概仅有盐河和废黄河之间、废黄河和淮阴城区之间的堤坝上及县城圩门附近。②

至于收容设施的收尾，在各地方赈局开设之后便开始了灾民遣返行动，并逐步撤收了设施。除了因为灾民的集中可能引起治安问题③、救济成本较高④等原因之外，还有一个考量，即政府救济开展过程中，部分民众产生了“搭便车”的心理。杨文鼎认为，有三四成的民众是假装灾民去“吃皇粮”的，⑤ 甚至出现受灾较轻地区的灾民以危言相逼索要巨款的事例。⑥ 为了更有效地将救援物资倾斜到重灾地区，政府通过暗中协助地方精英，如向当地的粥厂和救济事业调节粮食和资金的方式

① 淮阴城和盐河北的王营都是军事据点。淮阴是江北提督驻防，清政府的新式军队一协（理论上是4438人）驻守。而且“土圩”的城墙在1870年为防止捻军之乱而建，墙壁虽然不高，为5.9米（1.8丈），但城门上有大炮。

② 如果收容设施设在堤防上的推测正确的话，那么堤防上的设施分布应当是不均匀的，集中在水运中转港等物资集散地。例如，废黄河右岸的“西堤”上有一个杂粮市（“杂粮市在治西堤上”，胡裕燕、吴昆田、鲁蕡纂《光绪丙子清河县志》卷3，第4页），判断是因为圩门附近是连接县城内外的要冲，粮食运输相对便利。

③ “惟中多莠民煽惑，措置稍有未协，即虞滋事。消弭防范，宽严互用，费劲心力。”杨文鼎辑《江北赈务电报录》，李文海、夏明方、朱浒主编《中国荒政书集成》第11册，第7656页。“惟扰乱之处不止清河一邑，各属春赈极迟，月内必要开放，否则裹胁愈众，势成燎原，大局不可复问。”杨文鼎辑《江北赈务电报录》，李文海、夏明方、朱浒主编《中国荒政书集成》第11册，第7685页。“现查会匪、帮匪、枭匪、幅匪，到处裹胁灾黎，意图煽乱，各兵队又不敢冒昧拿捕。”杨文鼎辑《江北赈务电报录》，李文海、夏明方、朱浒主编《中国荒政书集成》第11册，第7687页。

④ 《清史稿》卷452，第3523页。

⑤ 杨文鼎辑《江北赈务电报录》，李文海、夏明方、朱浒主编《中国荒政书集成》第11册，第7729页。

⑥ 杨文鼎辑《江北赈务电报录》，李文海、夏明方、朱浒主编《中国荒政书集成》第11册，第7706页。

来开展“后收容时期”的救济。①

（3）粮食供给系统：义仓的失效与免厘政策的活用

如何保障粮食供应是救灾措施的基本事项。而当时交通不便，比起如何确保交通顺畅，政府更重视如何储藏粮食。清代的储粮制度主要分为“常平仓”“社仓”“义仓”，前两者到清末实用性大幅衰退。② “义仓”指的是社区将丰收期剩余粮食捐赠储藏的体制，政府通常也参与义仓的运营。受安徽巡抚陶澍“丰备义仓”政策的影响，江苏省的义仓在19世纪30年代江苏巡抚林则徐支持下得到普及。对苏南地区义仓的实态研究表明，作为灾害应对手段，义仓在局部地区内是有效的。吴滔指出，这种政策变化是一种赈济行为的社区化，官方逐渐退出对民间赈济的监控，以民间力量为主体的社区赈济行为越来越普遍。③ 然而1906年苏北水灾中的义仓没有发挥应有的作用。政府通过施行免厘政策，凭借高额的利润，吸引大量商人去救济以提供足够的粮食供应。

如前文所述，利用仓库的储备粮进行救济的方案在灾害的应对阶段早已有规划，但十一月有报告表明地方政府一直请求中央政府的援助，却没有提使用储备的粮食。④ 赈局作为灵活调配系统的介入，使得义仓的局限性凸显了出来。杨文鼎十一月七日报告中称其已经下达政令令各州县开仓放粮用于救济。⑤ 虽然上级在九日答复同意，但实际上由于各受灾地区米价暴涨，仓库并未补货。而且，之前借粮的贫民也因受灾而无法偿还。⑥ 因此，在连年灾害的情形下，义仓的实际作用极小。纵观江苏

① “本地绅商开办粥厂，职道拨米四百五十石，暗中协济，每日食粥有五六七人，并设学艺所收养幼稚无依子女。”杨文鼎辑《江北赈务电报录》，李文海、夏明方、朱浒主编《中国荒政书集成》第11册，第7715页。

② 即使在最繁盛的时期，也有局限性，参见 Will, Pierre-Etienne and R. Bin Wong, *Nourish the People: the State Civilian Granary System in China, 1650 - 1850*, Center for Chinese Studies, University of Michigan, 1991。

③ 吴滔：《清代江南社区赈济与地方社会》，《中国社会科学》2001年第4期。

④ 杨文鼎辑《江北赈务电报录》，李文海、夏明方、朱浒主编《中国荒政书集成》第11册，第7699页。

⑤ 杨文鼎辑《江北赈务电报录》，李文海、夏明方、朱浒主编《中国荒政书集成》第11册，第7647页。

⑥ 《清代军机处电报档汇编》第30册，第330页。

全省，这一作为灾害对策的储备粮制度，反而造成了市场上粮食的不足以及米价高腾。表 4 是光绪三十三年二月江苏省政府统计的 45 州县的官仓、义仓储备情况。虽然仓库在灾害发生前后的变化无法比较，各县人口、需求不同，存储情况理当也不同，但根据这些平均值也可以窥探义仓制度的缺点。在仓储用尽的州县不纳入计算的前提下，歉收地区 12 县平均有 4333 石的储备粮。与之相对，未歉收地区储备粮的平均数为 11486 石，多出歉收地区 1 倍以上。这部分粮食因制度限制不能入市，市售粮食量将相对减少。按照这一逻辑，在部分富裕地区开放仓储平粜粮价，本地民众虽然可以平价购粮，但受灾地区的粮价是随着供应量的减少而相对提高的，即义仓的运作可能一方面会加剧受灾地的粮食危机，另一方面会加重地区之间在粮食利益上的不平等。

而对粮食运输实施的免厘政策的积极作用则比较显著。在灾害的紧急救济阶段，这一政策就在米价腾高的地区实施了一次，并取得了改善灾情的效果。这一政策的核心是对进入本地的粮食在厘卡这一征税关卡处免除厘金税的征收，从而利用市场的力量，鼓励商人带来足够的市场供应粮以控制粮价。

表 4　1907 年江苏省“积谷”调查的结果

单位：石

受灾情况	府州	地区	储备粮	受灾情况	府州	地区	储备粮
未歉收地区	扬州府	江都	1950	歉收地区	淮安府	盐城	4500
		甘泉	100			淮阴	1400
		仪征	1700		海州	州属	3200
		高邮	6100			沭阳	1700
		兴化	30400		徐州府	沛县	7500
		宝应	4900			砀山	2600
		东台	1900		宁属	上元	1000
	通州	如皋	1100			江宁	700
		泰兴	11900			句容	4000
	苏州府	府城	97500			溧水	10600
		太湖	500			高淳	12400
		昆山	11600			江浦	2400
		新阳	14700				

续表

受灾情况	府州	地区	储备粮	受灾情况	府州	地区	储备粮
未歉收地区	松江府	华亭	11800				
		娄县	10200				
		奉贤	1600				
		金山	5500				
		南汇	9400				
		青浦	5700				
	常州府	武进	16100				
		阳湖	11600				
		无锡	7200				
		金匮	11500				
		宜兴	21800				
		荆溪	10400				
		宜荆	10000				
	镇江府	丹阳	4700				
		金檀	4600				
		溧阳	14000				
	太仓州	州属	1800				
		镇洋	5600				
		嘉定	28000				
		崇明	3200				
平均值			11486	平均值			4333

资料来源：《清代军机处电报档汇编》第30册，第321～322、329～331页。

免厘政策在施行过程中有过调整。最初，为运输粮食进入灾区的商人配给“护照”，凭借这一证明通过厘卡。但由于清代地方政府基层的胥吏大多没有固定收入，[①] 所以经常发生收取手续费等舞弊行为。在这种背景下，赈务官员担心胥吏偷偷把“护照”卖给他人，不仅损失税金，对灾民也没有实益，所以在十月将政策调整。规定经过厘卡时，不论是否有“护照”必须征收厘金，在对灾民售卖粮食的事实确认的基

① 具体参照宫崎市定「清代の胥吏と幕友：特に雍正朝を中心として」『東洋史研究』1958。

础上，再将税金返还给商人。但在十一月，灾民持续聚集，为解决日益严重的粮食不足问题，政策再次修改为江北米粮“一概免厘”。也即，完全利用价格机制，由灾区的高粮价吸引大量供应，这样，商人乐意运送粮食，[1] 灾区也得到了充分的粮食供应。但是，地方厘局存在随意征税的情况，“扣留赈麦船十数日”[2]、“各地经常发生”[3] 等报告时有所见。另外，在紧急救济阶段结束后，厘卡还承担了防止绑架女性、调查人口的职责。[4] 可见，救灾中的厘卡饰演的是复杂的角色。

但是，从救济的后续发展来看，政府选择免厘政策，也有官方购粮不顺的原因，未必是主动选择的结果。虽然从安徽、天津、福建等地购粮，但由于交通不便，淮阴仍然长期处于储备不足的状态，因而迫使政府采取免厘政策。评价免厘政策时，也需要注意厘金政策或者米禁政策等本身对运输有所限制的负面影响。也就是说，受灾地区米价暴涨一定是受运输被限制的不利影响所致，而借助免厘政策开放市场，是政府放宽此前严格限制的结果，减少了粮食制度对救济的不利影响。

小　结

从20世纪的100年时间甚至仅从清末时期来看，1906年丙午水害的严重灾情并不及大规模的灾害应对引人注目。通过复原灾害发生的时间序列，本文确认1906年发生在江苏省北部的水灾性质为内涝，并指出了影响水灾的河流径流的人工调整的存在。但更大规模的政府应对，是在水灾发生的数月之后。这段时间，正是灾害的发酵过程，存在由灾

① 杨文鼎辑《江北赈务电报录》，李文海、夏明方、朱浒主编《中国荒政书集成》第11册，第7638页。

② 杨文鼎辑《江北赈务电报录》，李文海、夏明方、朱浒主编《中国荒政书集成》第11册，第7748页。

③ 杨文鼎辑《江北赈务电报录》，李文海、夏明方、朱浒主编《中国荒政书集成》第11册，第7748页。

④ “于各口暨淮河各厘局，于经过船只严密盘查，遇有兴贩妇女，立即拿获解究。”杨文鼎辑《江北赈务电报录》，李文海、夏明方、朱浒主编《中国荒政书集成》第11册，第7761页。

变成荒的演化过程。政府救济的动机随着匪徒等诱发的民变发生变化，事实上可以重新审视。相比对受灾地区的救助，对“大患”发生的遏制更具有紧迫性，二者综合下使大规模救济方案得以出台。

为了更有效地评价救济过程的有效性，本文试图从景观角度去分析救济空间的形成、形态和分布。在行政设施、收容设施和粮食供应系统的框架下阐明救济的实际形态，具体分析了作为行政设施的施赈所是以救济为中心的权力关系的展开，标志着救济物资调用体系的形成。相比日常的政府机构，施赈所借助更加专业的预备官员来执行地区的救济。然后，通过古地图分析，试图将收容设施的布局复原，指出收容设施集中布局、地形上的微高地、救济物资流通便利、接近军事力量等布局条件如何有利于救济的开展。另外，还指出常设粮库义仓在连年灾荒的情况下，难以为跨地区的救灾提供有效支援，甚至可能是加重粮价危机的诱因。与此相对，在救济地区采取免厘政策，利用市场的力量运送粮食取得了一定效果，但不应该脱离厘金政策的制约作用去过高评价免厘政策。

战争与河水之间：中国黄河洪灾中的农民、城市和国家（1938 ~ 1947）

艾志端*

摘 要 1938 年至 1947 年黄河发生洪灾，当时的国民党政府为了减缓侵华日军的侵略步伐，人为地破坏了一条重要的黄河大堤，致使数以百万计的中国农民成为洪灾难民，并直接导致了 80 多万人死亡。通过当地人、传教士以及战争期间中国媒体的所见所闻，探寻这场洪灾给人类和社会造成的影响，将农村人口和城市人口的洪灾经历进行比较，检验当时中国政府实施的洪灾救济计划的有效程度，发现虽然当时的国民党政府没有放弃受灾地区，但是政府组织的各种救灾行动却令洪灾难民疲惫不堪，希望破灭，并没有让灾民过上正常的生活。

关键词 黄河洪灾 抗日战争 花园口决堤

一九三八年日本兵来了，
老蒋扒开黄河，
黄水盖地而来。
富家的房屋多被冲塌，

* 艾志端，加州大学圣地亚哥校区历史系教授。

俺家的茅草屋很快顺水飘走了。[①]

第二次世界大战期间最著名的“赤地政策”使用案例之一，就发生在1938年6月，当时的国民党政府下令破坏河南省的一条重要黄河大堤，这个疯狂的命令希望“用黄河水代替士兵”减缓侵华日军对中国战时临时首都武汉市的逼近步伐。几天之内，大堤上被破坏的裂缝长达5000英尺宽。自1855年以来，黄河一直向东北方向流淌，现在却向南改道，朝东南方向流去，这意味着黄河水将淹没河南东部，在安徽省与淮河汇合，淹没安徽北部，最后淹没江苏省北部，分三支汇入东海。这次毁堤事件造成的可怕洪灾，导致80多万人死亡，近400万难民流离失所，近200万英亩良田在九年之内无法耕种，还加重了1942年至1943年河南饥荒的严重性，致使300万人死亡。[②]

毫无疑问，这是1937年至1945年全面抗战中的一次重要事件，中文和英文出版机构都对这次毁堤事件的军事和政治影响给予了密切关注，近年来这次洪灾的环境影响也引起了人们的关注。当地人、中国记者以及河南、安徽两省传教士的第一手描述，展示了农村百姓在洪灾中的可怕经历，揭露了造成这场可怕洪灾的命令反过来又深刻地影响了受灾地区的社会关系。近年来关于中国二战的研究，修正主义学者的观点发生了改变，[③] 不再将蒋介石领导下的战时国民党政府定义

① 《俺一家的悲惨遭遇》，中国人民政治协商会议尉氏县委员会文史资料研究委员会编《尉氏文史资料》第5辑，1990，第77页。

② 戴安娜·拉瑞：《洪水淹没大地：战争给中国带来的天灾》，马克·赛尔登、埃尔文·Y. 索主编《战争与国家恐怖主义：20世纪的美国、日本与亚洲太平洋地区》，罗曼和利特菲尔德出版社，2004，第143~147页；拉纳·米特：《被遗忘的盟友：中国的第二次世界大战，1937~1945》，霍顿·米夫林·哈考特出版集团，2013，第157页；拉里：《被淹没的土地：黄河河堤战略性溃口，1938年》，《历史上的战争》8（2001年1月），第199~201页；穆盛博：《中国的战争生态学：河南、黄河及其他（1938~1950）》，剑桥大学出版社，2014，第1、25~27、31页；O. J. 托德：《黄河被再次控制》，《地理评论》39（1949年1月），第39~45页；宋致新编著《1942：河南大饥荒》，湖北人民出版社，2005，第2~4页。

③ 关于中国二战的修正主义学术研究，参见拉纳·米特与亚伦·威廉·摩尔《二战中的中国，1937~1945：经历、记忆和遗产》，《现代亚洲研究》45（2011年3月），第230页；拉纳·米特：《二战时中国国民党政府的公民等级（1937~1941）》，《现代亚洲研究》45（2011年3月），第245页。

为“失败的政府”，相反，将其看作“这个政府试图进行一项建立国家的计划，不过它的能力最终无法达成这个计划”。例如，拉纳·米特认为，国民党政府“成功地建立了一些机构，在战争早期建立起了一个有自我意识的灵活的市民社会”。他还说，国民党政府后期的失败“不应该抹去蒋介石政府在战争期间导致的深刻而直接的社会变革事实”。在黄河洪灾事件中，河南和安徽两省受灾地区进行的国家建立计划，进一步强调了战时政府的存在和努力，但考虑到洪灾和后续灾害直接影响了农村人口生活质量，这些努力被证明并没有达到预期目标。①

早在1938年至1947年的洪灾以前，黄河就给当地政府和百姓带来了很多困扰，兰道尔·道振形容黄河为“一条暴躁的、难以预测的危险河流”。黄河由于流经陕西省和山西省的黄土高原，携带了大量泥沙，遇到山脉阻挡，河水流速减缓，一路向东流经华北平原，将近一半的泥沙会堆积在平坦的河道里，导致河床每年都在升高，从而增加了洪灾的发生。黄河河道的剧烈改变，也增加了防控洪灾的难度。每年6月至8月，黄河流经地区会迎来50%～60%的年降雨量，黄河会暴涨成一条巨大河流。②

从公元前7世纪以来，中国历代统治者都意识到了每年河水暴涨的危险，并开始在黄河建起大堤。到清朝时（1644～1911），黄河被几条大堤限制，从河南省到黄河入海口，绵延近500英里。这些巨大的河堤高达60英尺，专门用来在黄河高水位期间防止河水溃堤。然而，黄河大堤的修建使河床不断升高，在河水流速缓慢的地带，河床比沿岸的平

① 关于战略和政治意义，参见渠长根《功罪千秋：花园口事件研究》，兰州大学出版社，2003，第121～136、163～180页；李文海等：《中国近代十大灾荒》，上海人民出版社，1994，第239～246页；拉纳·米特《被遗忘的盟友：中国的第二次世界大战，1937～1945》，第157～169页；拉里：《被淹没的土地：黄河河堤战略性溃口，1938年》，第201～202页；方德万：《中国的民族主义和战争，1925～1945》，劳特利奇出版社，2003，第226页。

② 兰道尔·道振：《控制龙：中国民国晚期儒家工程师和黄河》，夏威夷大学出版社，2001，第11～13页；罗伯特·B. 马克斯：《中国：她的环境和历史》，罗曼和利特菲尔德出版社，2011，第89页。

原还高，因此一旦大堤崩溃，会导致更严重的洪灾。[①]

黄河河床的升高，以及农田的过度开垦，最终导致黄河发生周期性改道，河水“流经较低的河道入海”。黄河最初从山东半岛北部入海，然后从1194年开始向南，汇入淮河较低的河道，开始从山东半岛南部入海。淮河和其他支流“出于实际目的，成为黄河的支流”。元朝（1271～1368）疏浚大运河后，由于大运河贯穿黄河并取其部分河道，此后的明清各代统治者都在努力保护大运河，防止黄河向北改道。罗伯特·马克斯写道：“然而，人类的任何努力，都无法阻止黄河的蜿蜒流淌，以及它最终的向北改道。”1851～1855年，黄河在河南省的河岸溃堤，向北改道流经山东省，直到1938年的炸毁大堤。[②]

在人类与黄河的漫长斗争历史中，1938年毁堤事件导致的河水改道后果极其严重。安徽北部小城阜阳的加拿大传教士赫伯特·凯恩，在大堤被破坏之后，从河南省周家口（今周口市）沿着沙河往东南方向一路走，花了大概三个半月走到阜阳，这趟100英里的旅途详细地展现了洪灾的可怕程度。“到处都是洪水，没法走陆路。”他和他的伙伴只能坐船。刚一离开周家口，他们就遇到了黄河的第一段大片河水，“河面有10英里宽，这个半径范围内所有的东西，包括房屋、农场、庄稼，都被淹没了”。随着他们一路向东南前进，河水变得越来越迅猛，水位越来越高，一路流向安徽省，靠近太和县的县治所在地，淹没了阜阳西北30英里的大片土地。凯恩写道：“在我们抵达太和县之前，我们又遇到了第二段大片的黄河河水，跟沙河汇合在了一起……难怪黄河水会漫过河岸，一路淹没田地。黄河水汇入沙河，就像把一加仑水倒入一品脱水里一样。”在炸毁大堤以前，河水离阜阳有1英里远，可是现在河水流过了城市。“我们到了阜阳后，都无法走过这最后1英里，只能坐船，

① 罗伯特·B. 马克斯：《中国：她的环境和历史》，第89页；兰道尔·道振：《控制龙：中国民国晚期儒家工程师和黄河》，第3、12页；拉里：《被淹没的土地：黄河河堤战略性溃口，1938年》，第144页。

② 大卫·A. 佩兹：《国家的改变：淮河与中国国民党时期的重建，1927～1937》，劳特利奇出版社，2002，第9～14、17页；兰道尔·道振：《控制龙：中国民国晚期儒家工程师和黄河》，第1～3、13页；罗伯特·B. 马克斯：《中国：她的环境和历史》，第154、239～240页。

经过大桥、铁路和麦田，一直坐船来到城市北门，”凯恩写道，“我都不认识这个地方了。”[①]

战争带来的混乱，导致一直到日本宣布战败都无法修复这个大堤的溃堤口。从 1938 年毁堤开始，这场洪灾延续了多年，持续时间比以往任何一次黄河洪灾都要长。比如，1841 年秋，黄河溃堤并向东南改道，但晚清政府花了八个月就修好了溃堤，并将黄河水重新引到了向北的河道。相比之下，1938 年毁堤事件之后，河水淹没的地区近九年时间都处于洪灾破坏影响中，直到日本宣布战败后，国民党政府在联合国善后救济总署的极力帮助下，才于 1947 年 3 月修好了溃堤并将黄河重新引入了向北的河道。[②]

虽然洪灾年间黄河洪水一直持续，可是季节不同，也会导致灾害程度不一样。每年冬季，黄河及其支流河水水位下降，洪水水位也会随之下降，因此洪水淹没过的田地和道路上堆积的泥沙只有 2～3 英尺深。比如，阜阳 1938 年 11 月，的洪水“跟以前一样”，但是到 1939 年 1 月，洪水就退了很多，“被限制在沙河河岸以内”，不过那年 7 月洪水又席卷而来。受灾地区的农民学会了如何应对反复上涨的洪水，每年高水位期间到其他地区逃难，等冬季来临水位下降时再回到家乡种点儿大麦或者小麦。安徽北部太和县一个叫云金生的农民年轻时经历了这场洪灾。他回忆说太和县的农民根本没想到 1938 年会发黄河洪水，但是 1939 年夏天洪水又来时，他们尝试修建高高的土台来存放食物和东西，可是大部分土台无法抵抗洪水，人们的财产再次被洪水席卷而光。后来，在洪水来临之前，农民或搬到其他地区，或投奔住在茨河对岸的亲戚家中。

---

① 《赫伯特·凯恩给家人的信》，1938 年 10 月 15 日，4 号文件夹，2 号盒子，182 号收藏物，詹姆斯·赫伯特和温妮弗莱德·玛丽·凯恩收藏物，比利·格雷厄姆中心档案馆，惠顿，Ⅲ。下文出自凯恩收藏物的，不再注明。赫伯特·凯恩和他的妻子从 1935 年到 1950 年一直服务于中国内陆传教团（CIM）。《詹姆斯·赫伯特和温妮弗莱德·玛丽·凯恩传记》，比利·格雷厄姆中心档案馆（BGC）藏，http：//www2. wheaton. edu/bgc/archives/GUIDES/182. htm#2（2015 年 7 月 1 日起使用）。沙河、颍河和贾鲁河在周家口汇成一条河流，周家口为今天的周口。凯恩和很多其他的战时信息来源，将汇合后的这条河称为沙河，从周家口向东南流淌，可是目前的地图一般将其称为颍河。

② 兰道尔·道振：《控制龙：中国民国晚期儒家工程师和黄河》，第 69～71、86 页；侯全亮主编《民国黄河史》，黄河水利出版社，2009，第 5 章。

等到冬季洪水退去，他们再回到家乡种植小麦，当时的土地遍布泥沙和河冰，根本种不成庄稼。每天早上，冰还冻得很厚，农民们在脚上绑上大块木板以防陷到泥里，就开始“把麦种撒到地里，用扫帚把种子扫到冰缝里”。等到5月末6月初小麦一成熟，在洪水上涨之前他们就赶紧收割。如果像1940年洪水来得早，农民们连提前收割小麦也做不到了。[①]

后来受灾地区的人们开始害怕每年都来的黄河洪水。1939年安徽省《大别山日报》发表了一篇文章，文章的作者天任将洪水比作一个已出嫁的女儿，每年都要回来看望穷困的父母，并且给他们带来沉重的负担。“这个孝顺无比的女儿，不管娘家爱与不爱，每年总要来一次归省，而归来一住就是半年，”他写道，“不但把娘家的秋季收成弄得净光，有时连冬季所播下去期待明年早收的种子也席卷而去。”[②]

赫伯特·凯恩和他的妻子温妮弗莱德给家人写的信件，也证实了人们注意到了洪水来去的时间以及洪灾的破坏力。“现在人们在收割小麦，这样日子能过得好一点儿，”温妮弗莱德在1939年6月10日写道，“我想等到月底黄河洪水又会泛滥，那时我们又将水深火热。”一个星期以后，凯恩注意到1939年的小麦收成在未受黄河洪灾影响的地区比较良好，但是受灾地区“仅有正常的50%～75%”。“就这一点儿粮食，也能让人们活下去，如果他们秋天能再收割一点土豆和豆子，”他继续写道，“但是再过三到四个星期，黄河河水又会升高，这片地区又会像去年一样被洪水淹没。”7月1日，温妮弗莱德写信说，河水真的又漫过了河岸，“当然我们一直都认为会发洪水，但是洪水还是让我们很震惊……他们说，整个城市都被洪水淹没了。这意味着秋天

① 《赫伯特·凯恩给家人的信》，1938年11月13日；《赫伯特·凯恩给温妮弗莱德和珍妮的信》，1939年1月7日；刘景润：《泛区惨事实录》，《尉氏文史资料》第5辑，第58、61页；云金生：《黄水见闻》，中国人民政治协商会议安徽省太和县委员会文史资料研究委员会编《细阳春秋》第4辑，1987，第61～63页。

② 天任：《黄灾惨重下的皖北农村》，杨效杰主编《淮西风云录》，安徽人民出版社，1992，第191页。这篇文章最早发表在1939年4月18日的《大别山日报》上。

的庄稼再一次被毁掉了”。①

河南省作为大堤被毁之地和洪灾的中心地区，当地农村的基础设施被不断泛滥的可怕洪水破坏殆尽，最终导致该省无法抵抗饥荒的侵袭。正如J. R. 麦克尼尔指出的，“这种人为导致的地理变化”，感觉就好像中国需要不断地投入各种人力和财力进行维修。“中国的梯田、稻田、低地、河堤、水坝和运河，都需要大量而不断地投入劳动力和资金来维修，”他写道，“一旦劳动力和资金任何一项断了供应，（从人类的角度看）将不可避免地发生快速而严重的破坏。”河南省在洪灾期间就经历了这种迅速的破坏。“1938 年黄河改道后不断发生的洪灾，破坏了当地的水利设施，导致河南当地地理发生改变，并给当地农业带来了沉重的打击，”穆盛博解释道，“洪水淹没了土地，泥沙覆盖了原本繁荣的地方。洪灾造成难民流离失所，致使农业急需的劳动力大量流失，进一步降低了庄稼收成。”这些破坏，加上严重的干旱，以及为驻扎在河南省的近 100 万士兵缴纳的口粮赋税，导致河南省在 1942～1943 年发生了严重的饥荒，造成 200 万～300 万人口死亡。由于从 1938 年就背井离乡，洪灾难民们尤其缺乏食物，受灾地区的百姓“流离失所，乞讨无门，”周口一份县地名录的文章作者写道，“壮者远走他乡，老者饿死在贾鲁河畔及黄河堤上。”②

1938～1947 年的黄河洪灾，是农村地区受灾最严重的一次灾害。受灾地区的地图无意间掩盖了一个事实，即使在洪灾影响最严重的地区，大城市和许多县的县治所在地——通常有城墙环绕而且是该地的政府办公地所在——受灾也不太严重，尤其是洪灾开始的前几年。这些大

① 《温妮弗莱德·凯恩给家人的信》，1939 年 6 月 10 日；《赫伯特给家人的信》，1939 年 6 月 18 日；《温妮弗莱德给家人的信》，1939 年 7 月 1 日。在河南和安徽北部，农民一般秋季种植冬小麦，来年 5 月和 6 月收割小麦。夏季作物，包括高粱、小米、玉米、黑豆和红薯，都在 6 月种植，秋季收割。

② J. R. 麦克尼尔：《从世界角度看中国的环境史》，马克·艾尔文、刘翠溶编《时间沉淀：中国历史中的环境与社会》，剑桥大学出版社，1988，第 37 页；穆盛博：《中国的战争生态学：河南、黄河及其他（1938～1950）》，第 90～91 页；穆盛博：《对人民和土地的暴力：中国河南省的环境与难民迁移，1938～1945》，《环境与历史》17（2011 年 5 月），第 299～301 页；宋致新编著《1942：河南大饥荒》，第 3～5、187、201～203 页；马毅堂、周鸿魁：《惨绝人寰的特大灾荒》，中国人民政治协商会议周口市委员会文史资料委员会编《周口文史资料》第 9 辑，1992，第 154 页。

小城市通常建立在地势较高的地方，周围有保护性的大堤和城墙环绕，当地官员花了很多精力防止洪水泛滥。洪灾期间，周家口中国内陆传教团（CIM）里一个叫海伦·芒特·安德森的传教士写了一封信，详细说明了当地政府采取的许多保护城市的措施。“周六下午我们去布洛克斯准备祈祷时，我们注意到河水水位已经很高了。”1938年7月29日安德森在给她的妈妈的信中写道。他们回家的时候河水水位仍在升高。“我们睡觉后不久，听到了一声巨响，然后很大的哗啦声，接着很快就响起了敲锣声，这是让男人们赶快去大堤帮忙。”她回忆道。第二天，安德森和其他传教士出发去调查。①

安德森解释道，沿着周家口的城墙有一道护城堤，一路向北延伸汇入河堤，另一道护城堤从黄河河堤岔出来，从西向东“修在干旱的土地上以保护城市”。在洪水泛滥至城墙的那个晚上，安德森了解到“那晚我们听到的哗啦声，是因为一大块城墙被河水冲垮了”。由于城市处于危险中，官员们破坏了城市的护城堤。“这当然能让城市幸免于难，因为洪水向东一路倾泻到农村。”安德森写道。而这给周围的农村地区带来了巨大的破坏。“虽然人们已经离开了这些受灾地区，但是因为破坏了护城堤，许多人没法携带财产，不得不离开自己的家，奔到大堤处，”她写道，“男女老少都待在大堤上，有些人带了铲子，有些人砍了树以便大堤破口处压力减轻些。这座城市肯定是保住了，但是那些农民和穷人们付出了沉重的代价。”②

凯恩一家在阜阳也有类似的经历，在1939年洪水高水位期间受灾情况甚至更严重。7月末，凯恩给中国内陆传教团上海总部写信报告说，他和温妮弗莱德打算撤退到附近的太和县传教站，因为阜阳处于洪灾的危险中。“洪水水位比去年的高水位线高出了两英尺，”他写道，“城市里到处是附近农村和四个郊区的难民。如果洪水泛滥至城市里，将会引起可怕的恐慌。”8月2日，凯恩再次给中国内陆传教

① 《海伦·芒特·安德森给母亲的信》，1938年7月29日，7号文件，1号盒子，231号收藏物，伊恩·兰金与海伦·芒特·安德森的文章，比利·格雷厄姆中心档案馆藏。

② 《海伦·芒特·安德森给母亲的信》，1938年7月29日，7号文件，1号盒子，231号收藏物，伊恩·兰金与海伦·芒特·安德森的文章，比利·格雷厄姆中心档案馆藏。

团上海总部写信，解释阜阳外 18 里地的一条河堤被破坏了，这能缓解城市自身的压力，但是洪水一路淹没了城市以外的其他 400 平方里土地。[①] 后来的几年里，这座城市也幸运地避过了洪水的侵袭；凯恩一家一直待在那里，直到 1944 年的日本侵略迫使他们撤退到别地。[②]

有趣的是，为了保护周家口或阜阳，当地政府决定将洪水引入周边农村地区，而为了保护战时首都武汉市不被日军侵略，国民党政府决定于 1938 年 6 月炸毁黄河大堤，这两者的做法非常相似。炸毁大堤并没有挽救武汉，1938 年 10 月武汉沦陷，不过还是给国民党政府争取了一些时间，将政府和附属机构西迁至重庆市。站在县一级的角度来看，当地政府因无法保护全县各地免遭黄河洪灾，遂破坏河堤引走河水，保护那些本身具有防御措施的县治所在地，这种应对可怕洪灾的现实做法引起了人们的争议。然而，正如炸毁大堤只是推迟了但并未阻止武汉的沦陷一样，有些时候，保护县治所在地的措施也只是推迟了但并未阻止这些城市的被淹。与许多县治所在地一样，扶沟县建立在一个小土坡上，一开始居民们堵住北门，用柳枝和泥土来加固城墙抵御洪灾。不幸的是，随着黄河携带的大量泥沙在城外不断淤积，县治所在地城外的水位不断升高，这个办法逐渐无法抵御即将泛滥的洪水，而且 1943 年和 1944 年周边各县新修了大堤后情况更加严重，最终，县治所在地北大街上的洪水达两英尺深，70% 的房屋倒塌。同样，长达九年的洪灾结束时，西华县的县治所在地也被泥沙淤积而遭到重创。“城市被毁了。”战后回到西华县的传教士们写道。[③]

日本宣布战败后，中国开始了内战（1946～1949）。在此期间，中

① 《来自凯恩先生的一封信》，《中国的百万》65（1939 年 10 月），第 157 页，摘自 1939 年 7 月 24 日和 1939 年 8 月 2 日的信件，见《中国内陆传教团现场公告》1（1939 年 9 月），第 8 页；中国内陆传教团收藏物，英国伦敦大学东方与非洲研究学院（SOAS）图书档案馆藏（以下部分均来自 SOAS，不再注明）。一里等于三分之一英里。

② 由于日军战线推进，温妮弗莱德·凯恩于 1944 年 4 月离开安徽，赫伯特·凯恩则在秋天撤离。

③ 拉里：《被淹没的土地：黄河河堤战略性溃口，1938 年》，第 201～202 页；《洛杉矶时报》，1944 年 4 月 22 日；方德万：《中国的民族主义和战争，1925～1945》，第 226 页；扶沟县志总编辑室编《扶沟县志》，河南人民出版社，1986，第 90 页；《地区注释》，《中国内陆传教团现场公告》8（1946 年 4 月），第 7 页。

国共产党强烈抨击战时国民党政府，抨击从中央政府到地方政府所采取的优先保护城市和国民党部队，牺牲广大受灾地区人民的错误做法，这样的做法严重忽视了农村人民的幸福，造成了农村人口的大量死亡。黄河洪灾地区的当地记录在某种程度上令这样的说法变得更复杂。[①] 首先，目睹了这一切的当地人的描述，证实了小城市和周边农村的界线并非清晰可见。这些城市被农村包围着，并且非常依赖周边的农村。比如，城市居民在日军空袭时会逃到农村避难。1938 年 5 月末日军轰炸阜阳时，凯恩跟着大批老百姓，朝着城门纷纷往外逃，远离这个被烧毁的城市。“这个城市在 30 分钟内就空了。”他在农村找到避难的地方后写道。凯恩在轰炸后暂时离开了阜阳前往上海，他说：“虽然我家没有被烧毁，但是还是无法住在阜阳，因为没有任何吃的东西。所有人都逃到了农村，一直待到战争结束。”[②]

同样地，城市和周边农村的紧密相连，再加上中国华北平原缺少高地，这就意味着当洪水淹没了农村后，农民首先会逃到城市避难。“我听阜阳的人们说，洪水迫使周边的人们离开了农村，跑到城市里住在空旷的废墟和灰烬里。”凯恩在上海写道。类似的还有，河南东部的扶沟县发生洪灾时，成千上万的农民逃到有城墙的县治所在地，睡在寺庙里，等政府救济。一开始河南洪灾救济委员会还能提供一些谷物和钱，但随着难民人数不断增加，他们也无法提供充足的救济物品。在城市里，护城堤和城墙成了重要的避难所。安徽界首县王之丰的第一手洪灾记录表明，一听说洪水来了，人们就带着牲畜爬上县治所在地的城墙避难。其他没有及时赶来的人，就爬树或者待在屋顶躲避洪水。晚上，爬到高地的人们听到房屋被洪水冲倒的声音，大声呼喊失踪的亲戚。即使在炸毁大堤五年以后，每当洪水袭来，农民还是会爬上大堤避难。在阜阳河堤上出现新的破口后，凯恩在 1943 年秋天的一封信里写道：“放眼

① 艾志端：《从“养民”到“为国牺牲”：民国晚期和现代中国对灾难的不同回应》，《亚洲研究杂志》73（2014 年 5 月），第 464 页；《解放日报》（延安），1946 年 5 月 18 日；《新华日报》（重庆），1946 年 8 月 21 日，1947 年 1 月 8 日、12 日、21 日。《新华日报》是战争期间中国共产党在国民党占领区公开出版的唯一一份报纸。

② 《赫伯特给家人的信》，1938 年 5 月 26 日。

望去，河堤两侧全是洪水，所有人带着行李爬到大堤上生活。大堤只有10英尺宽，上面堆满了中国家庭常见的各种东西——稻草、谷物、猪、狗、牛、驴、鸭子，还有孩子。”①

即使政府的决定成功地阻止了洪水侵袭有城墙围绕的城市，受灾农村的困境也给城市居民的生活带来了直接的影响。凯恩曾写了一封信，详细描述了小儿子在阜阳得了细菌性痢疾的事，信中提到了洪灾给城市居民带来的很多问题。“随着农民进城避难，现有的生活情况每况愈下，我们现在没有上天堂简直就是一个奇迹。”他1939年9月给家人写信说道。他说，平时农民将阜阳的人类粪便收集起来，运送到农村给庄稼当肥料。“但是现在农村都被洪水淹没了，没有地方再放这些粪便，”他抱怨道，“因此过去这三个月里，这些粪便没有被运送到城外，而且每天气温都几乎在90华氏度以上。”让事情变得更糟的是，挤在城墙上的难民没有厕所可用，于是他们将粪便扔到护城河里。“取水工下到护城河边用水桶装水时，”凯恩写道，“他们不得不四处泼水以逼走漂着的粪便，然后才能取水。而这是我们要喝的水！”②

虽然受灾地区的城市居民无法躲开黄河洪灾引起的各种问题，但是相比之下，失去了家园和田地的农村人口所受的影响更为巨大。比如，洪灾导致的疾病，给那些被迫挤在城墙或大堤上“同一个地方吃睡和排泄”的难民造成了严重的威胁。云金生的表弟得了天花，他的父亲和叔叔得了伤寒，而他的爷爷和外祖父，还有他的四个弟弟、妹妹都因为洪灾期间不同的疾病死亡。③

离大堤破口处很近的一个受灾严重的县叫尉氏县，那里有个叫王瑞

① 《赫伯特给家人的信》，1938年8月17日；《温妮弗莱德给家人的信》，1938年8月3日；《扶沟县志》，第91～92页；王之丰：《忆九年黄水之害》，政协界首县文史资料委员会编《界首史话》第2辑，1988，第73页；《赫伯特给妈妈的信》，1943年9月20日。

② 《赫伯特给家人的信》，1939年9月4日。

③ 云金生：《黄水见闻》，《细阳春秋》第4辑，第59～60页。疟疾和霍乱在洪灾难民中肆虐，很多人还得了痢疾、天花、麻疹、黄疸、伤寒、疥疮、皮肤溃疡等病。参见太和地方志办公室编《抗日时期太和黄水灾害的几点资料》，太和县政协文史委员会编《细阳春秋》第3辑，1986，第67～68页。

英的女人留下了一份口述记录，让人们了解了洪灾和后续灾害给河南东部农村人口的生活带来的可怕影响。

王瑞英13岁到段庄村当童养媳……他们全家7口人住在快倒塌的茅草屋里。“一九三八年日本兵来了，老蒋（蒋介石）扒开黄河，黄水盖地而来。富豪的房屋多被冲塌，俺家的茅草屋很快顺水飘走了。”洪水冲走了她的家和整个村子以后，王瑞英和家人——她的丈夫刘焕、他们的女儿和儿子、王瑞英的婆婆和她丈夫的弟弟、弟媳——向东南沿着贾鲁河逃难到了西华县，他们在一个寺庙里待着。男人出去找工作，王瑞英和她的弟妹带着孩子出去乞讨食物，她的婆婆留在寺庙里。雪上加霜的是，1942年发生了严重的旱灾，靠乞讨根本活不下去。“当地人还没啥吃，谁还打发要饭的？”她说。后来，王瑞英又有了一个孩子，但是她没有母乳了。这个新生女儿一直号哭要奶吃，几天后就饿死了。“婆母娘饿得不会动，连哼一声的力气也没有了。”王瑞英回忆，她的女儿和儿子也一直在哭着要吃的。在这样的“生死抉择中”，王瑞英和她的丈夫决定把女儿小恩给另一家人当童养媳。“当送走小恩后，”王瑞英继续道，“一家人又抱头大哭了一场。”①

很快，王瑞英的婆婆饿死了。她死后五天，当地的一个官员带走了她的丈夫，让他去黄河大堤上干活。饿了这么久，他在去工地的长途路上就死了。他死后，王瑞英想要自杀，但是好心人劝她要活着照顾小儿子。后来她丈夫的弟弟也死了，弟媳妇被迫改嫁了。后来有一天晚上，小恩饿得跑回到寺庙，求妈妈给一个馒头吃。他们把她嫁去的那家人也穷得吃不起饭。王瑞英答应女儿第二天早上去给她讨些吃的，但是小恩在当天晚上就死了。那时只有王瑞英和她的儿子德安还活着。他们最后靠着乞讨，找到住在西平县的王瑞英妹妹一家才活了下来。王瑞英和她的儿子1947年在大堤修好后才终于回到了尉氏县的老家。②

王瑞英一家颠沛流离，靠乞讨为生，卖了女儿，好几个家人死在路上，丈夫还被征去修大堤，这些令人心痛的事实揭示了农民在这场持续

① 《俺一家的悲惨遭遇》，《尉氏文史资料》第5辑，第77～78页。

② 《俺一家的悲惨遭遇》，《尉氏文史资料》第5辑，第77～79页。

多年的洪灾中所遭受的苦楚。王瑞英所在的段庄村，在那场洪灾和饥荒中，也遭受了同样可怕的损失。段庄村位于贾鲁河北岸，黄河洪水“吞灭了”整个村子，迫使大部分村民离乡逃难。据记载，1938 年洪灾以前，段庄村共有 520 户村民，2800 多人口。后来，506 户 2700 多人在洪灾期间逃到其他地区，但很多人没有活下来。1938 ~ 1948 年的记录显示，段庄村 1100 多人冻死、饿死，67 人淹死，33 人被士兵、土匪或当地恶霸杀死，230 名儿童被卖。①

毁掉大堤导致的一系列灾害和事件，给国民党政府和受灾地区广大农村人口之间的关系造成了巨大影响。在采取炸毁黄河大堤的过激行为后，国民党政府投入了大量的精力试图减轻灾害影响，并利用这次洪灾。一些学者如克里斯托夫·费斯特和娜奥米·克莱恩都强调了灾害带来的转变影响。比如，费斯特认为灾难应该被看作“现代化进程中的盐”，因为它刺激了技术发展，推动社会开发出更好的应急预案。克莱恩对灾难和“激进的社会经济工程”之间的关系提出了一个更黑暗的想法，她认为米尔顿·弗里德曼和“被解放的资本主义”的其他有力支持者们，已经学会利用各种严重的危机，包括 1973 年的智利政变和 2005 年的卡特里娜飓风。“休克学说就是这样的，”她解释道，“一开始的灾难——政变、恐怖主义袭击、市场崩塌、战争、海啸、飓风——令整个国家处于集体休克状态中。”所谓的“灾难资本主义者”接着会迅速转变，“实施快速而不可逆转的改变”，然后受创的社会就会恢复过来。②

以中国为例子，在战争早期，国民党政府努力将战争相关的灾难包括黄河洪灾，变成一个巩固权力的机会，并将王瑞英的丈夫这样的灾民变成大堤工人或士兵。日军全面侵华和随后的八年抗战，“促使人们对于中国政府和社会之间的关系进行了一次根本的重新评估，”米特写道，“国民党政府想将难民危机作为建立国家的一次机会。”他们的目

① 靳天顺：《段庄村水患史》，《尉氏文史资料》第 5 辑，第 74 页。

② 克里斯托夫·毛赫、克里斯托夫·费斯特编《自然灾害、文化反映：全球环境史案例研究》，列克星敦出版社，2009，第 7 页；娜奥米·克莱恩：《休克主义：灾难资本主义的兴起》，骑马斗牛士出版社，2007，第 5、7、9、20 页。

的是“建立一种分享型的市民社会观念，通过战争期间撤退和社会重建时的高压体验”，因为洪灾、饥荒或者日本侵略军而逃难的难民，应该都会参与到抗日战争中来。1939年初，国民党政府在难民营里开始推行一项强制性征兵政策，只有老人、小孩、残疾人和体弱多病的人才能免除。“‘难民产出’成为拯救全国大业的一个战斗口号，将战争受害者作为劳动力，与抗日战争大业联系了起来。”陈怡君解释道。①

拿黄河洪灾的例子来说，国民党政府试图从三个方面将灾害变成机会：通过媒体，宣传分享型牺牲的观念；重新安置难民进行土地开垦、增加农业收入；迁移黄河受灾地区的难民、修建大堤以抵御后续出现的洪灾，并建立战略性利益。在黄河洪灾的报道中，国民党政府和战时的中国媒体，都强调灾区难民为国牺牲的伟大程度。各政治党派的新闻媒体试图在灾难受害者和其他中国人民之间建立联系，将受灾难民称为“难民同胞”或“受灾同胞”。媒体在难民救济和抗日之间也建立了联系。“如果我们要为整个中华民族的存亡和幸福奋斗，我们一定要立刻解救这些受灾同胞。”《河南民国日报》通讯记者关胜写道。尽管使用了这样的措辞，到其他地区逃难的受灾难民有时还是被看作在消耗早已稀缺的当地资源，是“潜在的不安因素”。据扶沟县地名录记载，洪灾难民“被迫来到没有亲人投靠的外地”，常常会“被欺负和羞辱”，只能用小推车推着行李四处漂泊，在寺庙过夜。②

关胜还建议，应该鼓励灾区的年轻人参军抗日，政府应组织耕种小队，应在陕西省、甘肃省和青海省安置难民，开垦土地，开始农业生产。他的建议反映了战时国民党政府的第二项重要措施：在人口稀少的地区重新安置灾区难民，开垦荒地，促进农业生产。在战争期间，全国

① 米特：《二战时中国国民党政府的公民等级（1937～1941）》，《现代亚洲研究》45（2011年3月），第244、251、254、257页；陈怡君：《贫困之罪：中国的城市贫民（1900～1953）》，普林斯顿大学出版社，2012，第129、147～148页。

② 艾志端：《从“养民”到“为国牺牲”：民国晚期和现代中国对灾难的不同回应》，《亚洲研究杂志》73，第461～462页；《中央日报》（武汉）、《大公报》（武汉）节选，1938年6月22日；《大公报》，1938年6月28日，1938年7月5日；《河南民国日报》，1938年8月26日；萧邦齐：《苦海求生：抗战时期的中国难民》，哈佛大学出版社，2011，第36～37页；《扶沟县志》，第91～92页。

至少50万难民参加了国家组织的开垦计划。“通过迁移难民开垦原先‘未开垦的’土地，”穆盛博说道，“说明战时土地开垦计划的各种言论，将战争带来的混乱变成了全国复苏和更新的机会。”渠长根的研究表明，在战略炸堤的一年内，中央政府、省级和当地政府已经在陕西省、广西省和河南省西南部的邓县，重新安置了54000多名难民进行土地开垦。这对于当时饱受指责的国民党政府来说是一项显著的成就。但是，洪灾的受灾范围之大，使这些措施显得杯水车薪。即使是在战时中国最大的土地开垦地之一陕西省黄龙山地区，取得了一定的成功，安置了50000多名难民，也只是帮助了拥有庞大数量的灾民的一小部分而已。到1939年底，逃难到陕西省的灾民数量达到了近90万人，1942～1943年河南饥荒的难民达到了300万人之多。①

最后，国民党政府试图通过迁移当地人口修建新的黄河大堤，来解决黄河洪灾。新修大堤不但能减少黄河不稳定的新河道带来的危险，而且能将黄河水引入日军占领区。“1938年6月以后，国民党政府军占领了黄河新河道以西的地区，日军占领了以东的地区，河南的受灾地区变成战争期间最重要的前线之一。”穆盛博写道。因此，可以沿着黄河西岸修建一座新的大堤，“引黄河水向东改道，威胁日本占领区”。历史学家李文海和他的同事解释道，炸毁大堤1个月后即1938年7月，黄河水利委员会与河南省政府、河南战区军事指挥官等，共同决定以工代赈，修建一座新的保护大堤。该项目的第一阶段到1938年9月完工，旨在通过修建一条起自花园口炸毁大堤处，向西延伸至郑州陇海铁路，总长度达32公里的大堤，阻止洪水向西从新的河道漫延。第二阶段开始于1939年4月，沿着黄河新河道西岸修建一条长达284公里的大堤。西岸大堤沿着黄河的新河道，一路向东南，经过尉氏县、扶沟县、西华

① 《河南民国日报》，1938年8月26日；艾志端：《从“养民”到“为国牺牲”：民国晚期和现代中国对灾难的不同回应》，《亚洲研究杂志》73，第462页；穆盛博：《难民、土地开垦和战时中国的军事化景观：1937年至1945年的陕西黄龙山》，《亚洲研究杂志》，2010；渠长根：《功罪千秋：花园口事件研究》，第308页。渠编制的数据显示，1938年4月至1939年6月，共有45132名难民被安置在陕西省黄龙山安置地。穆盛博：《对人民和土地的暴力：中国河南省的环境与难民迁移，1938～1945》，《环境与历史》17（2011年5月），第300、302页。

县、淮阳县和周家口，然后流经河南省与安徽省的交界处。同样地，安徽省的省级政府建立了淮河水利委员会，计划在洪灾地区修建大堤。他们从安徽北部10个不同的受灾县征调劳动力。①

如同土地开垦计划一样，这些大规模的修建河堤计划凸显了国民党政府在受灾地区重新建设的雄心和积极性。战时政府成功地吸引受灾地区大批人口投入修建河堤的工程中。比如，在河南东部修建西岸大堤的工程中，扶沟县派遣30000名当地工人，搬运190多万立方米的土石，计划修建从西北到东南跨越全县长达48公里的部分河堤。与此同时，战时政府面临的严重财务危机，使政府越来越无力支付劳工工资和修建维护新河堤的材料费用。1938年春，上海沦陷，加上日军占领了整个长江下游地区，"致使国民党政府收入锐减45%"，国民党政府解决战争带来的各种危机时，财政越来越捉襟见肘。从1941年起，情况愈演愈烈，方德万解释道："国民党政府遭受了广泛的经济、会计和财务危机，这些危机来自战场上的变化、日本经济上的禁运收缩、日本战略性轰炸、日本政府与汪精卫伪国民政府的金融政策以及中国与世界市场的隔离。"②

这些压力意味着，国民党政府给河南和安徽等受灾地区拨付的救济款数额远远不够，这些救济款是用于工程建设、紧急用途以及难民搬迁的。比如，虽然政府规定了淮河水利委员会为修堤工人拨付工资，但是当地民工通常只能得到一点点钱，甚至没有工资，沿河地区还得自己支付修建工程所需材料的费用。李文海及其同事称，1940年国民党中央政府为安徽灾民提供的钱平均"每人只有两分钱"，这远远不够任何人生存。更糟糕的是，新修的河堤太低，也不够结实，夏季高水位时期根本无法保护当地百姓。

扶沟县3万民工新修的河堤，在黄河水位上涨的时候出现了3处

① 穆盛博：《中国的战争生态学：河南、黄河及其他（1938～1950）》，第35页；李文海等：《中国近代十大灾荒》，第259～260页。

② 《扶沟县志》，第97～98页；菲利克斯·伯金：《改造国民政府：财政崩溃后的行政改革（1937～1945）》，《现代亚洲研究》45（2011年3月），第283页；萧邦齐：《苦海求生：抗战时期的中国难民》，第39、57页；方德万：《中国的民族主义和战争》，第252页。

溃堤口，从而导致了更严重的洪灾。阜阳县也出现了同样的情况。阜阳县志记载，尽管当地百姓辛辛苦苦地修建河堤，政府还派了两位工程师监督工程进展，但是阜阳附近茨河下游一段的河堤还是不断出现溃堤口，因此而导致的洪灾造成很多人伤亡，将原来富饶肥沃的土地变成了淤泥堆积的荒地。由于新修河堤需要大量的劳动力，而且不一定能起到保护作用，受灾地区的人们逐渐将修河堤看作一个不受欢迎的负担。①

1940年8月，阜阳新修的外堤溃堤后不久，凯恩写了几封信，其中一封信让我们看到，一个旁观者对于安徽北部官方修堤工作的尖锐评价。“看到中国官员的玩忽职守，我发现很难继续保持耐心，”凯恩写道，“他们明明知道今年还会跟去年一样发洪水。他们明明有八个月的时间进行准备——这八个月里农民都没事做，肯定愿意干活。但是他们却一直等到5月河水水位开始升高，然后才疯了一样到处忙着修河堤。”“那时候（5月），农民忙着收割小麦，没时间浪费在修建肯定会塌的河堤上，”他写道，“他们匆匆忙忙地赶在洪水来临前修完，可是实际上泥土太松软，大风一刮，修的河堤肯定会塌，成千上万英亩的土地又会被淹没。”②

战时政府既不能保护受灾地区免受洪水再次来袭之苦，又不能为人民提供充足的救济钱物，这样的处境使政府难以调动农村百姓进行抗战。天任说，洪灾使百姓的生活一贫如洗，因此也给“抗战和国家建设的伟大事业”带来了消极的影响。日军1937年刚刚抵达淮河沿岸的几个县时就遭到了当地人民的“猛烈抵抗”，但是后来几年黄河不断发洪灾，使得百姓贫困交加。安徽北部灾区的一些人，面对饥荒，只好抢别人的东西，总比当卖国贼强。可是，另一些人则开始在附近的日军占领区贩卖诸如食盐或粮食等物，有人甚至把枪都卖给了敌人。“饭都没得吃，还要枪干什么？”天任写道。经常能听说会有救济款，他继续写道，可是根

① 太和地方志办公室：《八年黄泛》，《细阳春秋》第4辑，第50～52页；李文海等：《中国近代十大灾荒》，第260页；《扶沟县志》，第97～98页；《黄河决口为灾》，《中国地方志集成·安徽府县志辑》第23册，江苏古籍出版社，1998，第624页。

② 《赫伯特·凯恩给温妮弗莱德和珍妮的信》，1940年8月19日。

本没有人来发放救济物资。他觉得，等着永远不会来的政府救济，给安徽北部百姓的情绪带来了可怕的影响。

> 他们怀疑，他们消沉，他们动摇，他们失望悲观，因之在乡村工作的人员，虽奔走呼号，费尽九牛二虎气力，他们总置若罔闻，他们认为任何问题都不能比饿肚子问题来得还严重。①

河南灾区民众的情绪在1943年跌到了谷底，当地百姓遇到了饥荒、可怕的洪灾和大规模修堤工程的多重折磨。1943年5月，在饥荒肆虐的河南，当农民终于能开始收割一点急需的小麦时，河南东部黄河新河道沿线一带新修的河堤却出现了至少16处溃堤口，造成了严重的洪灾，淹没了130万亩农田。河南省政府担心如果不修好这些溃堤口，下游还会出现更多的溃堤口，洪水会淹没更多地方，最后很有可能无法控制洪灾，因此决定从20多个县征用50万工人修建和加固河堤。这么大的工程需要大量的劳动力，却只有少量的资金支持，给本来就受灾严重的河南农村百姓造成了沉重的负担。有时，国民党政府还用武力强迫百姓去修堤和当兵。战时河南一个叫张落蒂的老师写道，1943年国民党汤恩伯将军，命令好几个县的农民为大规模修堤工程拉树干，“还派人到每个县去为部队抓壮丁”。农村的年轻人不愿意当兵，但是被抓了壮丁后，如果逃跑就会被打死。因此，有些人家常常找一些人顶替，代价就是用两三石小麦交换。背井离乡的洪灾难民往往没办法找人顶替，于是经常“被抓去当苦力”。②

1943年，《河南民国日报》发表了几篇社论，表达了灾区农民对政府各种要求的不满情绪。比如，1943年6月的头版社论指出，历朝历

① 天任：《黄灾惨重下的皖北农村》，杨效杰主编《淮西风云录》，第192页。

② 《河南民国日报》1943年7月7日、8日、22日，1943年8月3日，1943年12月8日；穆盛博：《中国的战争生态学：河南、黄河及其他（1938～1950）》，第121～125页；张落蒂：《难忘的1943年》，宋致新编著《1942：河南大饥荒》，第208页；王之丰：《忆九年黄水之害》，《界首史话》第2辑，第74页。一亩等于六分之一英亩土地，一石等于一百升粮食。

代管控黄河，都需要整个国家投入大量的人力、物力，但是自从五年前黄河改道以来，沿河一带的各县承担了“超过90%的”黄河管控责任。沿河地区不得不投入人力、粮食和各种材料，远远超过了普通税收负担和军事服务负担，以至于当地百姓都在说，“黄河都快要了人命了”。由于最近发生的几次溃堤和洪灾，每个农村和乡镇现在不得不派出至少四五千人去修堤。沿河地区的百姓说，“就连老人和孩子都去当兵了，可是还是不够”。①

王瑞英关于丈夫死亡的说法，作为个例深刻说明了让受灾地区百姓做出牺牲的做法给难民家庭带来了多么大的影响。王瑞英说，1943年2月底，就在她婆婆死后五天，她的丈夫刘焕就被当地官员“强行拉走”去修河堤。“他本来已被病饿折磨得即将要死的人了，”王说，“那能去作苦役？”在前往修堤工地的路上一天走了30多里地后，刘焕在道陵岗庙外突然摔倒在地。跟他一起赶路的人给王瑞英写了一封信说明她丈夫的情况，王收到信后立刻动身，希望“一步”就能赶到道陵岗见到“亲爱的丈夫”，可是还是太晚了。“谁料想见到的却是一具冰冷的尸体。”她回忆道。刘焕的例子，证明国民党政府组织的修堤工程就是一个致命的负担。②

在关于这次灾难的很多第一手记录里，频繁出现的一个主题就是河堤。河堤无处不在——河南黄河大堤的战略性溃堤导致了洪灾；沿河小一些的河堤救了无数人的性命，保护了城市，为逃难的村民提供了栖身之地；为了修建河堤，受灾几个县的农村百姓承受了沉重的负担。还有一个不断出现的主题是痛苦的抉择，包括国民党政府高层为了给武汉争取时间而决定毁堤，县乡一级政府为了挽救带城墙的城市而决定将洪水引向周边的乡村，各家为了在没完没了的洪灾中活下来而不得不做出令人心痛的决定。

不同来源的信息显示，对于洪水淹没地区的很多农村家庭来说，洪水跟日本侵略军一样可怕。这些信息也似乎表明，国民党政府并没有抛

① 《河南民国日报》1943年6月21日。

② 《俺一家的悲惨遭遇》，《尉氏文史资料》第5辑，第77～79页。

弃受灾地区的百姓，相反还认真地采取措施降低物价、重新安置并积极调动灾区难民的生产积极性，尤其是在战争初期。可是，到了1943年，灾区很多百姓明白了，战时国民党政府的种种做法，诸如号召人们做出牺牲、派灾区难民开垦荒地生产粮食、通过修建新河堤来控制洪水等，都无法将黄河洪灾转变成令中华民族团结一心的机会。最后，国民党政府的种种努力，正如他们征召数十万民工修河堤一样，令灾区难民疲惫不堪，丧失希望，根本无法使他们与整个国家紧紧连在一起。作为国民党的强大对手，中国共产党才最终有效地调动起了受灾地区农村广大人民群众的积极性。①

本文的部分内容在2013年和2014年的“亚洲研究协会”年会上以报告形式公开过，也在2013年中国人民大学举办的“旱暵水溢：世界历史上的河流、洪涝与旱灾”会议上以报告形式公开过。笔者非常感谢许多与会同人对本文部分内容做出评论，尤其感谢彼得·普度、张玲、露丝·莫斯特恩、安德丽娅·詹库、夏明方、马俊亚、唐纳德·沃斯特、史蒂芬·麦克金恩、约翰·瓦特、凯罗琳·里夫斯、丽贝卡·内多斯托普以及卢燕。笔者也非常感谢比利·格雷厄姆中心档案馆的档案员鲍勃·沙斯特和其他工作人员。最后，笔者还要感谢《农业历史》匿名读者，感谢大家提出的宝贵意见。

（杨　莉　译）

① 正如吴应铣所看到的，共产党的组织者很有经验，将河南东部的洪灾严重地区并入集体防御项目中，尤其是在1944年日军迫使国民党军队退出河南大部分地区以后。吴应铣：《调动群众：建设河南革命》，斯坦福大学出版社，1994，第220、236、329～330页。

·学术评论·七十年来中国灾害史研究笔谈·

新中国成立70年来防灾救灾工作的成就与经验

郝　平*

自1949年以来，经过70年的发展，我国在各个领域都取得长足的发展和进步，在防灾救灾工作方面也不例外。2016年7月28日，习近平总书记在河北唐山市调研时指出："我国是世界上自然灾害最为严重的国家之一，灾害种类多，分布地域广，发生频率高，造成损失重，这是一个基本国情。"① 根据《1949～2004重大自然灾害案例》一书统计，新中国成立后55年间发生过53次重大自然灾害事件。② 2004年以后，中国又相继发生了2008年南方雨雪冰冻灾害和汶川地震、2010年西南五省区市严重干旱和青海玉树大地震等诸多重大自然灾害。在与自然灾害不断斗争的过程中，党和政府积累了丰富的经验和教训。随着我国防灾减灾能力的不断提升，自然灾害导致的死亡人数总体呈下降趋势。据《中国灾情报告（1949～1995年）》统计，20世纪50年代平均每年因灾死亡人员为9878人，60年代下降为6664人，80年代为7074人，90年代（1990～1994）为7014人。③ 但是随之造成的经济损失在不断增加，适时地检视我国在防灾减灾方面的经验和教训，将有助于减轻自然灾害的侵袭和减少国民经济损失，并促进我国防灾减灾事业进一

* 郝平，山西大学历史文化学院教授、博士生导师。

① 《习近平在河北唐山市考察》，新华网，2016年7月28日，http://www.xinhuanet.com//politics/2016-07/28/c_1119299678.htm。

② 民政部救灾救济司、民政部国家减灾中心编《1949～2004重大自然灾害案例》，2005。

③ 国家统计局、民政部编《中国灾情报告（1949～1995年）》，中国统计出版社，1995，第315页。

步发展。因此，回顾新中国成立70年来的抗灾经验教训，无疑具有重大意义。

一 新中国成立以来的重大灾害与抗灾斗争

从新中国成立以来发生的重大灾害类型来看，洪涝、干旱和地震等灾害仍然是中华民族的“心腹之患”。以地震为例，1966～1976年中国不断发生大地震，其中9次为7级以上的强震，仅1976年就连续发生了龙陵7.4级地震、唐山7.8级地震和松潘7.2级地震。① 其中唐山地震共造成24.2万余人死亡，16.4万余人受伤。此次地震不仅“震撼”冀东、殃及京津，而且波及辽、晋、豫、鲁、内蒙古等14个省、自治区、直辖市。② 据对唐山市市区（路南、路北区）、矿区和郊区（开平区）及市属果园的调查统计资料，大地震对唐山市造成的经济损失总计为28.24亿元；③ 据天津市内6个区（和平、南开、河西、河东、河北、红桥）和塘沽、汉沽区的调查统计资料，地震对天津市造成的直接经济损失高达60.86亿元。④ 下面将根据主要灾害类型进行划分，对新中国成立以来的主要重大灾害及抗灾斗争进行细致梳理。

（一）洪涝灾害及抗洪斗争

新中国成立以来，我国洪涝灾害频繁，“一方面洪涝灾害历来是中华民族的心腹大患，另一方面水资源短缺越来越成为我国农业和经济社会发展的制约因素”。⑤ 其中重大洪涝灾害主要有1954年江淮大水、1991年江淮大水和1998年中国大洪水等。

1954年江淮大水造成湖北、湖南、安徽、江苏、河南等地灾情严

---

① 康沛竹：《当代中国防灾救灾的成就与经验》，《当代中国史研究》2009年第5期。

② 张肇诚主编《中国震例（1976～1980）》，地震出版社，1990，第59页。

③ 邹其嘉等：《唐山地震的社会经济影响》，学术书刊出版社，1990，第127页。

④ 邹其嘉等：《唐山地震的社会经济影响》，第134页。

⑤ 中共中央文献研究室编《江泽民论有中国特色社会主义（专题摘编）》，中央文献出版社，2002，第293页。

重。以安徽省为例，据《安徽水灾备忘录》统计，全省受灾农田4945万亩（其中重灾2378万亩），粮食减产78亿斤，塌屋402万间，牲畜损失20722头，受灾人口达1537万人，其中特重灾民505万人，死亡2674人。[①] 此外，据不完全统计，长江中下游湖南、湖北、江西、安徽、江苏五省，有123个县市受灾，淹没耕地4755万亩，受灾人口1888万人，死亡3.3万人，京广铁路不能正常通车达100天，直接经济损失100亿元。[②] 大水发生以后，有关各省迅速成立了防汛指挥部，中央内务部拨出4500多万元救济款用于救济灾民。值得一提的是，共有1300万名灾民被有计划、有组织地转移，这在中国灾荒史上尚属首次。

1991年江淮流域自5月中旬至7月上旬持续强降暴雨，造成安徽、湖北、湖南、浙江、江苏等省部分地区洪涝灾害严重。据统计，全国洪涝受灾面积36894万亩，成灾面积21921万亩，死亡5113人，倒塌房屋497.9万间，直接经济损失779.08亿元。[③] 洪水期间，中央领导多次赴灾区视察、慰问、指挥救灾工作，并成立抗洪救灾小组，联合水利部、农业部、卫生部、民政部、商业部、财政部、铁道部等机构积极投身到抗洪救灾工作中。人民解放军共出动兵士17万人次，车辆3万多台次，船（舟）艇650艘次，飞机22架次，转移群众19万人次，抢运物资35万吨，加固堤坝数百公里，医治灾民5万余人次，为抗洪抢险的最后胜利做出了重大贡献。[④] 值得一提的是，中国国际减灾十年委员会代表中国政府，紧急呼吁联合国有关机构、各国政府、国际组织及国际社会有关方面向灾区提供人道主义援助，这成为中国共产党执政历史上的第一次。截至8月21日，国内外捐款累计已达13亿多元，救灾物资折合人民币1.68亿元。国内外捐款中内地6.24亿元，港澳4.9亿元，台湾地区8325万元，国际社会1.1亿元。[⑤] 有学者评价说：“事实

① 转引自夏明方、康沛竹主编《20世纪中国灾变图史》（下），福建教育出版社、广西师范大学出版社，2001，第5页。

② 国家统计局、民政部编《中国灾情报告（1949~1995年）》，第25页。

③ 康沛竹：《中国共产党执政以来防灾救灾的思想与实践》，北京大学出版社，2005，第56页。

④ 夏明方、康沛竹主编《20世纪中国灾变图史》（下），第163页。

⑤ 康沛竹：《中国共产党执政以来防灾救灾的思想与实践》，第55页。

说明，与‘三年自然灾害’和唐山大地震的救灾过程相比，在1991年江淮大水中，党和政府表现出了实事求是的态度，工作效率和科学化程度都大大地提高了。”[①]

1998年6月到8月，长江流域暴发了继1954年以来的又一次全流域大洪水，截至8月22日，初步统计全国遭洪水袭击的省（区、市）共29个，受灾面积3.18亿亩，成灾面积1.96亿亩，受灾人口2.23亿人，死亡3004人（其中长江流域1320人），倒塌房屋497万间，直接经济损失1666亿元。[②] 在这次抢险救灾中，人民解放军和武警部队发挥了主力军的作用，近30万名官兵投入抗洪抢险斗争，据鄂湘赣皖四地前线指挥部不完全统计，三军和武警抗洪部队加固加高堤坝3000公里，排除化解险情3300多处（起），直接抢救转移群众近60万人。[③]

（二）地震及抗震救灾

地震灾害具有突发性强、破坏性大、次生灾害严重等特点，尤其是发生在城市地区的地震致使伤亡损失巨大。新中国成立后的重大地震灾害主要有1966年邢台大地震、1975年海城大地震、1976年唐山大地震、2008年汶川大地震。

1966年3月8日，河北邢台地区发生6.8级地震，地震造成死亡8064人、伤3.8万人，毁坏房屋500万间，直接经济损失10多亿元。[④] 周恩来总理几次赴地震灾区，对抗震救灾做出一系列指示，并提出“自力更生、奋发图强、发展生产、重建家园”的十六字方针。[⑤] 在周总理的支持推动下，我国的地震预报工作自邢台地震后开始进入全面探索与实践阶段。1970年，我国召开了首届地震工作会议。到1971年，

① 康沛竹：《中国共产党执政以来防灾救灾的思想与实践》，第56页。

② 唐明勇、孙晓辉：《危难与应对：新中国视野下的危机事件与社会动员个案研究》，中共党史出版社，2010，第69页。

③ 王文杰等：《决胜三江——人民解放军和武警部队，98抗洪纪实》，解放军出版社，1998，第627页。

④ 张肇诚主编《中国震例（1966~1975）》，地震出版社，1988，第1页。

⑤ 方樟顺主编《周恩来与防震减灾》，中央文献出版社，1995，第14页。

国务院成立国家地震局[①]，其成为统一管理地震监视、预报和研究力量的机构。1972 年 12 月，在山西临汾召开的地震科研会议上，建立年度全国地震趋势会商会制度，主要针对 1972 年前一二年全国地震趋势进行预估，确定应该加强工作的地区。这一系列工作的开展为 1975 年海城地震得以成功预报奠定了基础。

1975 年 2 月 4 日，辽宁海城发生 7.3 级大地震，地震破坏城镇房屋 508 万平方米，农村民房 86.7 万间；各类输送管道和线路 169 万米；各类桥梁 200 余座；水利设施 700 多处。总经济损失约 8.1 亿元，其中城镇损失 4.93 亿元，占总损失的 61%，农村损失 3.17 亿元，占 39%。地震直接造成伤亡 18308 人，其中死亡 1328 人，占受灾区总人口的 0.016%。[②] 尽管地震区内的房屋倒塌数量很大，但是人员伤亡的比重很小，在极震区内的 686 个生产大队中，有 493 个队无一人伤亡。以海城县英落公社为例，该公社位于极震区，震前把群众疏散到室外，全社 28027 间房屋倒塌了 95%，但 35786 口人中，蒙难者仅 44 人，很大程度上减轻了伤亡；海城县牌楼公社丁家沟生产大队，位于极震区，2 月 3 日发动群众住进离房 10 米远的防震棚，全队 700 间民房倒塌 550 间，878 口人无一人伤亡。[③] 海城地震伤亡人数的大量减少，除了归功于科研工作者在震前做了较好的预报以外，也与政府对地震预防工作的重视有很大关系。地震发生后，党中央和国务院发出慰问电并派出了慰问团，同时调拨大批救灾物资和生产资料。从 1975 年到 1978 年底，恢复了震坏的城镇房屋 83.6%、公共设施 97.2%、农村住房 91%。[④]

1976 年 7 月 28 日凌晨，河北省唐山市发生了 7.8 级地震。地震所造成的损失在前文已经提及，此处不再赘述。从时间上推算，大部分灾民是在震后第三天以后得到救灾物资的。据统计，唐山地震后，唐山、天津两地共有 71.7% 的人得到过救济物资，唐山市则达到了 95.8%。可见，唐山地震后，灾民较普遍地得到了救灾物资，但是得到的物资因

① 1998 年更名为“中国地震局”。

② 张肇诚主编《中国震例（1966～1975）》，第 189 页。

③ 朱凤鸣、吴戈编著《一九七五年海城地震》，地震出版社，1982，第 184 页。

④ 朱凤鸣、吴戈编著《一九七五年海城地震》，前言。

时间、职业、职务不同而呈现明显的规律分布。[①] 实际上，1976年初召开的年度全国地震趋势会商会曾估计唐山—辽西地区有发生5~6级地震的可能，并建议加强该地区的工作。5~6月河北省地震局曾派出唐山地震工作小组赴唐山调查，但对地震规律认识不足造成对基本趋势预估错误，加上考虑到可能会产生严重的社会影响等问题，从而未能像海城地震时那样做出临时的地震预报。

2008年5月12日，四川省汶川地区发生8.0级大地震，共造成69227人遇难，374643人受伤，17923人失踪，造成直接经济损失8451亿元人民币。此次抗震救灾的持续开展，彰显了我国在对抗重大自然灾害中的雄厚实力，标志着我国的救灾事业进入了全新的阶段。以灾后恢复重建对口支援方案为例，2008年6月11日国务院办公厅印发《汶川地震灾后恢复重建对口支援方案》，确定广东、江苏、上海、山东、浙江、北京、辽宁、河南、河北、山西、福建、湖南、湖北、安徽、天津、黑龙江、重庆、江西、吉林等19个省市立即组织开展灾后恢复重建对口支援工作。各支援省市每年按照本省市上年地方财政收入的1%来安排对口支援实物工作量。该方案的确立和实施，大力推动了灾区重建，灾后仅一年，灾区的面貌就焕然一新。

（三）其他重大灾害及抗灾斗争

对我国造成重大影响的其他灾害主要还包括1959~1961三年困难时期、1987年大兴安岭森林火灾、2003年SARS事件、2008年南方雨雪冰冻灾害以及2010年西南五省区市严重干旱等。以1987年大兴安岭森林火灾为例，该年5月6日到6月2日，黑龙江漠河县城、9个林场、70万公顷森林、85万立方米已伐林木、2488台设备以及325万公斤的粮食、64.4万平方米的房屋付之一炬，受灾群众10807户，56092人无家可归，死亡193人，受伤226人，直接经济损失15亿元。[②] 实际上这并不是大兴安岭的第一次失火，据统计，从1964年大兴安岭开发到

① 邹其嘉等：《唐山地震的社会经济影响》，第103页。

② 夏明方、康沛竹主编《20世纪中国灾变图史》（下），第131页。

1987年，这里共发生大小森林火灾881起，森林可开采资源减少了一半，其中因火灾损失林木4865万立方米，占可采资源的30%。烧毁的森林面积是更新林地面积的164倍![1] 此次火灾范围的严重扩大，与地方防火部门防火不力有莫大关系。5月8日，中央成立由中国人民解放军、林业部、国家气象局和国家物资局等部门参加的扑火领导小组，研究扑火救灾工作。在国务院的紧急动员下，共约5.88万人组成扑火大军，其中解放军指挥员3.1万余人，森林警察、消防干警及专业扑火队员2100余人，当地预备役民兵、林业工人和群众2万余人。[2] 同时，铁道部、林业部、气象局、邮电部、地矿部、民政部、卫生部、公安部等部门都为这次扑火斗争做出了重要贡献。如气象部门成立专门小组，严密监测大兴安岭地区的灾情，每天将卫星云图和天气预报情况送到每一个扑火指挥机构；并广泛开展人工降雨作业，高炮部队配合发射降雨弹4700发。此外，全国各地民众也纷纷捐款捐物，建言献策，多个国家和国际组织也纷纷捐赠资金、器材和药品等。

二　防灾减灾救灾体系的生成与完善

新中国成立以来，我国防灾减灾救灾体系的发展大体经历了两个阶段，以1978年十一届三中全会为界，我国防灾减灾救灾体系不断完善，逐渐由探索阶段进入现代化阶段。其中既包括救灾机构的逐步完善，也包括救灾方针的不断调整，还包括救灾工作的不断社会化、救灾法律的逐步科学化以及防灾减灾工程的不断建设。

（一）救灾机构的逐步完善

从救灾机构的设置来看，1949年中央政府政务院设立了内务部，后逐渐设立了城市救济社会福利司、农村救济社会福利司等内部机构。“文革”期间内务部被撤销，至1978年第五届全国人民代表大会决定

① 夏明方、康沛竹主编《20世纪中国灾变图史》（下），第133页。

② 夏明方、康沛竹主编《20世纪中国灾变图史》（下），第140页。

设立民政部。作为我国管理救灾工作的主要部门，其主要职能包括掌握灾情，管理和发放救灾款项，贯彻、检查救灾政策的执行情况及总结交流救灾工作经验等。[①]

除民政部外，还设置有其他救灾机构，如综合协调指挥机构、辅助机构和临时救灾机构等。新中国成立以后出现的综合协调指挥机构主要有1950年成立的中央生产救灾委员会、1989年成立的中国国际减灾十年委员会，以及国务院抗震救灾指挥部和国家防汛抗旱总指挥部等。1949年12月中央人民政府政务院颁布的《关于生产救灾的指示》要求，“各级人民政府须组织生产救灾委员会，包括民政、财政、工业、农业、贸易、合作、卫生等部门及人民团体代表，由各级人民政府首长直接领导”。[②] 到1950年正式成立中央生产救灾委员会，其日常工作委托内务部进行。之后灾区各地如河北、皖北、苏北、河南等，也相继组织了生产救灾委员会。国家防汛抗旱总指挥部则是我国防汛抗旱工作的最高组织机构，其前身较早可以追溯到1950年设立的中央防汛总指挥部，到1971年成立了中央防汛抗旱指挥部，1988年成立了国家防汛总指挥部，1992年国家防汛总指挥部正式更名为国家防汛抗旱总指挥部。1989年成立了中国国际减灾十年委员会，2000年更名为中国国际减灾委员会，2005年中国国际减灾委员会更名为国家减灾委员会，负责制定国家减灾工作的方针、政策和规划，协调开展重大减灾活动，综合协调重大自然灾害应急及抗灾救灾等工作。国家减灾中心成立于2002年4月，2003年5月正式运转，2009年2月加挂“卫星减灾应用中心”牌子，2018年4月转隶应急管理部，为公益一类事业单位，主要承担减灾救灾的数据信息管理、灾害及风险评估、产品服务、空间科技应用、科学技术与政策法规研究、技术装备和救灾物资研发、宣传教育、培训和国际交流合作等职能，为政府减灾救灾工作提供信息服务、技术支持和决策咨询。[③]

① 康沛竹：《中国共产党执政以来防灾救灾的思想与实践》，第122～123页。

② 孟昭华、彭传荣：《中国灾荒史》，水利电力出版社，1989，第189页。

③ 国家减灾网，http：//www. ndrcc. org. cn/。

为防范化解重特大安全风险，健全公共安全体系，整合优化应急力量和资源，推动形成统一指挥、专常兼备、反应灵敏、上下联动、平战结合的中国特色应急管理体制，将国家安全生产监督管理总局的职责，国务院办公厅的应急管理职责，公安部的消防管理职责，民政部的救灾职责，国土资源部的地质灾害防治、水利部的水旱灾害防治、农业部的草原防火、国家林业局的森林防火相关职责，中国地震局的震灾应急救援职责以及国家防汛抗旱总指挥部、国家减灾委员会、国务院抗震救灾指挥部、国家森林防火指挥部的职责整合，于2018年3月根据第十三届全国人民代表大会第一次会议批准的《国务院机构改革方案》组建应急管理部，作为国务院组成部门。①

应急管理部的主要职责包括组织编制国家应急总体预案和规划，指导各地区各部门应对突发事件工作，推动应急预案体系建设和预案演练。建立灾情报告系统并统一发布灾情，统筹应急力量建设和物资储备并在救灾时统一调度，组织灾害救助体系建设，指导安全生产类、自然灾害类应急救援，承担国家应对特别重大灾害指挥部工作。指导火灾、水旱灾害、地质灾害等防治工作。负责安全生产综合监督管理和工矿商贸行业安全生产监督管理等。公安消防部队、武警森林部队转制后，与安全生产等应急救援队伍一并作为综合性常备应急骨干力量，由应急管理部管理，实行专门管理和政策保障，采取符合其自身特点的职务职级序列和管理办法，增强职业荣誉感，保持有生力量和战斗力。应急管理部要处理好防灾和救灾的关系，明确与相关部门和地方的职责分工，建立协调配合机制。②

（二）救灾方针的不断调整

从实际情况出发，不断调整救灾方针也促进了我国防灾减灾救灾体系的不断完善。在1950年中央生产救灾委员会的成立大会上，董必武

① 《中共中央印发〈深化党和国家机构改革方案〉（摘要）》，中华人民共和国应急管理部网，2018年4月16日，https：//www. mem. gov. cn/jg/zyzz/201804/t20180416_ 232220. shtml。

② 中华人民共和国应急管理部网，https：//www. mem. gov. cn/jg/。

做了《关于深入开展生产自救工作》的报告，提出新中国的救灾方针为："生产自救，节约渡荒，群众互助，以工代赈，并辅之以必要的救济。"[①] 1958年内务部召开第四次全国民政会议，提出救灾工作必须为农业生产"大跃进"和消灭自然灾害服务，确定了"防重于救，防救结合，依靠集体，农业为主，兼顾副业，互相协作，厉行节约，消灭灾荒"的救灾方针。[②] 在这一方针的指导下，全国进入空前规模的防灾建设高潮。到1978年，第七次全国民政会议恢复了"文化大革命"以前的救灾方针。1983年，第八次全国民政会议基于农村广泛实行了家庭联产承包责任制和扶持贫困户的新形势，把救灾方针修订为"依靠群众，依靠集体，生产自救，互助互济，辅之以国家必要的救济和扶持"。2006年，回良玉副总理在第十二次全国民政会议上的讲话中指出：坚持"政府主导、分级管理、社会互助、生产自救"的救灾工作方针，全面落实和完善《国家自然灾害救助应急预案》，健全四级灾害应急救助指挥体系，强化重大灾害抗灾救灾减灾综合协调机制。[③]

2018年10月10日，习近平主持召开中央财经委员会第三次会议，研究提高我国自然灾害防治能力并发表重要讲话。会议强调，提高自然灾害防治能力，要全面贯彻习近平新时代中国特色社会主义思想和党的十九大精神，牢固树立"四个意识"，紧紧围绕统筹推进"五位一体"总体布局和协调推进"四个全面"战略布局，坚持以人民为中心的发展思想，坚持以防为主、防抗救相结合，坚持常态救灾和非常态救灾相统一，强化综合减灾、统筹抵御各种自然灾害。要坚持党的领导，形成各方齐抓共管、协同配合的自然灾害防治格局；坚持以人为本，切实保护人民群众生命财产安全；坚持生态优先，建立人与自然和谐相处的关系；坚持以预防为主，努力把自然灾害风险和损失降至最低；坚持改革

① 孟昭华：《中国灾荒史记》，中国社会出版社，1999，第858页。

② 中华人民共和国内务部农村福利司编《建国以来灾情和救灾工作史料》，法律出版社，1958，第214～215页。

③ 回良玉：《深入学习贯彻党的十六届六中全会精神　充分发挥民政在构建和谐社会中的重要基础作用——在第十二次全国民政会议上的讲话》，中华人民共和国民政部网，2006年11月23日，http://www.mca.gov.cn/article/xw/mzyw/200711/20071115003827.html。

创新，推进自然灾害防治体系和防治能力现代化；坚持国际合作，协力推动自然灾害防治。[①]

（三）救灾工作的不断社会化

救灾工作的不断社会化也是健全我国防灾减灾救灾体系的重要途径。新中国成立初期，在计划经济体制的背景下，救灾工作的开展一直是以中央政府为主导。实施改革开放以后，我国政府才逐渐放宽对民间赈济组织的管控。到 1981 年 10 月 4 日，《民政部关于可否发动群众募捐支援灾区问题的答复》指出："根据中央有关指示精神，灾区人民的生活困难，主要依靠自力更生和国家必要的救济解决。对单位或群众都不号召发动救灾募捐，但如果有些单位和个人出于自愿主动给予捐赠，民政部门可以接收。"[②] 经过一段时间的探索，1996 年 1 月，民政部在广西南宁召开的全国民政厅（局）长会议上明确指出："加强社会互助，推动救灾工作社会化进程。自然灾害涉及到社会的各个方面，救灾不仅是政府的职责，也是全社会的责任，要广泛发动社会力量参与救灾……有条件的地方，要探索由社会团体、民间组织承担部分救灾事务的路子。大中城市要建立经常化、规范化的募集衣被制度，对口支援灾区和贫困地区，并以此推动救灾工作社会化，使救灾工作由政府行为、部门行为变成全社会共同的义务。"[③]

1996 年 5 月 30 日，民政部正式下发《民政部关于在社会救助工作中充分发挥慈善组织作用的通知》，指出要充分动员社会力量，改变单一依靠政策包揽的局面，建立多层次、多渠道的社会救助体系，因此要求"各级民政部门要主动为慈善组织的工作提供必要条件，支援它们开展各种形式的社会救助活动，使它们更好地发挥自身的优势，协助政

---

① 《习近平主持召开中央财经委员会第三次会议》，中华人民共和国中央人民政府网，2018 年 10 月 10 日，http：//www. gov. cn/xinwen/2018 －10/10/content_ 5329292. htm。

② 民政部政策研究室：《民政工作文件汇编》（二），民政部政策研究室，1984，第 176 页。

③ 全根先主编《中国民政工作全书》（中），中国广播电视出版社，1999，第 1332 页。

府推动社会救助工作社会化的进程”。[1] 2000 年后，伴随着经常性社会捐助活动向制度化、规范化过渡，以政府为主导、社会积极参与的救灾格局已经基本形成，民间组织作为社会参与的一部分，在救灾工作中也发挥着越来越重要的作用。[2]

增强民众的防灾减灾意识，普及推广全民防灾减灾知识和避灾自救技能，将使我国的防灾减灾工作更具针对性和有效性。2009 年 3 月 2 日，国务院批准自 2009 年开始，每年的 5 月 12 日为全国“防灾减灾日”，定期举办全国性防灾减灾宣传教育活动，这将进一步唤起社会各界对防灾减灾工作的高度关注，并持续推动全民防灾减灾事业的建设。

（四）救灾法律的逐步科学化

救灾法律的科学化对我国防灾减灾救灾体系的完善起到了重要的推动作用。新中国成立以来，救灾法律制度的建设主要经历了三个时期。第一个时期是从 1949 年到 1966 年，这一时期政务院、内务部、中央生产救灾委员会等机构多次发出指示文件，如 1952 年内务部发出的《关于加强查灾、报灾及灾情统计工作的通知》、1956 年 9 月内务部发出的《关于加强救灾工作的指示》、1957 年 9 月国务院发出的《关于进一步做好救灾工作的决定》、1963 年 8 月内务部发出的《关于灾区当前应抓好几项工作的通知》等一系列文件。第二个时期是从 1967 年到 1977 年，这一时期的救灾工作因“文化大革命”而几乎陷入停滞状态。从 1969 年内务部撤销到 1978 年民政部成立，这期间没有一部救灾工作法律出台，成为我国救灾法律制度的空白阶段。[3] 第三个时期是由 1978 年至今，十一届三中全会以后，我国救灾法律制度建设逐渐恢复并不断发展。如 1989 年通过的《中华人民共和国传染病防治法》、1997 年通过的《中华人民共和国防震减灾法》与《中华人民共和国防洪法》、2007 年通过的《中华人民共和国突发事件应对法》、2016 年修订的《国家自

① 民政部法规办公室编《中华人民共和国民政法规大全（贰）·国家民政法规（2）》，中国法制出版社，2002，第 1300 ~ 1301 页。

② 蒋积伟：《新中国救灾工作社会化的历史考察》，《当代中国史研究》2010 年第 6 期。

③ 孙绍骋：《中国救灾制度研究》，商务印书馆，2004，第 157 页。

然灾害救助应急预案》等法律法规的相继颁布，表明我国防灾减灾救灾的法律体系已经逐渐完善，这对我国开展紧急救灾及灾后重建工作等都有十分重要的作用。

不过，我国救灾法律制度建设仍任重道远，有学者提出："从长远角度来看，完善我国防灾减灾立法，应当做好以下两个方面的工作：一是进一步制定适用于某个特定灾种的法律，并以该法律所确立的法律制度为核心，建立起适用于某个特定灾种的防灾减灾法律体系；二是改革目前的灾害管理体制，尽量争取出台一个规定灾害基本对策的类似于日本议会制定的《灾害对策基本法》，并以《灾害对策基本法》为核心，建立适合于我国防灾减灾工作特点的防灾减灾法律体系。"①

（五）防灾减灾工程的不断建设

此外，水利工程建设、防风暴工程建设和防治滑坡泥石流工程建设等减灾系统工程的建设，也促进了我国防灾减灾救灾体系的完善。以水利工程建设为例，新中国成立以来，我国一直都十分重视水利工程建设在防灾减灾中的作用。早在新中国成立初期，我国就开展了以治淮为先导的大规模水利工程建设，并开始进行针对黄河、长江和海河等大江大河的治理工程，如治理长江的荆江工程于1952年开工，其间政府共投资7150亿元，这充分显示了政府对兴修水利重要性的认识。20世纪50～70年代，黄河三门峡水库、汉江丹江口水库、长江葛洲坝水利枢纽等水利工程相继修建。1991年，七届全国人大四次会议确定的《关于国民经济和社会发展十年规划和第八个五年计划纲要的报告》第一次明确提出："要把水利作为国民经济的基础产业，放在重要的战略地位。"② 1998年，江泽民在总结防汛抗洪的经验时，也总结了新中国成立以来水利工程建设的经验教训："搞好水利建设，是关系中华民族生存和发展的长远大计。"③ 截至2011

① 莫纪宏编著《"非典"时期的非常法治——中国灾害法与紧急状态法一瞥》，法律出版社，2003，第81页。

② 中国水利学会主编《中国水利发展战略问题文集》，中国科学技术出版社，1993，第34页。

③ 《发扬抗洪精神重建家园 发展经济——江泽民主席在江西视察抗洪救灾工作时的讲话（摘录）（1998年9月4日）》，《中国水利年鉴1999》，中国水利水电出版社，1999，第30页。

年，中华人民共和国水利部和国家统计局发出的《第一次全国水利普查公报》显示了几组数据。2011年全国共有水库98002座，总库容9323.12亿立方米。其中已建水库97246座，总库容8104.10亿立方米；在建水库756座，总库容1219.02亿立方米。过闸流量1立方米每秒及以上水闸268476座，橡胶坝2685座。其中在规模以上水闸中，已建水闸96226座，在建水闸793座；分（泄）洪闸7919座，引（进）水闸10970座，节制闸55137座，排（退）水闸17198座，挡潮闸5795座。堤防总长度为413679公里。5级及以上堤防长度为275495公里。其中已建堤防长度为267532公里，在建堤防长度为7963公里。①

三　新中国成立70年来救灾防灾的经验

总结新中国成立70年来救灾防灾的经验，将对我国未来的救灾防灾工作有着异常重要的指导作用。除了重视防灾减灾工程的建设、增强灾害意识与防灾意识、促进人与自然和谐共处等传统救灾经验以外，继续推动救灾工作的社会化、有效开展国际国内合作及努力实现灾害信息的公开化和透明化、坚持“以人为本”的抗灾救灾理念等，都是我们目前救灾防灾工作的重要经验，需进一步推进和完善。

（一）继续推动救灾工作的社会化

当前要继续推动救灾工作的社会化，完善民间组织参与救灾的机制。1953年9月26日，内务部向灾区各级政府发出了《关于加强灾区节约渡荒工作的指示》，指示中说“我国的粮食产量，目前还不能充分满足国家与人民的需要，为了集中力量保证国家经济建设计划的完成，政府只能拿出一定的力量对灾民进行救济”。② 这种以政府救灾为主体的救灾模式在20世纪80年代被打破。随着救灾主体多元化的发展，越来越

① 《第一次全国水利普查公报》，中华人民共和国水利部网，2013年3月21日，http://www.mwr.gov.cn/sj/tjgb/dycqgslpcgb/201701/t20170122_790650.html。

② 中华人民共和国内务部农村福利司编《建国以来灾情和救灾工作史料》，第91页。

多的民间组织和个人在救灾中开始发挥重要作用，防灾减灾救灾体系正由灾害管理向灾害治理转变，“其背景是国家管理、社会管理均在从管理走向治理，而市场主体与社会主体在改革、发展中已经不断得到壮大”。①

以 1998 年中国大洪水为例，当时中华慈善总会接收捐款 3.28 亿元，捐物折款 2.35 亿元，款物共计 5.63 亿元。中国红十字会总会接收捐款 1.3 亿元，捐物折款 1.4 亿元，款物共计 2.7 亿元。再加上民政部及各地民政部门接收的社会捐款累计可达 35.15 亿元。② 社会捐款首次超过了政府拨出的 12.28 亿元救灾款。

2008 年汶川地震时，据民政部报告，截至该年 5 月 29 日 12 时，全国共接收国内外社会各界捐赠款物 373.07 亿元，实际到账捐款 279.90 亿元，已向灾区拨付捐赠款物 104.03 亿元。其中民政部到账捐款 18.15 亿元，中国红十字会总会到账 34.23 亿元，中华慈善总会到账 5.50 亿元，各省区市到账捐款 200.79 亿元，外交部、港澳办、台办等相关部门到账捐款 21.23 亿元。③ 社会捐款直接超过了民政部的到账捐款。不仅如此，中国国务院新闻办 2009 年 5 月 11 日发表的《中国的减灾行动》白皮书显示，四川汶川特大地震发生后，中国公众、企业和社会组织参与紧急救援，深入灾区的国内外志愿者队伍规模达 300 万人以上，在后方参与抗震救灾的志愿者达 1000 万人以上。截至 2009 年 5 月，中国社区志愿者组织数达到 43 万个，志愿者队伍规模近亿人，其中仅共青团、民政、红十字会三大系统就比上年增加 1472 万人，年增长率达 31.8%。④

（二）有效开展国际国内合作及努力实现灾害信息的公开化和透明化

开展有效的国际国内合作，努力实现灾害信息的公开化和透明化，

① 郑功成：《从灾害管理走向灾害治理》，《中国减灾》2017 年第 13 期。

② 民政部救灾救济司、民政部国家减灾中心编《1949 ~ 2004 重大自然灾害案例》，第 179 页。

③ 转引自蒋积伟《新中国救灾工作社会化的历史考察》，《当代中国史研究》2010 年第6 期。

④ 《中国 1300 多万名志愿者参与汶川地震抗震救灾》，国务院新闻办公室网，2009 年 5 月 11 日，http://www.scio.gov.cn/zfbps/jdbps/gq/Document/321834/321834.htm。

不仅可以获得国际多方援助，还可以减轻民众恐慌，并能够广泛发动群众参与救灾工作。此处以2003年非典和2008年汶川地震的信息公开程度为例，进行对比说明。2003年春，“非典型性肺炎”在全国多个省份迅速蔓延。由于有关方面应对突发公共卫生事件时准备不充分，疫情一度未能得到及时有效的遏制。当时“北京封城”“飞机撒药”等谣言四起，群众对“非典”的恐慌大于“非典”的危害和影响，甚至出现了市场抢购风潮。西方媒体对中国进行了大量的负面报道，根据对《华盛顿邮报》、《纽约时报》、CNN、BBC四大西方新闻媒体有关对中国SARS事件的报道统计，在2003年3月31日至4月12日的202条新闻报道中，负面报道132条，中性报道69条，正面报道1条。[①]

2008年汶川地震时，政府第一时间就公开了灾区的基本情况，当时《亚洲周刊》就中央电视台的工作写道：“最受关注的是中央电视台，5月12日下午三点二十分，CCTV开启地震直播窗口，从此时开始，央视凭借其前线约160名记者的庞大队伍、采访‘特权’、以及可随意调取的各省级电视台的资源，制作了连续24小时滚动直播的地震特别节目接近200个小时，创造了中国电视直播史上的新纪录。”[②] 不仅如此，中国政府对外国媒体也开放了权限，美联社、法新社、《联合早报》、《金融时报》、《纽约时报》、《华尔街日报》等国际上有影响力的媒体，纷纷派出记者深入灾区采访，采访的媒体从20多家迅速增加到100多家。新加坡《联合早报》5月21日的一篇文章评论说：“中国媒体在地震报道中所显示的空前的自由度，也让世界刮目相看，甚至可以说是‘地震般的巨变’……一天后，包括《国际先驱论坛报》在内的众多知名媒体就发出惊愕之声：‘中国对地震的回应异常公开。’”[③] 从西方媒体对上述两次灾害报道的态度变化中可以看出，灾害信息的透

① 参见武汉大学发展研究院SARS研究课题组编《SARS挑战中国——SARS时疫对中国改革与发展的影响》，武汉大学出版社，2003，第256页。

② 转引自《汶川地震报道践行〈政府信息公开条例〉》，国务院新闻办公室网，2010年5月18日，http://www.scio.gov.cn/ztk/dtzt/25/15/Document/639312/639312.htm。

③ 转引自《汶川地震报道践行〈政府信息公开条例〉》，国务院新闻办公室网，2010年5月18日，http://www.scio.gov.cn/ztk/dtzt/25/15/Document/639312/639312.htm。

明化一定程度上保障了灾害报道的客观性，有助于我国获得更多的国际援助。

（三）坚持“以人为本”的抗灾救灾理念

改变以往只重视物资救助而忽视灾民心理建设的传统救灾理念，坚持“以人为本”的抗灾救灾理念。以汶川地震为例，2008 年 5 月 15 日由中科院心理所组成的心理救援队赶赴灾区；20 日，中国红十字会总会心理救援队抵达四川绵阳，针对地震给人们造成的心理创伤进行心理干预。卫生部制订了灾后 1～2 年内的心理干预计划，在灾民安置点等地开展干预试点。经卫生部批准，四川大学华西医院于当年 5 月 15 日成立卫生部心理危机干预医疗总队，随后于当年 11 月成立心理危机干预基地。从 2008 年 5 月开始，开展了大量的灾后心理危机干预和灾后心理康复工作，至 2011 年，共承担了 8 项重要国际及国内灾后心理干预项目，项目基本覆盖了四川省所有极重灾县以及陕西省宁强县，直接受益人数约 500 万人。这是中国灾害史上第一次大规模的心理救助活动。

坚持生态文明的发展方式，牢固树立“防灾甚于救灾”的意识。“在防灾救灾工作中要真正做到预防，很大程度上就是要改善和保护自然生态系统，以减少自然灾害的发生。”① 新中国成立以来，由于对经济发展的盲目追求，在“人定胜天”“向自然开战”等发展理念指导下的经济建设，对我国的生态环境造成了严重的破坏，时人对于生态环境危机却选择了漠视，“那时候，我们相信，并不存在什么世界性的环境危机和生态危机，有的只是资本主义制度的危机；公害是资本主义罪恶制度的产物，社会主义制度是不可能产生污染的”。② 改革开放以后，生态环境问题逐渐得到党和国家的高度重视。2003 年十六届三中全会通过的《关于完善社会主义市场经济体制若干问题的决定》指出，实现经济、社会和自然发展的协调统一是“五个统筹”的显著特征，统

① 康沛竹：《当代中国防灾救灾的成就与经验》，《当代中国史研究》2009 年第 5 期。

② 〔美〕芭芭拉·沃德、勒内·杜博斯：《只有一个地球——对一个小小行星的关怀和维护》，吉林人民出版社，1997，第 2 页。

筹人与自然的和谐发展是实现可持续发展的必经之路。2012年，党的十八大把生态文明建设纳入中国特色社会主义事业总体布局，使生态文明建设的战略地位更加明确。2017年10月18日，习近平同志在十九大报告中指出：坚持人与自然和谐共生，“必须树立和践行绿水青山就是金山银山的理念，坚持节约资源和保护环境的基本国策……实行最严格的生态环境保护制度，形成绿色发展方式和生活方式，……为人民创造良好生产生活环境，为全球生态安全作出贡献”。

小　结

新中国成立70年来，在救灾防灾工作中，政府与社会各界为保障人民的生命与财产安全已经做出了最大努力，我国的防灾减灾救灾体系也在这个过程中开始形成，并且逐步完善健全起来，同时我国积累了丰富的救灾防灾经验。然而，当前我国的救灾防灾工作依然严峻，正如一些学者所指出的，“灾情作为持久影响国家社会经济发展的各个方面的重要制约因素，不仅应该成为中国国情的一部分，而且应该成为国情中必须给予高度重视的重要组成部分”。[①] 在日后的救灾防灾工作中，形成以政府为主导、社会各界广泛参与的全民族、全人类的防灾减灾救灾体系已是时代的必然趋势。

① 郑功成：《中国灾情论　中国灾害黑皮书》，湖南出版社，1994，第14页。

新中国成立70年来防洪减灾研究发展历程与成就回顾

张伟兵*

受气候和地理条件的影响，我国是世界上洪水灾害最为严重的国家之一，全国除沙漠和极端干旱区、高寒山区等人类极难生存的地区外，大约2/3的国土面积、4/5以上的耕地受到洪水灾害的威胁，总体上呈现频次高、范围广、种类多、损失大的特点。[①] 新中国成立以来，我国江河洪水灾害频发重发，对人民群众生命财产安全和经济社会发展造成严重威胁和影响。在党中央、国务院的坚强领导下，各级党委和政府精心组织、全力应对，成功应对了1954年江淮大水、1957年松花江大水、1958年黄河大水、1963年海河大水、1991年江淮大水、1994年珠江大水、1998年长江松花江嫩江大水、1999年太湖大水、2003年和2007年淮河大水、2005年珠江大水以及2016年长江太湖大水等江河洪水，保障了大江大河、大中城市和重要基础设施的防洪安全，保障了城乡生活、生产、生态供水安全，取得了显著成效。[②] 本文重点简述新中国成立70年来我国防洪减灾科学研究的进展，通过将防洪减灾科学研究置于防洪形势变化以及国家科技发展变化的视野下，回顾70年来我国防洪减灾科学研究的发展历程，梳理总结了防洪减灾科学研究取得的代表性成就，以期为我国防洪减灾科学研究以及防洪减灾工作提供参考。

---

* 张伟兵，中国水利水电科学研究院水利史研究所研究员。

① 赵春明、周魁一主编《中国治水方略的回顾与前瞻》，中国水利水电出版社，2005，第20页。

② 田以堂：《我国水旱灾害防御工作成就辉煌》，《中国防汛抗旱》2019年第10期。

一 新中国成立前我国面临的防洪形势

自1840年至1949年的百余年间，是我国洪水灾害最为严重的一个时期，主要江河防洪形势发生了剧变。黄河于1855年在铜瓦厢决口改道，从夺淮入海改为经山东的利津独流入海，这使淮河和海河水系都摆脱了黄河的干扰，为淮河和海河的重新治理创造了条件。但黄河、淮河、海河三大水系要形成新的防洪体系，需要付出极大的代价。长江1860年和1870年两次特大洪水后，荆江河段形成四口（松滋口、太平口、藕池口和调弦口）分流入洞庭湖的局面。此后，长江中游江湖关系、荆江河段的演变关系发生了根本变化。江汉平原的洪水威胁虽有所缓解，洞庭湖区的防洪问题却日趋紧张。与此同时，我国主要江河都发生了历史最大或接近历史最大的洪水，如：黄河1843年和1933年大水；长江1860年、1870年、1931年、1935年大水；淮河1921年和1931年大水；海河1917年和1939年大水；珠江1915年大水；松花江1932年大水；辽河1860年和1930年大水。历次大洪水造成的受灾农田面积大多在1亿亩以上，受灾人口数百万人，由于防灾救灾能力有限，历次大洪灾死亡人口多达数万人，有的甚至在10万人以上，灾情惨重。据调查分析，近代各大江河大洪水泛滥淹没农田范围达79万余平方公里，都是中国人口密集、经济发达的地区。①

与此同时，这一时期由于长期的社会动荡、经济凋敝、国力衰微，政府无暇治理江河。虽然一些有识之士对主要江河的治理方略开展了一些探讨，提出了轮廓规划，但付诸实施的很少。至新中国成立初期，我国河湖基本处于无控制的自然状态，水系紊乱，江河防洪体系尚不足以抵御10~20年一遇的中小洪水灾害。② 全国防洪工程设施不仅数量很

① 徐乾清：《近代江河变迁和洪水灾害与新中国水利发展的关系》，中国水利学会水利史研究会选编《中国近代水利史论文集》，河海大学出版社，1992，第7~10页。

② 《中国河湖大典》编纂委员会编著《中国河湖大典（综合卷）》，中国水利水电出版社，2014，第239页。

少，而且残缺不全。至1949年，全国仅有堤防4.2万公里，除黄河下游堤防、荆江大堤、淮河洪泽湖大堤、海河永定河堤防、钱塘江海塘等工程相对完整以外，绝大多数江河堤防矮小单薄、破烂不堪，防洪能力很弱。全国仅有6座大型水库和17座中型水库，防洪作用很小。洪水监测和预报的手段也相当落后，全国仅有水文站148个，水位站203个，雨量站2处。[①] 当时淮河连年洪水，毛泽东主席看到关于淮河洪灾的有关报告后曾为之伤心落泪。此外，人口不断增加，1949年我国人口达5.4亿人，增加最多的是沿江河的中游平原湖区和滨海地区。为了扩大生存空间，人类不断与水争地，天然河湖面积不断缩小，行洪障碍不断增多，这既影响到河湖的蓄泄能力，又加重了防洪的任务。[②] 这就是新中国成立之初面临的严峻防洪形势和历史留下的艰巨防洪任务。

二　70年来我国防洪形势的变化与防洪减灾方略的调整

1949年以来的70年间，我国每年都会发生不同程度的洪水灾害。以1954年和1998年长江大水、1963年和1996年海河大水、1975年和1991年淮河大水、1998年松花江大水最为严重。21世纪以来，城市暴雨内涝灾害又十分突出，2007年济南市、2010年广州市、2012年北京市、2016年武汉市等都发生了严重的暴雨内涝灾害。据资料统计，1950年以来，洪涝灾害造成我国农作物累计受灾面积逾6.6亿公顷，年均960万公顷（见图1）；成灾面积超3.6亿公顷，年均528万公顷；因洪水灾害死亡人口28万人，年均4098人（见图2）；倒塌房屋1.2亿间，年均177.71万间；直接经济损失近44000亿元，年均1509.02

① 顾浩主编《水利辉煌50年》，中国水利水电出版社，1999，第18页。

② 徐乾清：《近代江河变迁和洪水灾害与新中国水利发展的关系》，《中国近代水利史论文集》，第7～10页。

亿元（见图3）。[①] 纵观70年来我国防洪形势的变化，其大体上经历了三个阶段，分别为：1949年至20世纪70年代（1978年以前）；1978年改革开放到1998年；1998年以来。与防洪形势的变化相一致，我国防洪减灾方略也经历了三次调整：1978年以前以防洪工程建设为主；1978年改革开放至1998年调整为实施工程措施和非工程措施相结合的防洪方略；1998年以来，防洪方略再次调整，开始从控制洪水向洪水管理转变。

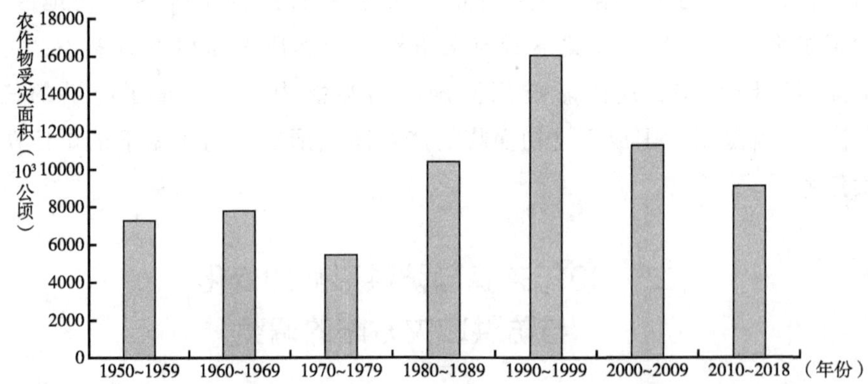

图1　1950～2018年各时期因洪涝农作物平均受灾面积统计

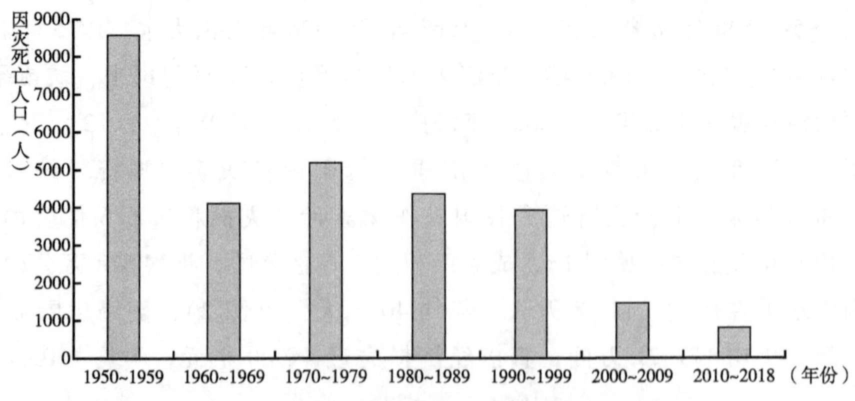

图2　1950～2018年各时期因洪涝平均死亡人口统计

① 吕娟、凌永玉、姚力玮：《新中国成立70年防洪抗旱减灾成效分析》，《中国水利水电科学研究院学报》2019年第4期。

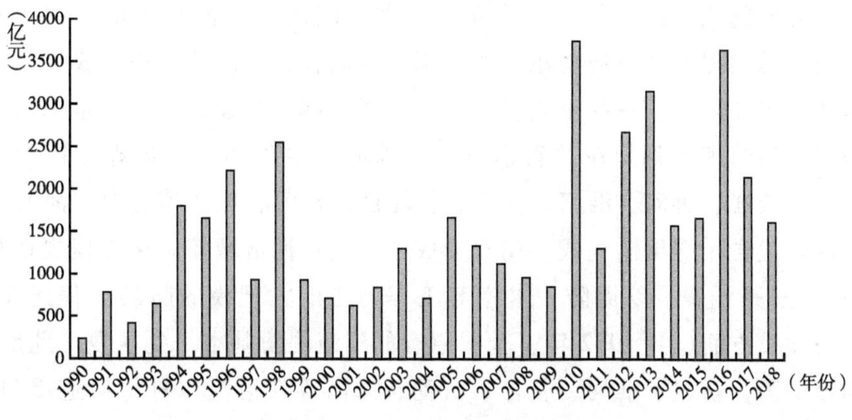

图 3　1990～2018 年历年因洪涝直接经济损失统计

（一）1949 年至 20 世纪 70 年代：以工程建设为主的防洪方略

新中国成立初期，党和政府就把江河治理工作摆在恢复和发展国民经济的重要地位，提出水利建设的基本方针是防治水患，兴修水利，以达到大力发展生产的目的。① 党和政府倡导“人民水利为人民”，并在“水利是农业的命脉”的号召下，大兴水利，治理江河湖泊，同时研究制订各河流的治本计划。1950 年中央人民政府发布《关于治理淮河的决定》，开展了以治淮为先导的大规模的江河治理工作。1955 年中华人民共和国发展国民经济的第一个五年计划进一步提出：“在治本、治标结合和防洪、防旱、防涝兼顾的方针下，第一个五年计划期间主要是继续有重点地治理为害严重的河道，加固重要河流的堤防，大力地进行防汛工作，并积极地兴修农田水利。”② 这一时期，毛泽东主席先后发出“一定要把淮河修好”（1951）、“要把黄河的事情办好”（1952）、“一定要根治海河”（1963）的伟大号召，表达了全国人民整治江河、造福民族的决心和愿望。由此开展了大规模的江河治理和防洪建设，主要包

① 《当代中国的水利事业》编辑部编《历次全国水利会议报告文件 1949—1957》，中国水利水电科学研究院图书馆藏，第 10 页。

② 全国人大财政经济委员会办公室、国家发展和改革委员会发展规划司编《建国以来国民经济和社会发展五年计划重要文件汇编》，中国民主法制出版社，2008，第 705 页。

括三方面的工作。一是初步建立了防洪组织体系。1950年正式成立中央防汛总指挥部和黄河防汛总指挥部，随后长江防汛总指挥部成立。根据防汛工作需要，一些重点省份的防汛指挥部也陆续建成。二是编制实施了江河治理规划。在“蓄泄统筹、以泄为主”的江河治理方针的指导下，长江、黄河、淮河、海河、松花江、辽河、珠江等七大江河流域的规划报告相继编制完成，初步形成了七大江河流域控制性工程规划布局。[①] 三是开展了以堤防、水库等工程为主的大规模的防洪工程建设。堤防建设方面，到1952年，全国原有的江河堤防基本得到恢复。此后，陆续加固、新建了淮河、长江、黄河、海河等江河流域骨干河道堤防。据统计，20世纪50~70年代，全国共建成规模以上堤防总长度13.2万公里，占全国规模以上堤防总长度的48%。[②] 水库建设方面，1951年，新中国第一座大型水库——官厅水库开工建设。1957年至1959年的三年时间内，在黄河干流上相继修建了三门峡、刘家峡、盐锅峡、青铜峡、三盛公、花园口、位山7座枢纽。1958年至1974年，在长江支流汉江上兴建了丹江口水库。1952年至1967年，在淮河流域修建了板桥、石漫滩、薄山、南湾、白沙、佛子岭、梅山、响洪甸、磨子潭、宿鸭湖、白龟山等大型山谷水库群。各大江河大中型水库群粗具规模。此外，还在主要江河上开辟了蓄滞洪区，并初步进行了河道治理。60年代后期至70年代，我国江河治理工作一度受挫，进展缓慢，但一直受到党和国家领导人的牵挂。1972年周恩来总理病重期间，在主持葛洲坝工程汇报会议时指出：“二十年来我关心两件事，一个上天，一个水利，这是关系人民生命的大事，我虽是外行，也要抓。”[③]

至1978年，全国江河防洪堤达16.5万公里，保护面积达到4.8亿亩；建成各类水库8.4万座，其中大型水库311座，总库容4000亿立方米，初步形成了大江大河防御洪水灾害的工程体系。[④]

① 陈小江主编《水利辉煌60年》，中国水利水电出版社，2010，第13页。

② 《第一次全国水利普查成果丛书》编委会编《水利工程基本情况普查报告》，中国水利水电出版社，2017，第67页。

③ 曹应旺：《周恩来与治水》，中央文献出版社，1991，第59页。

④ 顾浩主编《水利辉煌50年》，第18~19页。

（二）改革开放至1998年：工程与非工程措施相结合的防洪方略

1975年，淮河发生特大洪水，板桥、石漫滩两座大型水库垮坝失事，全流域受灾面积106.67万公顷，死亡2.6万人，造成毁灭性灾害。[①] 大水之后经过痛定反思，以及随着改革开放形势的发展，1981年全国水利管理会议提出将水利工作的重点转移到管理上来，1983年进一步明确将“加强经营管理，讲究经济效益”作为水利工作方针。与此同时，防洪工作也开始逐步加强非工程措施建设。1984年12月，水利电力部副部长杨振怀在全国水利改革座谈会上明确提出，要“加强非工程防洪措施的建设”，并“希望各省也要重视”。[②] 自此以后，防洪方略开始从以工程建设为主转向工程与非工程措施相结合。

这一时期的防洪工作，工程措施方面，国家加大了对水利工程建设的投入力度，各大江河防洪能力有了较大提高。黄河流域启动了以加固、整修堤防为主的第三次黄河下游防洪工程建设，共计培修堤防1300多公里，两岸临黄大堤平均加高2.15米，形成了“水上长城”。长江流域，1983年长江荆江大堤完成一期加固工程，1984年启动二期加固工程建设。20世纪90年代以来，大江大河干支流上开始兴建长江三峡、黄河小浪底、嫩江尼尔基、北江飞来峡等水利枢纽；并分期分批开展了病险水库除险加固工作，水库的防洪标准有了一定程度的提高。非工程措施方面，首先加强了预警预报系统建设，共建成防汛专用微波通信干线15000多公里、微波站500多个，同时在全国19个重点防洪地区建成了集群移动通信网，在26个重要蓄滞洪区建立洪水预警反馈系统，在大中型水库建立了200多个库区自动测报系统。大江大河预案建设也取得突破。1985年，国务院批复了黄河、长江、淮河、永定河防御特大洪水方案，随后，国家防总和各地防指相继制定了其他大江大

① 国家科委全国重大自然灾害综合研究组编《中国重大自然灾害及减灾对策（年表）》，海洋出版社，1995，第395页。

② 《当代中国的水利事业》编辑部编《历次全国水利会议报告文件1979—1987》，中国水利水电科学研究院图书馆藏，第434页。

河的洪水调度方案。法律法规建设也进一步得到加强。1988 年，国务院颁布了《中华人民共和国河道管理条例》；1991 年，国务院颁布了《中华人民共和国防汛条例》，在法律意义上明确建立了行政首长防汛责任制；1997 年，《中华人民共和国防洪法》颁布施行，这是我国第一部规范防洪工作的法律，也是我国第一部规范防治自然灾害工作的法律。此外，这一时期还开展了防汛队伍能力建设。1988 年，黄河水利委员会率先在流域内成立 4 支全国重点防汛机动抢险队，使其负责流域内 2290 公里的设防大堤和 370 处工程的抢险任务。随后，河南、河北、辽宁、安徽、福建、广西、四川等省区也相继成立全国重点防汛机动抢险队，人员实行的是准军事化管理，汛期 24 小时待命，这有效地保证了抗洪抢险工作及时有序进行。①

不过，这一时期水利投入总体上呈下降趋势。1991 ~ 1997 年，水利累计完成投资占全社会投资的比例仅为 1%，远低于能源（12.4%）、交通（7.9%）和邮电（4.2%），同时洪灾损失呈逐年攀升之势。② 1998 年长江松花江嫩江大水，是 20 世纪下半叶最严重的一次洪水灾害，直接经济损失 2551 亿元，占当年自然灾害总损失的 84.8%。③ 举国上下共同抗洪，其成为我国防洪工作的一个重要转折点。此后，我国防洪工作进入一个新的时期。

（三）1998 年以来：从控制洪水向洪水管理转变

1998 年大洪水中，仅严防死守，以及抗洪、抢险、救灾，就花费了 400 亿元。大灾之后，国务院及时出台“32 字方针”（封山植树，退耕还林，平垸行洪，退田还湖，以工代赈，移民建镇，加固干堤，疏浚河道），国家成倍增加了治水的投入。1998 ~ 2002 年，中央水利基建投资达到 1786 亿元，为 1949 ~ 1997 年投资的 2.36 倍，其中发行 784 亿元国债用于防洪工程建设。经过此阶段的反思，防洪工作逐步走上了建设

---

① 王翔、刘洪岫：《新中国防汛抗旱方略发展历程》，《中国防汛抗旱》2009 年增刊。

② 程晓陶：《新中国防洪体系建设 70 年》，《中国减灾》2019 年第 19 期。

③ 赵春明、周魁一主编《中国治水方略的回顾与前瞻》，第 20 页。

与管理并重、工程与非工程措施相结合的现代化发展轨道。[①] 2003 年初，国家防总根据中央治水方针的调整，对防洪策略做出相应调整，提出从控制洪水向洪水管理转变，为我国经济社会全面、协调、可持续发展提供防洪安全保障。为适应这一转变，逐步开展了五大体系的建设：一是建立标准适度、功能合理的工程体系；二是建立科学规范的管理体系；三是建立有效的社会保障体系；四是建立健全的政策法规体系；五是建立先进的技术支撑体系。

工程体系建设方面，随着黄河小浪底（2001）、淮河临淮岗（2006）、嫩江尼尔基（2006）、西江百色（2006）和长江三峡（2009）等一批大型防洪控制性枢纽投入运行，加之干堤加固工程的实施，以及病险水库除险加固等工作的不断展开，目前我国大江大河主要河段均具备了防御新中国成立以来最大洪水的能力，中小河流具备防御一般洪水的能力，重点海堤设防标准提高到 50 年一遇。这些工程的建设可基本保证堤防不决口、水库不垮坝。

管理体系建设方面，至 2010 年年底，长江、黄河、淮河、海河、珠江、松花江、太湖等七大江河流域全部设立了防汛抗旱总指挥部，辽河流域成立了辽河防汛抗旱协调领导小组。中央、流域、省、市、县各级防汛组织指挥体系已经建立健全，并在一些洪水灾害易发地区，探索成立了乡镇级防汛组织。同时，每年汛前，国家防总都要落实全国重点防洪工程的防汛责任人，向社会公布；并通过联合监察部公布防汛责任人名单，加大责任制监督力度。

社会保障体系建设方面，中央每年安排水利建设基金和特大防汛抗旱经费约 20 亿元支持地方防汛抗旱工作，有力地保障了防汛工作的顺利开展。2000 年颁布实施《蓄滞洪区运用补偿暂行办法》以来，至 2009 年，全国共对 13 个蓄滞洪区 26 次分洪运用实施了经济补偿，共发放补偿资金 13.37 亿元，有效弥补了蓄滞洪区运用对区内群众造成的损失。[②]

① 程晓陶：《新中国防洪体系建设 70 年》，《中国减灾》2019 年第 19 期。

② 王翔、刘洪岫：《新中国防汛抗旱方略发展历程》，《中国防汛抗旱》2009 年增刊。

政策法规体系建设方面，国务院于2000年颁布了《蓄滞洪区运用补偿暂行办法》，此后又下发了《关于加强蓄滞洪区建设与管理的若干意见》。2006年，国家又批复实施了《国家防汛抗旱应急预案》，按照灾害规模等级与危害程度，建立起防汛四级应急响应机制。并修订了长江、黄河、淮河、永定河、大清河、松花江等流域防御洪水方案和洪水调度方案。随后，各省（自治区、直辖市）也陆续颁布实施了一大批防汛配套法规。

技术支撑体系建设方面，以国家防汛指挥系统为龙头的现代化建设全面推进，监测、预报、预警和调度的现代化水平进一步提高。截至2019年，建成各类水文站12.1万余处，基本形成了覆盖大江大河和有防洪任务的中小河流的水文监测站网和预报预警体系，建成了连接国家、流域、省级和绝大部分市县的异地视频会商系统。①

但这一时期，受快速城镇化影响，我国城市洪涝灾害问题日趋突出。2006年以来，我国每年受淹的城市都在百座以上，2010年全国有258座城市受淹，为受淹城市最多的年份；年洪灾损失突破3000亿元，且与受淹城市数成指数型增长关系。② 在洪涝风险随经济社会发展而日趋复杂和严峻的背景下，满足人们日益增长的防洪安全保障需求，对全面建设防洪安全保障体系提出了更高的要求。

2011年1月，中共中央一号文件《中共中央　国务院关于加快水利改革发展的决定》指出，水利“不仅关系到防洪安全、供水安全、粮食安全，而且关系到经济安全、生态安全、国家安全”。同年7月，中共中央首次召开水利工作会议，对落实一号文件精神做了全面部署，并进一步提出“要全面提高城市防洪排涝能力，从整体上提高抗御洪涝灾害能力与水平”。2013年12月，习近平总书记在中央城镇化工作会议上指出，要建设自然积存、自然渗透、自然净化的海绵城市。2015年和2016年，30座海绵城市建设试点相继启动。2016年，习近平总书记在河北唐山市考察时发表重要讲话，提出“两个坚持、三个转变”

① 田以堂：《我国水旱灾害防御工作成就辉煌》，《中国防汛抗旱》2019年第10期。

② 程晓陶：《新中国防洪体系建设70年》，《中国减灾》2019年第19期。

的防灾减灾救灾理念，即“坚持以防为主、防抗救相结合，坚持常态减灾和非常态救灾相统一，努力实现从注重灾后救助向注重灾前预防转变，从应对单一灾种向综合减灾转变，从减少灾害损失向减轻灾害风险转变”，为做好新时期洪水灾害防御工作提供了总依据、总遵循。2018年，按照党和国家机构改革安排，国家防总转隶至新组建的应急管理部，水利部负责组织指导洪水灾害防治体系建设，承担日常防汛工作。根据我国治水主要矛盾的变化，水利部提出了“水利工程补短板，水利行业强监管”的水利改革发展总基调，在防汛工作方面，立足于“防”，确立了“以水工程防洪抗旱调度为核心，强化水旱灾害防御行业管理”的总体思路，以监测预警、水工程调度、抢险技术支撑为重点，重点解决山洪灾害防御和水库安全度汛两个难点。我国防洪工作进入了一个新的时期，即将迎来新的挑战和考验。

三　70年来我国防洪减灾研究发展历程

防洪减灾研究是一项实践性很强的科学研究，70 年来防洪减灾研究基本与我国防洪形势的变化以及防洪方略的调整一致。同时，科学研究也有其独立性，并呈现一定程度的前瞻性。纵观 70 年来我国防洪减灾研究的发展历程，大致可分为四个时期：20 世纪 50 ~ 70 年代（1978年以前），为配合各流域防洪规划和国家防灾减灾战略需求，有关单位开展了大规模的水文和洪水资料调查与研究，为以后防洪减灾研究的深入开展奠定了基础；1978 年改革开放至 80 年代末，基于当时防洪工作的业务需要，有关部门组织行业甚至全国力量，在全国范围内组织开展了大规模的历史洪水调查与研究以及江河水利志的编修工作；至 90 年代，防洪减灾研究紧密结合国家重大战略需求以及对水利工作的思考，人们对防洪减灾的宏观战略问题开展了深入研究；21 世纪以来，积极探索推进人与自然和谐共处的治水新思路，防洪减灾研究紧密结合防洪实践需求，在国家防汛指挥系统建设、洪水风险图编制等方面取得重要成就。

（一）20世纪50～70年代：以水文和洪水灾害史料的采集整理为主的防洪减灾科研的起步

新中国成立初期，我国即开展了大规模的治淮建设。当时水利技术人才奇缺，国家批准华东各大专及高职学校土木、水利系应届毕业生470余人提前一年毕业参加治淮工作，又从华东人民革命大学动员187人参加治淮工作，并委托交通大学、同济大学、复旦大学、淮河水利专科学校等举办训练班，培训400余人。[①] 为适应水利建设的需求，国家开始布局组建水利高等院校和科研机构，加速水利专业人才培养。水利高等院校方面，经过1952～1953年全国院校大调整，水利高等教育体系发生了重大变化。水利高校作为以行业归口独立设置的专门学校，在国家建设分工和高等教育专门化过程中的地位和作用得到了凸显和加强。到50年代末，全国设有华东水利学院、武汉水利电力学院、北京水利水电学院、山东水利学院、长江工程大学5所独立建制的水利高校，另有20余所普通高校设立了水利系科。[②] 水利科研机构方面，水利部在1954年召开了全国第一次水利科学工作会议，决定在北京建立水利科学研究院，原有的南京水利科学研究所、西北水利科学研究所，以及各流域和各省属水利科研单位实力也得到加强，初步形成了科研体系，为此后的发展奠定了基础。[③]

这一时期，我国开展了大江大河水利工程建设以及流域规划编制工作，有关高校和科研机构积极参与研究，为流域的全面治理、综合开发提出战略对策和规划方案。当时由于水文资料序列短、覆盖面不够，存在大量的缺资料、少资料地区，所以不足以支撑大规模的水利工程建设。为解决该问题，水电科学研究院水文研究所搜集了截至1958年底的全国水文系统和气象系统的全部有关项目的观测整编成果，并加以挑

① 刘晓群主编《河海大学校史（1915～1985）》，河海大学出版社，2005，第37页。

② 姚维明主编《中国水利高等教育100年》，中国水利水电出版社，2015，第90页。

③ 水利部科技教育司、能源部及水利部水利电力情报研究所编《中国水利科技十年（1979—1989）》，吉林科学技术出版社，1993，第3页。

选和鉴别，于1963年编制完成了《中国水文图集》。[①] 该图集是我国首部全国全域范围的水文图集，解决了新中国成立初期大规模水利工程建设需求与缺资料、少资料的矛盾，被用于1963年后40余年数万座水利工程的设计暴雨、设计洪水推算，成为水利设计工作人员的案头必备材料。

这一时期，有关单位还开展了历史大洪水调查与研究。如黄河水利委员会先后开展了黄河干流、沁河等河段的历史大洪水野外调查。长江流域规划办公室针对1870年长江上游洪水，于1952年先后组织了七次较大规模的野外调查。其他流域如辽河、松花江、珠江、闽江、淮河、海河等也都开展了历史洪水调查。在开展历史洪水调查的同时，也开展了相关的研究工作，主要是对典型历史洪水极值的量化研究，主要集中在典型场次洪水的洪水位和洪峰流量的计算方面，相关成果以1870年长江大水、1843年黄河大水洪水位和洪峰流量的计算为代表。关于1870年洪水的研究，利用水力学和水文学方法进行计算，得出宜昌站最大洪峰流量为105000立方米每秒，30天洪水总量为1650亿立方米，为1153年以来最大洪水，洪水稀遇程度为700多年来最高。这一成果成为长江三峡水利枢纽工程设计的依据。黄河1843年陕县洪峰流量为36000立方米每秒，5天洪峰流量为84亿立方米，12天洪峰流量为119亿立方米，洪水稀遇程度为晚唐（公元900年前后）以来最高。这一成果后来被应用于黄河流域水利规划和三门峡、小浪底工程设计中。[②]

在开展历史大洪水调查的同时，为进一步补充水文资料，中国水利水电科学研究院（简称“中国水科院”）还开展了档案文献资料的采集和整理工作，组织人员前往中央档案馆明清部（即今中国第一历史档案馆）采集清代故宫档案水利资料。整个工作从1956年开始，至1958年结束，历时三年，从该馆所藏的110多万件奏折中，搜集到从清乾隆元年至宣统三年（1736～1911年）共176年间全国

① 中国水利水电科学研究院编《甲子撷英：中国水利水电科学研究院60项优秀成果奖集锦》，中国水利水电科学研究院图书馆藏，2018。

② 周魁一：《1870年长江洪水研究与三峡防洪设计》，宋正海、孙关龙主编《中国传统文化与现代科学技术》，浙江教育出版社，1999，第340～342页；周魁一：《中国科学技术史（水利卷）》，科学出版社，2002，第474～477页。

范围的水利史料，并采用照相复制等方法，共拍摄照片13.8万张，胶卷0.4万余卷，打印、抄录卡片2.6万余件。[①] 20世纪60年代，为方便查阅、利用和保管，又重新组织人员按朝代、年份、省区、河流等，对这批资料进行了分类整理。这批资料由于将全国大部分地区的洪涝详情上溯了近200年，故被广泛用于流域规划，以及历史旱涝、气象水文研究等方面。20世纪60年代，竺可桢先生在主持开展历史气候与黄河、长江大水和断流研究时，就参考利用了这批数据。

除上述水文资料和洪水调查资料的整编外，这一时期各省（自治区、直辖市）的文史、档案、气象、水利、地理等部门还组织开展了综合性的灾害史料或水旱灾害史料、历史气候资料的整编工作，这些史料基本上是对本省区市历史灾害资料较为系统的收集整理，具有较高的史料价值，其中包括大量的洪水灾害史料。这一工作尤以气象部门所做的最为系统。相关成果集中体现在“500年旱涝史料会战”丛书中。据介绍，该丛书当时有上海、江苏、安徽、江西、浙江、福建、宁夏、陕西、甘肃、青海、新疆、四川、云南、湖北、贵州、湖南、广东、广西18个省区市的气象局参加，并特邀了长江流域规划办公室水文处、中国科学院地理研究所、江苏地理研究所等单位协作。[②] 由于该丛书多为内部编印，目前所见，只有上海、江苏、江西、浙江、宁夏、甘肃、青海、新疆、四川、湖北、广东等省区市的资料。[③] 此后，中央气象局气

① 朱更翎：《整编清代故宫档案水利资料的回顾》，中国水利水电科学研究院水利史研究室编《水利史研究室五十周年学术论文集》，水利电力出版社，1986，第4~7页。

② 姚瑞新、张德二：《十九省（市、区）近五百年气候历史资料整编会战工作初步完成》，《气象科技资料》1978年第4期。

③ 中央气象局研究所等编《华北、东北近五百年旱涝史料》，1975；中央气象局研究所等编《华东地区近五百年气候历史资料》，1978；上海市气象局编《上海地区近五百年气候历史资料》，1978；江苏省气象情报资料室编《江苏省气候历史资料》，1978；浙江省气象局编《浙江省气候史料》，1978；江西省气象局资料室编《江西省气候史料》，1978；武汉中心气象台编《湖北近五百年气候历史资料》，1978；乔盛西等编《广州地区旧志气候史料汇编与研究》，广东人民出版社，1993；广西壮族自治区气象台资料室编《广西壮族自治区近五百年气候历史资料》，1979；四川省气象局资料室编《四川省近五百年旱涝史料》，1978；甘肃省气象局编《甘肃省近五百年气候历史资料》，1980；宁夏气象局编《宁夏回族自治区近五百年气候历史资料》，1978；青海省气象局编《青海东部近五百年气候历史资料》，1978；新疆气象局编《新疆维吾尔自治区气候历史资料》，1981。

象科学研究院根据史料记录描述，编绘出《中国近五百年旱涝分布图集》（1470～1980），[①] 用来分析长时序的旱涝演变规律，这大大提高了历史资料的利用程度，在学界产生了广泛的影响。在水利部门主持编写的以水旱灾害为主的史料整理著作中，代表性成果有河北、江苏、安徽、云南等的水旱灾害史料整理著作。[②]

20 世纪 50～60 年代中期，我国防洪减灾研究为水利工程建设、设计以及流域规划提供了很大的技术支持；但是，由于基础资料与技术力量的不足，以及对客观规律认识的局限，其也存在一些问题。如 1955 年有关治黄方案的决策，由于对客观规律认识不足，制定了“节节拦泥，层层蓄水”的治理规划，目标是把黄河的洪水和泥沙全部拦蓄在上中游，解除下游的防洪负担，并使黄河下游变清。但是，工程建成后，三门峡的淤积严重超过预期，特别是淤积向上游发展，形成“翘尾巴”，直接威胁到了西安。后来被迫改建，废弃了已全部或部分建成的下游花园口、位山、洛口和王旺庄等水利枢纽，但仍造成很大的损失。[③]

1966 年开始的“文化大革命”使经济建设遭到严重破坏，水利建设也受到了严重干扰。科研机构被解散，试验室及设备被毁坏，研究人员下放流失，多年形成的水利科研体系遭到严重破坏，科研工作基本处于停顿状态。下放到工地、农村的科研人员，尽管生活、工作条件非常困难，但仍坚持参加生产建设，因陋就简开展一些可能的试验研究工作，在一些重大枢纽工程的修建中发挥了重要作用。如著名泥沙专家林秉南先生利用下放到情报所的机会，坚持利用国外文献进行前沿追踪。当时国内正在建设的刘家峡水电站是高坝，他为此查阅了大量资料，编写了诸如《国外高水头泄水建筑物》等综述报告，这些报告成为我国

① 中央气象局气象科学研究院主编《中国近五百年旱涝分布图集》，地图出版社，1981。

② 参见中国科学院河北分院编《1840 至 1948 年河北省的水旱灾害》，水利电力出版社，1961；江苏省革命委员会水利局编《江苏省近两千年洪涝旱潮灾害年表》，1976；安徽省水利勘测设计院编《安徽省水旱灾害史料整理分析》（公元前 190～1949），1981；云南省水利设计院编《云南省历史洪旱灾害史料》（1911 年清宣统三年以前），1983。

③ 钱正英主编《中国水利》，中国水利水电出版社，2012，第 621 页。

高坝建设方面的重要参考文献。[①]

综观这一时期的防洪减灾科研工作，以水文和洪水灾害史料的采集整理为主，呈现两个明显的特点。一是着眼于社会主义工农业生产建设的需要，由业务主管部门或科研院校组织主持，开展了大规模的灾害史料采集整理工作，取得了丰硕的成果，为日后洪水灾害史的深入研究奠定了扎实的基础。二是史料采集整理的主体是从事自然科学工作的学者，主要为水利、气象专家和相关专业的工程技术人员，这也使得这一时期采集整理的史料呈现明显的自然科学特点，在史料采集整理中重视水雨情等洪水的自然属性，而有关灾情和救灾的资料不足。这一局面直到20世纪90年代以后，才出现了根本性变化。代表性的成果如《近代中国灾荒纪年》及其续编、《中国三千年气象记录总集》及其增订本，它们包含大量的洪水灾害史料，[②] 史料价值都较高。

（二）改革开放至20世纪80年代末：基于业务需求的防洪减灾科研的开展

1978年十一届三中全会以后，随着经济体制改革，水利科技事业出现了新的发展。1982年科技奖励大会根据科学技术是第一生产力的指导思想，明确提出“经济建设必须依靠科学技术，科学技术工作必须面向经济建设”的方针，水利科技的发展方向进一步明确。根据国家科委的部署，水利部组织编制了《1978年至1985年水利水电科学技术发展规划》。其后，又按照国务院科技领导小组的部署，编制了《1986年至2000年水利科技发展规划》。1988年在国家科委组织编制国家中长期科技发展纲领过程中，水利部牵头组织编拟了《水利中长期科技发展纲要》，水利科技的发展方向、战略重点、任

① 程晓陶、王连祥、范昭等：《智者乐水——林秉南传》，中国科学技术出版社，2014，第98页。

② 李文海等：《近代中国灾荒纪年》，湖南教育出版社，1990；李文海等：《近代中国灾荒纪年续编1919—1949》，湖南教育出版社，1993；张德二主编《中国三千年气象记录总集》，凤凰出版社，2004；张德二主编《中国三千年气象记录总集（增订本）》，江苏教育出版社，2013。

务和目标等方针更加明确，形成水利科学事业发展的指导性文件。①

这一时期，有关科研院校结合国家重大战略科研需求，以及防洪实际工作需要，开展了大量研究工作，并取得了诸多成果，迎来了防洪减灾研究的繁荣。特别是进入20世纪90年代，结合国际减灾十年活动，以及国家“八五”“九五”战略规划，防洪减灾研究取得了一大批丰硕的成果。

首先开展的是历史大洪水调查与研究工作。1975年8月，河南驻马店特大暴雨发生，1976年9月，水利电力部发出《关于组织进行历史洪水调查研究工作的通知》。1977年水利电力部“为了适应防汛抗旱与水利和水电建设需要”，决定成立水利电力部南京水文研究所，其中专门设立了“暴雨及干旱研究室”“洪水计算研究室”等。1978年8月，水利电力部要求全国各水利水电系统开展调查洪水资料的审编工作，并由水利电力部科学技术司、水文局、水利水电规划设计院、中国水利水电科学研究院和南京水文研究所组成暴雨洪水分析计算协调小组，组织协调和推动全国调查洪水资料审编刊印工作。1981年11月，在全国召开“全国调查洪水资料编辑工作会”，提出在完成河段调查洪水资料审汇编后，进一步开展场次洪水的分析工作。1982年1月，水利部和电力工业部发文，同意会议提出的编辑大纲和组织形式。大纲确定《中华人民共和国调查洪水资料》由《河段调查洪水成果》和《各地区代表性场次大洪水成果》两部分组成，分别汇编全国各地约6000个主要河段的调查洪水资料，由各省水文总站或水利水电规划设计院等调查汇编2万多次大洪水资料。在此基础上，汇编出全国有代表性的1482年以来的92场历史大洪水，详细介绍了每场洪水的雨情、水情、灾情等。②《河段调查洪水成果》，刚开始由各汇编单位分别刊印。此后，南京水利科学研究院等在前期工作基础上，从6000个河段调查洪水资料中选编了5544个河段调查成果，同时补充了1980年以后调查并

① 《中国水利科技十年（1979—1989）》，第4页。

② 胡明思、骆承政主编《中国历史大洪水》上卷，中国书店，1989；胡明思、骆承政主编《中国历史大洪水》下卷，中国书店，1992。

在工程设计中采用的部分调查洪水资料，汇编成《中国历史大洪水调查资料汇编》。[①] 该书还精选了255幅我国古代水文观测、历史洪灾和历史洪水题刻图片，作为历史洪水调查研究的背景材料附于卷后。这一成果先后两次荣获国家科技进步二等奖。此外，新疆水利部门还于1985～1987年组织了对叶尔羌河的科学考察，调查到清光绪六年（1880）该河洪水卡群站冰川湖突发洪水，洪峰流量达9140立方米每秒，为新疆河流流量之最。[②]

与上述历史大洪水调查工作背景有关的还有一项重要工作，就是清宫档案洪涝史料的系列整理。为满足水利工程设计需要，1977年，在水利电力部组织领导下，由水利电力部水利调度研究所、十一工程局、十三工程局及河北省海河指挥部四个单位组成了协作组，在前一阶段采集和整理的清宫档案水利资料的基础上，率先开展了清代海河滦河流域洪涝档案史料的收集工作。1984年完成了《清代淮河流域洪涝档案史料》，并开始冠以"清代江河洪涝档案史料丛书"的名称。至1998年，前后历时22年，最终成书6册，涉及6个流域和1个地区，分别为海河滦河、淮河、珠江韩江、长江西南国际河流、黄河、辽河松花江黑龙江和浙闽台地区。[③] 与先前五六十年代的整编工作不同，此次整编工作具有开拓性意义。每册不仅有整编说明，还都分县、分年详细统计了洪涝灾害发生情况，制作了分年和分县的洪涝分布表。不仅可以从全流域的角度大致了解洪涝灾害集中发生区域和重大洪涝灾害发生年份，还可以通过分年和分县的洪涝分布表，快速检索出关于洪涝灾害发生的具体

---

① 骆承政主编《中国历史大洪水调查资料汇编》，中国书店，2006。

② 朱尔明主编《20世纪中国学术大典·水利》，福建教育出版社，2006，第262页。

③ 该套丛书共6册，分别为：水利水电科学研究院水利史研究室编《清代海河滦河洪涝档案史料》，中华书局，1981；水利电力部水管司、水利水电科学研究院编《清代淮河流域洪涝档案史料》，中华书局，1988；水利电力部水管司、水利水电科学研究院编《清代珠江韩江洪涝档案史料》，中华书局，1988；水利电力部水管司及科技司、水利水电科学研究院编《清代长江流域西南国际河流洪涝档案史料》，中华书局，1991；水利电力部水管司及科技司、水利水电科学研究院编《清代黄河流域洪涝档案史料》，中华书局，1993；水利电力部水管司及科技司、水利水电科学研究院编《清代辽河松花江黑龙江流域洪涝档案史料　清代浙闽台地区诸流域洪涝档案史料》，中华书局，1998。

描述。此外，每册还列出了各流域或地区清代州县一览表和古今地名对照表，书后附有清代政区图。对于一些水利工程专业名词和档案中记载的特殊地名如工程名称、盐场、行宫等，还另外编有“附编”，如“清代档案中水利术语浅释”“清代档案中行宫所在州县表”“清代档案中南北运河的减河所在州县表”等，为读者阅读和使用提供了很大便利，特别是对于工程建设单位而言，使用非常方便。满志敏对此给予了很高评价，“尽管它不是原创性质的著述，但其学术价值并不亚于原创的著作”。①

20 世纪 80 年代初期，刘树坤先生作为“文革”后第一批考取的研究生被派到日本京都大学学习。1983 年回国后到中国水利水电科学研究院工作，开始开展水流二维数值模拟研究，并考虑其在防洪和洪水管理方面的应用，提出了绘制洪泛区（与《防洪法》中的定义不同，当时所称的洪泛区指洪水可能波及的区域）洪水风险图的建议。1984 年，中国水利水电科学研究院与海河水利委员会合作开展了永定河洪泛区洪水演进计算和分析，并据此绘制了中国第一张洪水风险图。② 同时，积极推动河道防灾学的研究，为促进中日两国在河工坝工领域的科技交流做出了极大的贡献。③

80 年代防洪减灾研究领域开展的另外一项重要工作是江河水利志的编修。水利志是记述兴水利、除水害的专业性志书，防洪是水利志书的核心内容之一。自 1982 年全国编修新一代地方志以来，水利部门组织全国各流域机构和各省（自治区、直辖市）、地、县水利部门以及一些工程管理部门进行全面的修志工作，陆续出版了大量的江河志、省地县水利志和工程志。粗略统计，截至 2012 年底，全国新编各类水利志 1978 种 2074 册，其中正式出版 819 册。④ 绝大部分是 20 世纪 80 ~ 90 年

① 满志敏：《评〈清代江河洪涝档案史料丛书〉》，中国地理学会历史地理专业委员会《历史地理》编辑委员会编《历史地理》第 16 辑，上海人民出版社，2000，第 335 ~ 346 页。

② 向立云：《关于我国洪水风险图编制工作的思考》，《中国水利》2005 年第 17 期。

③ 程晓陶：《新中国防汛抗旱减灾领域科技进步随笔》，《中国防汛抗旱》2009 年增刊。

④ 张伟兵等：《水利文化传承与发展的轨迹——基于 1980 ~ 2012 年水利志的分析》，《中国水利》2012 年第 18 期。

代编修的。由于水利志比较翔实地记录了 1949 年以来的全国各流域、区域的洪水灾害及防洪减灾活动、防洪工程建设以及相关的人文、地理等重要信息，故成为后来开展各类防洪减灾研究的重要参考资料。这一时期编修的水利志书不仅数量多，而且质量高。《黄河防洪志》获中央宣传部 1991 年“五个一工程”优秀图书奖，是迄今为止水利志中唯一获国家奖项的志书。[①] 此外，《河南省志 · 黄河志》[②]《山东省志 · 黄河志》[③]《宁夏水利志》[④] 等荣获全国新编地方志优秀成果一等奖。由于各地水利志的编修人员大多是史学工作者或者受过史学训练的人员，因此，江河水利志的编修，也极大地推动了防洪史研究的深入开展。各大流域机构在编修各自流域水利志书的同时，还编写了各个流域的水利史。如黄河水利委员会编的《黄河水利史述要》[⑤]、长江流域规划办公室编的《长江水利史略》[⑥]、淮河水利委员会编的《淮河水利简史》[⑦]、珠江水利委员会编的《珠江水利简史》[⑧]、江苏省水利厅编的《太湖水利史稿》[⑨]、河北省水利厅等单位联合编的《海河史简编》[⑩] 等。1981 年中国水利学会水利史研究会成立后，得益于这一时期江河水利志工作的开展，不仅学术活动频繁，而且涌现出一批高质量的学术成果，集中体现在历年出版的水利史研讨会论文集中，其中论及防洪问题研究较多的论文集如：《水利史研究会成立大会论文集》《太湖水利史论文集》《水利史研究室五十周年学术论文集》《淮河水利史论文集》《黄河水利史论丛》《江南海塘论文集》《水利史研究会第二次会员代表大会暨

---

① 黄河防洪志编纂委员会、黄河水利委员会黄河志总编辑室编《黄河防洪志》，河南人民出版社，1991。

② 王质彬等主编《河南省志 · 黄河志》，河南人民出版社，1991。

③ 山东省地方史志编纂委员会编《山东省志 · 黄河志》，山东人民出版社，1992。

④ 《宁夏水利志》编纂委员会编《宁夏水利志》，宁夏人民出版社，1992。

⑤ 水利部黄河水利委员会《黄河水利史述要》编写组编《黄河水利史述要》，黄河水利出版社，1982。

⑥ 长江流域规划办公室《长江水利史略》编写组编《长江水利史略》，水利电力出版社，1979。

⑦ 水利部淮河水利委员会《淮河水利简史》编写组编《淮河水利简史》，水利电力出版社，1990。

⑧ 珠江水利委员会《珠江水利简史》编纂委员会编《珠江水利简史》，水利电力出版社，1990。

⑨ 《太湖水利史稿》编写组编《太湖水利史稿》，河海大学出版社，1993。

⑩ 《海河史简编》编写组编《海河史简编》，水利电力出版社，1977。

学术讨论会论文集》《长江水利史论文集》《中原地区历史水旱灾害暨减灾对策学术讨论会论文集》《桑园围暨珠江三角洲水利史讨论会论文集》《中国近代水利史论文集》《华北地区水利史学术讨论会论文集》《江淮水利史论文集》《潘季驯治河理论与实践学术讨论会论文集》《中国城市水利问题:'95 中国城市水利问题历史与现状》[①] 等。这些论文集体现了当时防洪史研究的高水平和对当代防洪问题的认识与深入思考。

80 年代末，面对经济快速发展呈现的人与环境之间的矛盾问题，水利科研工作者开始反思人水之间的关系以及未来水利如何发展等战略问题，力图通过"冷静地思考过去，全面地分析现状，认真地探索未来，从中认识中国水利的规律，以求制定今后 10 年和 21 世纪的发展战略"。[②] 相关成果汇编为《中国水利》，该书在分析了中国水资源的特点并回顾了中国的水利史后，分 15 个专题分别论述了 40 年的经验与展望，最后提出了中国水利的决策问题。其中，徐乾清先生关于当代防洪问题的探讨、何孝俅先生关于江河综合规划的探讨，以及钱正英院士对中国水利决策的认识与展望，对防洪减灾研究具有重要的指导意义。

① 中国水利学会水利史研究会编《水利史研究会成立大会论文集》，水利电力出版社，1984；中国水利学会水利史研究会等编《太湖水利史论文集》，1986；中国水利水电科学研究院水利史研究室编《水利史研究室五十周年学术论文集》，水利电力出版社，1986；水电部治淮委员会编《淮河水利史论文集》，1987；中国水利学会水利史研究会编《黄河水利史论丛》，陕西科学技术出版社，1987；上海市水利局水利志编辑室等编《江南海塘论文集》，河海大学出版社，1988；中国水利学会水利史研究会编《水利史研究会第二次会员代表大会暨学术讨论会论文集》，水利电力出版社，1990；中国水利学会水利史研究会等编《长江水利史论文集》，河海大学出版社，1990；中国水利学会水利史研究会等编《中原地区历史水旱灾害暨减灾对策学术讨论会论文集》，1991；中国水利学会水利史研究会编《桑园围暨珠江三角洲水利史讨论会论文集》，1992；中国水利学会水利史研究会编《中国近代水利史论文集》，河海大学出版社，1992；中国水利学会水利史研究会等编《华北地区水利史学术讨论会论文集》，1993；中国水利学会水利史研究会等编《江淮水利史论文集》，1993；中国水利学会水利史研究会编《潘季驯治河理论与实践学术讨论会论文集》，1996；中国水利学会水利史研究会编《中国城市水利问题:'95 中国城市水利问题历史与现状》，河海大学出版社，1997。

② 钱正英主编《中国水利》，第 1 版前言。

这一时期还有一项重要工作是对水利工程防洪经济效益的评价研究。80年代末，我国防洪工程建设取得巨大成就：建成大中小型水库8.28万座，总库容4600多亿立方米；堤防21万多公里；蓄滞洪区91处，总容量1000多亿立方米；初步治理水土流失面积约50万平方公里；开展了河道整治工程建设和分洪工程建设等。① 为了全面分析水利建设的利害得失，深入总结经验教训，在全社会树立水利兴利减灾的观念，水利部组织相关单位从1985年开始研究宏观水利经济效益计算问题。② 计算结果表明，1949年以来的40年间，水利工程建设投入249.12亿元，减淹耕地9.85亿亩，减免损失值3338.75亿元，扣除投劳折资以及负效益，40年间防洪工程建设经济效益比为7∶1，这显示了防洪工程巨大的减灾效益。③

（三）20世纪90年代：国际减灾十年活动背景下防洪减灾科研的繁荣

人类与环境的问题，不独为我国科技工作者所重视，也是世界共同关注的问题。在众多国家和科学家的共同推动下，第42届联合国大会在1987年12月11日通过了第169号决议，决定将1990～2000年的10年定名为“国际减轻自然灾害十年”（IDNDR），旨在通过国际上的一致行动，将自然灾害对世界，尤其是发展中国家的人民生命财产、社会和经济的影响减到最小。我国是世界上自然灾害最为严重的发展中国家之一，对减灾活动十分重视。1989年4月成立了中国国际减灾十年委员会，同年8月国家科委社会发展科技司组织国家地震局、国家气象局、国家海洋局、水利部、地矿部、农业部、林业部的专家，组成了“中国重大自然灾害调查对策组”，1991年更名为“国家科委国家计委

① 陆孝平等主编《水利工程防洪经济效益分析方法与实践》，河海大学出版社，1993，第6～7页。

② 陆孝平等主编《建国四十年水利经济效益》，河海大学出版社，1993，前言。

③ 陆孝平等主编《水利工程防洪经济效益分析方法与实践》，第164页。

国家经贸委自然灾害综合研究组”（简称“三委自然灾害综合研究组”）。[①] 中国水利水电科学研究院刘树坤、周魁一等都是该综合研究组的专家组成员。中国水利水电科学研究院也因此对这一行动积极响应，1988 年向水利部提出以中国水科院为实体，组建“水利部减灾研究中心”，为水利部“国际减灾十年”工作提供科技支撑的建议。1990 年水利部同意成立“水利部减灾研究中心筹备处”。其间，“筹备处”配合水利部科教司编制完成了《全国防洪科技发展规划（1990 ~ 2000）》。接着，1990 年水利部筹资 100 万元，由“筹备处”组织全国相关研究单位开展防洪减灾战略、洪水预报模型改进、洪水风险图编制、超标准洪水防御等方面的研究工作。[②] 由于“水利部减灾研究中心”迟迟未得到人事部批复，1992 年，中国水科院整合全院洪水灾害问题相关研究力量，成立了灾害与环境研究中心。并通过“八五”“九五”期间一些卓有成效的工作，在人才培养和成果积累上为后期的发展打下了坚实的基础。[③]

三委自然灾害综合研究组主要围绕三个方面的问题开展研究：一是自然灾害灾情的综合调研、规律研究和减灾的综合对策；二是灾害与减灾知识的宣传、普及与培训；三是减灾社会化的探索和推动，包括向国家、部门、地方、企业的社会推动。在防洪减灾领域，第一方面主要开展了中国重大洪水灾害及减灾对策研究，[④] 主要包括：20 世纪主要江河流域典型洪水灾害及其规律研究；水文情报和预报研究；以堤防、水

---

① 国家科委国家计委国家经贸委自然灾害综合研究组办公室、中国可持续发展研究会减灾专业委员会办公室编《中国减灾社会化的探索与推动》，海洋出版社，1996，前言。

② 向立云等：《防洪减灾研究进展》，《中国水利水电科学研究院学报》2018 年第 5 期。

③ 程晓陶：《新中国防汛抗旱减灾领域科技进步随笔》，《中国防汛抗旱》2009 年增刊。

④ 该项研究集中体现在国家科委全国重大自然灾害综合研究组组织编写的《中国重大自然灾害及减灾对策》系列丛书中，包括总论、分论、年表、图丛四册。分别参见国家科委全国重大自然灾害综合研究组编《中国重大自然灾害及减灾对策（总论）》，科学出版社，1994；国家科委全国重大自然灾害综合研究组编《中国重大自然灾害及减灾对策（分论）》，科学出版社，1993；国家科委全国重大自然灾害综合研究组编《中国重大自然灾害及减灾对策（年表）》，科学出版社，1996；国家科委全国重大自然灾害综合研究组编《中国重大自然灾害及减灾对策（图丛）》，科学出版社，1995。

库、蓄滞洪区为主的防洪减灾工程措施研究；以遥感技术、洪水风险图编制、蓄滞洪区和洪泛区的土地管理、洪灾保险与防洪基金制度，以及防洪立法和洪水预报预警为主的非工程防洪减灾措施研究；最后是减轻洪水灾害的对策与展望，提出了建立全民多部门的综合防洪减灾体制。此外，还编制了1949～1990年重大洪水灾害年表，绘制了20世纪中国七大江河洪涝灾害分布图。第二方面的成果主要体现在《全民防洪减灾手册》中，[①] 全书包括基础知识、历史水灾与治水经验、洪水灾害的预防、洪水灾害的对策、灾害经济理论、法规等6部分。书中充分吸收了当时防洪史和防洪减灾研究的最新成果，语言通俗，一定程度上可以看作20世纪90年代初期防洪史和防洪减灾研究的最新进展报告。第三方面的成果主要体现在周魁一先生关于社会进步对洪水灾害增长的影响研究中。周魁一先生指出："自然灾害的本质属性是社会问题。社会的发展、环境的改变以至防洪工程的兴建都影响以至增大灾害的损失。因此，减轻洪水灾害的有效途径，一方面要尽可能控制自然态洪水的泛滥；另一方面则应调整社会的发展布局、有关的对策和实践活动以适应洪水。我国的防洪方针应进一步从单纯注重调动工程手段去控制洪水，向工程与非工程防洪相结合的方向发展，动员全社会投入，从而有效地提高防洪减灾的能力。"[②] 此后，这一成果进一步被凝练为灾害双重属性理论，被认为是哲学思维的进步，并被灾害学界认为是国际减灾十年活动中最为突出的进展之一。[③] 该时期学者们也注意到国外的防洪减灾经验，并将其引入国内。如向立云、程晓陶等翻译了《自然灾害风险评价与减灾政策》，向国内读者介绍了美国自然灾害的管理政策、风险评估与减灾分析的方法，以及自然灾害规划与管理的理念与成果。[④] 谭徐明等编译的《美国防洪减灾总报告及研究规划》，[⑤] 介绍了美国在防

① 刘树坤等主编《全民防洪减灾手册》，辽宁人民出版社，1993。

② 马宗晋等主编《中国减灾社会化的探索与推动》，海洋出版社，1996，第25页。

③ 周魁一：《防洪减灾观念的理论进展——灾害双重属性概念及其科学哲学基础》，《自然灾害学报》2004年第1期。

④ Petak，William J.，Atkisson，Arthur A.：《自然灾害风险评价与减灾政策》，向立云等译，地震出版社，1993。

⑤ 谭徐明等编译《美国防洪减灾总报告及研究规划》，中国科学技术出版社，1997。

洪减灾行为社会化方面的探索。该书是美国国家科学基金会主持编撰的国家防洪减灾行为的指导性文献，分上下两编。上编介绍了美国从20世纪60年代至80年代防洪减灾的历程，并从减灾行为社会化的角度提出了完善国家防洪减灾战略的若干建议；下编从不同学科角度就防洪减灾行为开展了分析，指出防洪减灾应成为综合的相对独立的专门领域。1998年大水之后，三委自然灾害综合研究组还就长江1998年大洪灾反思及21世纪防洪减灾对策开展了专题研究，[①] 指出除了直接的自然因素外，还应该从更广泛的社会因素中去寻找深层次的致灾原因，把洪水灾害视作整个社会保障体系的一项内容，把社会发展与防洪、全面的减灾，甚至全社会的保障体系统一起来作为一个社会可持续发展的基本问题。此外，三委自然灾害综合研究组还开展了灾害灾情统计标准、灾害区划等方面的研究，其中也都归纳总结了防洪减灾领域的相关研究成果。

1995年我国将“科教兴国”战略确定为基本国策。在对外开放方针的指引下，中外科技交流空前活跃，国外先进科技的引进，进一步推动了我国水利科技的现代化。随着各项方针政策的实施，水利科研的结构、物质条件、试验研究手段进一步充实和完善，科研实力增强，这极大地推动了防洪减灾科研的发展。其中有两项重要成果特别值得提及。一项成果是1991年由国家防办组织会同各流域机构和各省（自治区、直辖市）水利厅（局）及有关高等院校、科研单位，在全国范围内全面开展了水旱灾害调查研究工作。该项工作是在前一时期历史洪水调查以及水旱灾害史料整理的基础上开展的，水利部门认识到这批资料对于防洪抗旱工作的重要性，认为“集中整理、全面分析、深入总结这些宝贵资料，对于指导和推动今后的防洪抗旱工作，有着十分深远的意义”。[②] 此后，历经5年多的时间，形成了全国、各大流域和各省（自

---

① 国家科委国家计委国家经贸委自然灾害综合研究组、中国可持续发展研究会减灾专业委员会编著《中国长江1998年大洪灾反思及21世纪防洪减灾对策》，海洋出版社，1998。

② 国家防汛抗旱总指挥部办公室、水利部南京水文水资源研究所编《中国水旱灾害》，中国水利水电出版社，1997，序言。

治区、直辖市）三个层次的水旱灾害系列科研成果。[①] 另一项成果是在水利部与国家防办支持下，水利电力出版社组织全国长期从事防洪工作的专家编写的《中国江河防洪丛书》。[②] 该套丛书旨在“服务当代，惠及后世”，包括总论卷和长江、黄河、淮河、海河、松花江、辽河和太湖7个流域卷，共8卷。该套丛书在对中国江河的基本情况进行较为全面介绍的基础上，把防洪的实践经验上升到一定的理论高度进行系统的总结，是一部实用性和针对性较强的防洪科技书。其中，《中国江河防洪丛书·总论卷》在前言中还特别指出：“在水利建设中，我们也曾遭

① 目前所见有25种成果，其中，全国性的1种：国家防汛抗旱总指挥部办公室、水利部南京水文水资源研究所编《中国水旱灾害》。流域性的成果有5种，分别为：水利部长江水利委员会编著《长江流域水旱灾害》，中国水利水电出版社，2002；黄河流域及西北片水旱灾害编委会编《黄河流域水旱灾害》，黄河水利出版社，1996；水利部海河水利委员会编《海河流域水旱灾害》，天津科学技术出版社，2009；水利部松辽水利委员会编《东北区水旱灾害》，吉林人民出版社，2003；西北内陆河区水旱灾害编委会编《西北内陆河区水旱灾害》，黄河水利出版社，1999。各省区市的成果目前所见有19种，分别为：北京市水利局编《北京水旱灾害》，中国水利水电出版社，1999；天津市水利局编《天津水旱灾害》，天津人民出版社，2001；袁志伦主编《上海水旱灾害》，河海大学出版社，1999；河北省水利厅编《河北省水旱灾害》，中国水利水电出版社，1998；山西省水利厅水旱灾害编委会编《山西水旱灾害》，黄河水利出版社，1996；内蒙古水旱灾害编委会编《内蒙古水旱灾害》，1995；吉林省水利厅编《吉林省水旱灾害》，吉林科学技术出版社，1998；黑龙江省水利厅编《黑龙江省水旱灾害》，黑龙江科学技术出版社，1998；安徽省水利厅编《安徽水旱灾害》，中国水利水电出版社，1998；江西省水利厅编《江西水旱灾害》，1995；山东省水利厅水旱灾害编委会编《山东水旱灾害》，黄河水利出版社，1996；河南省水利厅水旱灾害专著编辑委员会编《河南水旱灾害》，黄河水利出版社，1999；湖南水旱灾害编辑部编《湖南水旱灾害》，1997；广东省防汛防旱防风总指挥部、广东省水利厅编《广东水旱风灾害》，暨南大学出版社，1997；四川省水利电力厅编《四川水旱灾害》，科学出版社，1996；云南省防汛抗旱总指挥办公室、云南省水文水资源局编《云南水旱灾害》，1999；贵州省防汛抗旱指挥部办公室、贵州省水文水资源局编《贵州水旱灾害》，贵州人民出版社，1999；甘肃水旱灾害编委会编《甘肃水旱灾害》，黄河水利出版社，1996；宁夏水旱灾害编写组编《宁夏水旱灾害》，1995。

② 该套丛书共8卷，分别为：李健生主编《中国江河防洪丛书·总论卷》，中国水利水电出版社，1999；松辽水利委员会编《中国江河防洪丛书·松花江卷》，中国水利水电出版社，1997；松辽水利委员会编《中国江河防洪丛书·辽河卷》，中国水利水电出版社，1997；冯炎主编《中国江河防洪丛书·海河卷》，中国水利水电出版社，1993；胡一三主编《中国江河防洪丛书·黄河卷》，中国水利水电出版社，1996；淮河水利委员会编《中国江河防洪丛书·淮河卷》，中国水利水电出版社，1996；洪庆余编《中国江河防洪丛书·长江卷》，中国水利水电出版社，1998；薛建枫主编《中国江河防洪丛书·珠江卷》，中国水利水电出版社，1995。

到了某些失误和挫折，有的还是严重的。这些教训告诫我们：必须要有严格的科学态度，尊重自然规律和社会主义经济规律，切忌主观主义瞎指挥；要高度发扬技术民主，充分发挥专业部门和工程技术人员的作用，不断提高水利队伍科学技术水平。这些都是我们必须牢记并认真执行的。”①

防洪减灾技术领域，一些成果面向国家重大需求，同时紧密结合防汛指挥决策的急需，产生了良好的社会效益。代表性的如水利部长江水利委员会水文局等单位完成的“长江防洪系统”和水利部水利信息中心组织开发的“防汛抗旱水文气象综合业务系统”。前者可快速、灵活地为长江防洪系统调度决策提供技术支撑；后者 1995 年在水利部和国家防办投入业务应用，并在 1998 年、1999 年大洪水和 1999 年、2000 年、2001 年持续干旱的防灾减灾及调度决策中发挥了突出作用。② 这些成果为水文信息现代化和防汛抗旱决策科学化做出了贡献，大大提高了雨情气象监测分析的业务水平和服务水平。分别于 1997 年和 2002 年获国家科技进步二等奖。

此外，中国社会科学院张晓等从经济学的角度出发，对水旱灾害的相关问题如损失评估、国家防灾减灾救灾制度建设、水旱灾害与中国农村贫困、减灾手段的经济效益评价等开展了分析。③ 武汉大学的王丽萍、傅湘则从水资源的角度切入，对洪灾风险与经济问题开展了研究。④ 这体现了防洪减灾研究多学科交叉的特点。

（四）21 世纪以来：致力于探索推进人与自然和谐共处的治水新思路的防洪减灾科研的创新进步

2001 年初，中国水科院在科技体制改革的推动下，整合院内有关水旱灾害研究力量，成立了防洪减灾研究所，主要从事洪水管理、防洪减灾政策与工程技术、防洪决策支持技术、信息与灾害风险等领域研

① 李健生主编《中国江河防洪丛书·总论卷》，前言。

② 张建云主编《南京水利科学研究院学科发展与学术成就 1935～2015》，中国水利水电出版社，2015，第 250～252 页。

③ 张晓等著《中国水旱灾害的经济学分析》，中国经济出版社，2000。

④ 王丽萍、傅湘编著《洪灾风险及经济分析》，武汉水利电力大学出版社，1999。

究。此后，该研究所以世界银行项目“长江干堤加固工程”为契机，在水利部国科司的筹划下，成立了水利部防洪抗旱减灾工程技术研究中心，设立了中心的管理委员会和专家委员会，积极探索了科研与管理密切结合的发展模式。这是水利部批准成立的第一个研究中心，也是我国防洪减灾领域的第一个研究中心，主要研究方向是围绕我国防洪抗旱减灾工作的实际需要，跟踪国际科技发展前沿，开展重大宏观战略性问题的研究、关键技术开发以及高新技术的推广应用，通过自身的科技创新和引进、消化、吸收国际先进科技成果，为我国防洪抗旱减灾工作提供科学决策依据和强有力的技术支撑，提高我国防洪抗旱减灾的科技水平和综合实力。

这一时期，随着各大江河流域规划的完成，防洪减灾科研结合各流域规划，“开展了防洪对策和防洪工程总体规划研究，使防洪工作从局部河段的治理、单项工程建设，逐步向全面治理和综合措施的方向发展，初步形成蓄泄兼筹，点面结合的防洪工程体系。在不断完善提高工程手段的同时，加强了非工程措施的研究。包括蓄滞洪区安全建设和土地管理，洪水预警系统，避难系统，防洪风险分析研究，风险图的应用，防洪保险和防洪基金等问题，从灾害、经济、社会和法律的角度开展综合研究”。[①] 代表性的科研工作，主要集中在三方面：一是防洪减灾战略及对策研究；二是防洪减灾技术研究；三是防洪减灾应用研究。

防洪减灾战略及对策研究方面，21 世纪初，针对社会上出现的关于中国的水资源能否支持未来 16 亿人口的食物供应、能否支持社会经济的可持续发展、如何应对洪水等问题的各种认识和意见，中国工程院组织开展了“中国可持续发展水资源战略研究”重大咨询项目，并开设“中国防洪减灾对策研究”专题，由徐乾清院士主持。该专题研究指出，我国防洪减灾需要进行战略性的转变，“要从无序、无节制地与洪水争地转变为有序、可持续地与洪水协调共处。为此，要从以建设防洪工程体系为主的战略转变为在防洪工程体系的基础上，建成全面的防

① 朱尔明主编《20 世纪中国学术大典 · 水利》，“20 世纪中国水利科学”条，第 8 页。

洪减灾体系，达到人与洪水协调共处”。[①] 2002 年底，由中国水科院防洪减灾所完成的水利部科技创新项目“我国防洪安全保障体系与洪水风险管理的基础研究”，探讨了适合我国国情的洪水风险管理理论与模式，通过对珠江三角洲、鄱阳湖区、浙江省、海河流域等不同类型区域的调查，以及中外治水方略的比较，总结了20世纪治水的经验与教训，分析了新时期防洪减灾必然面临的主要问题与我国防洪形势的演变趋向，为推进从控制洪水向洪水管理的转变奠定了理论基础。[②] 2006 年，在亚洲开发银行资助下，由中国水科院与澳大利亚 GHD 公司合作完成的《中国洪水管理战略研究》，对洪水管理的基本理念、战略目标、总体战略、战略措施、运作模式、推进机制与行动计划做了较全面的论述。[③]

防洪减灾技术研究方面，21 世纪以来，先后有多项防洪减灾技术研究成果获国家科技进步奖。[④] 有代表性的如由国家防总组织开展的“全国水库防洪调度决策支持系统工程”，对全国 132 座不同类型水库的洪水调度系统进行了开发，是我国大中型水利枢纽工程防汛指挥调度不可或缺的部分。该成果 2003 年获国家科技进步二等奖。南京水利水电科学研究院（简称“南京水科院”）主持开展的“海河流域洪水资源安全利用关键技术及应用研究”为国家“十五”科技攻关项目“水安全保障技术研究”的课题之一，该项目评价了海河流域洪水资源的理论潜力和可利用潜力，开发了具有普适性、适合复杂条件下流域洪水资源利用的成套技术。研究成果在岳城、潘家口和密云水库汛限水位调整、跨区域生态调水等方面得到成功应用，取得了显著的经济效益、社会效益和环境效益；为编制海河流域洪水资源利用应急方案、防洪规划、水资源综合规划、生态环境恢复水资源保障规划、蓄滞洪区规划等

① 徐乾清主编《中国防洪减灾对策研究》，中国水利水电出版社，2002。

② 程晓陶等：《洪水管理新理念与防洪安全保障体系的研究》，中国水利水电出版社，2004。

③ 澳大利亚 GHD 公司、中国水利水电科学研究院：《中国洪水管理战略研究》，黄河水利出版社，2006。

④ 本部分主要参考张建云主编《南京水利科学研究院学科发展与学术成就 1935～2015》，第 252～261 页。

提供了重要的技术支撑；对于缓解我国水资源危机、改善生态环境具有重要的理论意义和推广价值。该成果2009年获国家科技进步二等奖。河海大学组织开展的“平原河流防洪安全水动力关键技术及工程应用”项目为解决平原河流防洪安全的一系列关键水动力学问题提供了技术支撑，诸如平原水闸泵站枢纽合建布置形式以及成套整流技术、挡潮闸闸下防淤技术、深水整治技术等多种防洪安全实用新技术。该成果2009年获国家科技进步二等奖。

防洪减灾应用研究方面，水利部水利信息中心组织完成的“国家防汛抗旱指挥系统工程技术研究与应用”获2012年国家科技进步二等奖。国家防汛抗旱指挥系统一期工程覆盖七大流域31个省（自治区、直辖市），是防灾减灾领域特大型信息化基础设施工程，涉及8亿多人的生命财产安全。该项目的实施，使全国防汛抗旱信息的一次完整采集时间由原来的2小时以上，缩短到15分钟以内；实现了数据、语音、视频的互联互通和综合服务；实现了防汛抗旱信息资源共享和协同应用，洪水预报精度总体达到90%以上，流域洪水调度方案制定用时由原来的3小时左右缩短到20分钟，并可对调度方案进行智能化比较和优选。目前我国各级政府、防汛抗旱指挥部门全面应用该项目研究建设成果，在防御近年来频发的洪涝、干旱、台风、泥石流、滑坡等自然灾害中发挥了不可替代的作用，取得了巨大的经济和社会效益。据国家防总统计，该项目每年减灾效益达360多亿元，累计减灾效益已超过1500亿元。南京水科院张建云院士主持完成的“水库大坝安全保障关键技术研究与应用”获2015年度国家科学技术进步一等奖，该成果依托“十一五”国家科技支撑计划项目“水库大坝安全保障技术研究”以及水利部公益性行业专项、国家自然科学基金、国家国际科技合作等项目，针对溃坝与洪水分析、大坝风险与调控、除险技术与决策、应急对策与管理四大科学问题，在大比尺溃坝试验与模拟、大坝基础数据挖掘、溃坝机理与模型、安全监测预警、风险管理等方面取得一系列突破性进展和创新。如首次研发了全国、全系列、全要素大坝基础数据库，揭示了水库病险成因、溃坝规律及其时空特征；研究提出了大坝隐患典型图谱集，建立了大坝安全预警指标体系与预测模型。该成果不仅已成功应用于国内50余座大型水库，还在全国水库大坝安全行业管理与实践中得到全面推广应用，为全国病险水库除险加固、水利普查、水库突发事件应急处置等提供了技术保障，推动了行业科技进步，取得了巨大的安全效益、社会效益、经济效益和生态效益，有效保障了水库大坝安全运行，不仅使溃坝概率大幅度降低，还基本避免了溃坝生命损失。

此外，这一时期影响较大的还有洪水风险分析和洪水风险图绘制研究。风险分析对于防洪减灾管理、防洪工程和非工程措施的制定，都具有重要的意义。根据依据资料的不同以及使用方法、目的的不同，有关防洪减灾方面开展的风险研究大致可分为从水文资料出发开展的洪水风险研究，以及从水灾资料出发开展的水灾风险研究两个方面。国外，美国、日本、韩国、欧洲各国都相继开展了基于历史洪水灾害的洪水风险图绘制工作，其在洪水保险、洪泛区管理、国土开发、公众应急避险等方面发挥了巨大经济和社会效益。[①] 这引起了国内学者的重视，周魁一先生在对20世纪90年代发生的典型洪水灾害案例进行分析的基础上指出，堤防防洪标准已不能完全表示灾害风险程度，水灾风险分析中洪灾和涝灾面积比值变化较大，面对灾害的变化趋势和防洪出现的新情况，水灾风险分析的概念和方法也应相应扩展，以便适应变化了的形势。[②] 马建明等在对岷江流域300年历史水灾信息进行分析的基础上，提出“分县定级、因素权衡、指标连续”的量化处理原则，并通过统计分析，得到区域水灾频率曲线，在此基础上绘制了岷江流域洪水风险图。[③] 这一历史模型与水文模型相结合的水灾风险分析方法被称为历史水灾频率法，它避开了从研究洪水到研究水灾的迂回，直接切入水灾风险研究，对于流域范围的区域防洪规划和洪水风险评估是适用的。其由于结论客观，研究成本也很低廉，成为全国洪水风险图绘制的三种基本方法之一，先后纳入了国家防办编制的《洪水风险图绘制纲要》和

① 马建明等：《国外洪水风险图编制综述》，《中国水利》2005年第17期。

② 周魁一：《关于洪水风险分析几个问题的思考》，《中国水利》2005年第17期。

③ 马建明等：《水灾史料量化与区域洪水灾害风险分析》，《中国水利水电科学研究院学报》1997年第2期。

《洪水风险图编制导则（试行）》。[①] 王静爱等根据历史水灾案例数据库，构建了我国清代中后期（1776～1911）水灾特征值“受灾比”（流域内受灾县域个数占整个流域县域个数的比例），并分流域计算了不同“受灾比”水平下的风险值。[②] 黄诗峰以受灾率（受灾面积与播种面积之比）为指标，计算了松花江流域的洪水灾害风险。[③] 此外，中国水科院利用1736年以来近300年的长时序洪水灾害资料，以县级政区为单元，结合GIS技术，开展了全国洪水风险区划工作，并探讨了七大江河中下游地区的洪水风险。[④]

洪水风险图是直观表示洪水风险（或风险要素）信息空间分布和洪水管理信息的地图。作为防洪减灾的基础之一，它是制定流域防洪规划、建设防洪工程、制定非工程措施、防汛抢险等工作的重要依据。同时，是增强全民的防洪减灾意识、推动减灾行为社会化等方面不可或缺的。如前所述，我国洪水风险图的编制开始于1984年，但进展缓慢，主要原因：一是缺乏风险图应用的社会环境；二是支持洪水风险图绘制的基础工作薄弱，洪水风险图绘制是专业性较强的工作，但是资料缺乏和必要的科研不足制约了洪水风险图绘制工作的有序开展。世纪之交，我国治水方针发生了重要的转变。其核心是在兴建防洪工程控制洪水的基础上，增加了调整国土开发以适应洪水，引入了大规模人类活动对洪水和水灾的影响。由此既带来对灾害与减灾本质深层次的理解，带来防洪减灾途径和手段的扩展，也导致了洪水利用和洪水管理的战略调整。新一轮的洪水风险图绘制工作正是在这一背景下、在国家防办领导下开展起来的。2005年，国家防办发布《洪水风险图编制导则（试行）》，用于指导全国洪水风险图的编制工

① 谭徐明、周魁一：《经世致用之学：当代水利史研究新进展》，《华北水利水电学院学报》（社科版）2003年第4期。

② 王静爱、方伟华、徐霞：《中国清代中后期（1776～1911年）水灾受灾比动态变化及风险评估》，《自然灾害学报》1998年第4期。

③ 黄诗峰：《洪水灾害风险分析的理论与方法研究》，博士学位论文，中国科学院研究生院，1999。

④ 谭徐明等：《全国区域洪水风险评价与区划图绘制研究》，《中国水利水电科学研究院学报》2004年第4期。

作。2004～2013 年，国家防办先后利用防汛资金和水利基建前期经费在全国范围内开展了两期共 50 处洪水风险图编制试点，其中包括 2 座城市和 2 座水库，其余为防洪保护区、蓄滞洪区等。与此同时，部分省、直辖市，例如浙江省、福建省、湖北省、北京市、上海市等，也陆续开展了洪水风险图的编制探索和应用实践。截至 2016 年，我国采用水力学方法编制了所有重点防洪保护区、重要及一般蓄滞洪区、主要江河洪泛区、半数以上重要及重点城市的洪水风险图，覆盖面积 50 万平方公里，约占我国全部防洪区面积的 48%，初步具备了在上述区域推行洪水风险管理的风险信息条件。在洪水风险图编制的同时，一些政府部门和科研单位结合实际工作，积极探索洪水风险图的应用。如北京、上海、武汉、宁波等地利用重点地区洪水风险图编制项目建立的模型和相关图件成果，为内涝应急处置及防御提供信息；各省级和流域防汛指挥机构根据洪水风险图成果修编应急预案；等等。①

四　代表性研究成果

如前所述，70 年来，我国防洪减灾科研取得了诸多成就，多项成果荣获国家科技进步奖，并在防洪工作中得到广泛应用，为新中国防洪减灾事业进步做出了重要贡献。这里就其中三项突出性的贡献略作介绍，分别是：灾害双重属性概念的提出，这一成果由水利史专家周魁一最早提出，被认为是自然灾害综合研究 60 年最为突出的进展之一；②由水利电力部全国暴雨洪水分析计算协调小组办公室和南京水文水资源研究所组织、骆承政统稿的《中国历史大洪水》，是目前论述中国重大灾害性洪水最系统和最具权威性的专著，获 1995 年度国家科技进步二等奖；由国家防办和南京水文水资源研究所组织、张海仑主编

① 向立云：《洪水风险图编制与应用概述》，《中国水利》2017 年第 5 期。

② 马宗晋、高庆华：《中国自然灾害综合研究 60 年的进展》，《中国人口·资源与环境》2010 年第 5 期。

的《中国水旱灾害》，在多个方面取得突破性进展，是防洪减灾科研人员的必备参考书，获2001年度国家科技进步二等奖。

（一）灾害双重属性概念的提出及实践运用

灾害双重属性即灾害的自然属性和社会属性，这一概念最早由水利史专家周魁一先生于1991年明确提出。这一概念是基于对洪水灾害的大量研究而提出的。早在20世纪80年代末，周魁一先生即开展防洪减灾方略的研究，他通过对黄河减灾历史的研究，提出“损失最小是减灾的主要原则”的观点。[①] 随后，他基于对我国治水历史的研究和国外洪水灾害不断增长的实际情况，注意到洪水灾害增长与社会经济发展同步的矛盾现象，指出单纯依靠工程技术来实现防洪减灾的目标，这只是人们的一厢情愿。洪水灾害的发生，除自然的因素外，社会发展、国土资源过度开发等人为因素也是主要因素。为此，他指出，防洪减灾需要从调整社会发展和管理机制出发，实现真正的减灾目标。[②] 在周先生提出这一观点的同时，适逢1991年淮河和太湖大水，严重的灾害损失印证了先生提出的观点，即社会的无序发展使得灾害和灾害损失增加的趋势更加明显。此后，先生率先在学术界提出灾害双重属性的概念，指出灾害具有自然属性和社会属性，两者缺一不可。1998年大水之后，先生又将绿色GDP的概念引入防洪减灾领域，指出上游开发山林、下游围湖造田等所取得的生产增长，是以环境破坏和防洪能力削减为代价的。进而指出，实现社会可持续发展的防洪减灾战略，应强调人与自然和谐共处。而人与自然和谐共处的核心问题是处理人群与人群之间的利益关系。因此，要想有效实现减灾目标，既要管好水，又要管好人。之后，先生基于对我国古代防洪思想的系统研究，对我国历史上传统治水思想主流和非主流演变轨迹进行了梳理，在此基础上，对20世纪以来，特别是近20年来世界各国

---

① 周魁一：《水利的历史阅读》，中国水利水电出版社，2008，第147～154页。

② 周魁一：《关于防洪方针的思考》，《科技导报》1991年第6期；周魁一：《关于防洪减灾体制的思考》，《科技导报》1991年第8期。

灾害与减灾观念发生转变的社会与自然背景进行了系统分析，指出，人类社会发展适应洪水规律是防灾减灾重要的出发点。由此进一步阐述了灾害双重属性的概念，提出在进一步提高工程防洪能力的同时，人们应当积极寻求适应自然规律的发展模式，建立社会化的防洪减灾保障体系。①

灾害双重属性概念的提出，拓展了防范和减轻灾害的思路，据此提出的完善我国防洪减灾方针的建议等被认为是国际减灾十年活动中的重要理论进展之一，得到国家防洪减灾主管部门的重视和采纳，被认为是防洪减灾方针转变的理论基础，并在修订的《中华人民共和国水法》中得到体现。② 2003 年汪恕诚部长在答《学习时报》记者提问时就灾害双重属性的概念指出，“洪水灾害具有自然和社会双重属性，它们都是灾害的本质属性，缺一不成其为灾害。由此引申出统一协调的治理途径，即以工程技术措施改造洪水，同时调整社会经济发展以适应洪水。……灾害的双重属性进一步阐明了灾害的本质属性，这是一种哲学思维方面的进步，也是中国政府在 1998 年长江发生大洪水后对洪水问题进行深刻思考得出的结论”。③ 2007 年，周魁一受凤凰卫视《世纪大讲堂》之邀，再次就历代治水方略提出认识：从历史观的角度来看，水灾是不可消弭的；从哲学观的角度来看，古人尊重自然的治水思想于今天有着重要的启示，防洪建设只有正确处理好人与自然的关系，方可得到持续发展。④

---

① 相关研究参见周魁一、谭徐明《防洪思想的历史研究与借鉴》，《中国水利》2000 年第 9 期；周魁一《防洪减灾战略调整与社会可持续发展》，《中国水利》2002 年第 10 期；周魁一、谭徐明、马建明《试论世纪之交我国防洪减灾方针的战略调整》，《海河水利》2003 年第 4 期；周魁一《防洪减灾战略转变的理论内涵及其科学哲学基础》，《中国水利水电科学研究院学报》2004 年第 1 期；周魁一《防洪减灾观念的理论进展——灾害双重属性概念及其科学哲学基础》，《自然灾害学报》2004 年第 1 期；周魁一《我国防洪减灾方针进展及其理论探讨》，《中国水利》2009 年第 9 期。

② 赵春明、周魁一主编《中国治水方略的回顾与前瞻》，前言；汪恕诚：《中国防洪减灾的新策略》，《水利规划与设计》2003 年第 1 期；鄂竟平：《用科学的理念指导防洪抗旱减灾工作》，《中国水利报》2002 年 1 月 10 日。

③ 汪恕诚：《坚持科学发展观　全面推进可持续发展水利》，《学习时报》2005 年 1 月 17 日。

④ 周魁一：《水利的历史阅读》，第 264 ~ 274 页。

在这一概念指引下，周先生的学生谢永刚对近500年重大水旱灾害开展了较深入的研究。《中国近五百年重大水旱灾害——灾害的社会影响及减灾对策研究》以自然和社会科学多视角的研究方法，从经济、环境、人口、社会稳定以及文化等方面论述了不同历史时期和现代重大水旱灾害对社会的影响，专家评价这是一项“将自然科学与社会科学，实证研究与计量研究结合起来，具有重要的学术价值和现实意义的研究”。[①]

（二）中国历史大洪水调查与研究

新中国在成立初期，就开展了历史大洪水的调查工作，但真正取得突破性进展是在20世纪80年代，代表性成果为《中国历史大洪水》。该项成果由水利电力部全国暴雨洪水分析计算协调小组办公室、南京水文水资源研究所组织全国51个单位通力协作，集中600多人历时10年完成，全书约200万字、670幅图，系统反映了我国主要江河500多年来灾害性大洪水的实况。该成果最后的审编工作由骆承政主持并负责全书统稿。[②] 骆承政1955年毕业于华东水利学院水文系，长期从事灾害性洪水和防洪减灾问题研究。除这一成果外，其还主编了《中国大洪水——灾害性洪水述要》[③]《中国历史大洪水调查资料汇编》[④] 等。前者选编了公元223年至1993年1700多年的143场洪水，并对每场洪水的雨水情、灾情做了简述；后者收集了1949年以来水利部门历次开展的历史洪水调查成果，共汇编了5544个河段2万多个历史大洪水资料。

《中国历史大洪水》共选编了1482～1985年全国具有代表性的大洪水92场，分上下两卷。其中，上卷为北方各河流，包括东北地区12场、海滦河流域7场、黄河流域12场、西北内陆河地区8场，合计39

① 谢永刚：《中国近五百年重大水旱灾害——灾害的社会影响及减灾对策研究》，黑龙江科学技术出版社，2001。

② 《中国历史大洪水》下卷，后记。

③ 骆承政、乐嘉祥主编《中国大洪水——灾害性洪水述要》，中国书店，1996。

④ 骆承政主编《中国历史大洪水调查资料汇编》。

场洪水；下卷为南方各河流，包括淮河流域11场、长江流域25场、浙闽台地区8场、珠江流域5场、海南1场、藏滇国际河流3场，合计53场洪水。每个地区开篇是综述，详细介绍了该地区洪水特性；每场洪水的正文描述包括4部分，分别是雨情、水情、灾情、结语，其中结语部分对该场洪水的性质特点、洪水规模量级、成灾程度或存在的问题进行简短评述；正文之后一般有附图和附表，根据每场洪水的情况不同而不同；每场洪水的最后都附有主要文献摘录及调查访问资料摘要。

这一成果的技术创新主要体现在以下方面。首先是研究视角上，该成果对历史大洪水的研究不是囿于某一指定断面单纯来研究洪水大小数值的变化及其统计规律，而是着眼于整个流域、地区乃至全国范围，通过大量的历史资料进行综合研究。其次是研究方法上，该成果不是单纯地着眼于某一指定河段洪水大小数值的变化，而是把暴雨、洪水和由此造成的灾害作为一个整体来研究灾害性洪水的时空分布特征，并提出场次洪水的概念，这与过去传统的洪水研究方法有很大不同。最后是研究技术上，该成果通过大量的雨洪灾情的文字记载，结合野外实地调查所取得的历史洪水资料和信息，运用近代水文学、气象学和考古学的理论和方法，对历史年代大洪水的雨洪特征进行了定性、定量的分析和计算。对于器测时期的大洪水，对其形成洪水的降雨特征、天气系统做了进一步的研究。

河段洪水调查资料是国家经济建设的一种重要基础资料，具有广泛的使用价值。该成果为水利水电工程建设、病险水库的安全复核、江河城市防洪、铁道公路道桥规划设计以及其他工程建设等，提供了翔实可靠的历史大洪水依据。1991年江淮洪水预报中，《中国历史大洪水》就提供了全面的历史依据。其他突出的如三峡水利枢纽工程设计就是以1870年长江洪水研究成果作为依据，黄河小浪底大坝设计也是以1843年洪水研究成果为依据的。各大流域的防洪规划，也大多是参照这一研究成果而制定的。

徐乾清院士对该书也有着高度评价，指出这一成果“提出了历史洪水的调查和应用方法，在世界各国中具有首创性，对我国实测水文气象时间较短、测站较少的缺陷，作了重要的补充。对洪涝灾害发展规律的认识、洪水发生频率的分析计算和洪涝灾害分布特征性的研究都发挥了重要作用”。[①]

（三）中国洪水灾害特征及规律研究

自然灾害是特殊的自然现象，自然属性是灾害的基本属性，包括致灾方面的灾害自然属性和承灾方面的灾害自然属性。[②] 内容上涉及灾害的自然成因、灾害分布特征及演变规律等。洪水灾害自然也不例外。有关洪水灾害特征及规律研究最深入、系统、权威的成果当属《中国水旱灾害》。

《中国水旱灾害》是20世纪90年代开始撰写的中国水旱灾害系列专著的全国卷。由国家防办、南京水文水资源研究所组织水利部农水司和水文司、中国水利水电科学研究院、河海大学、南京大学、武汉大学等12个单位的35位学者、专家共同撰写而成。1991年开始撰稿，1997年由中国水利水电出版社出版。主编张海仑，1952年毕业于上海交通大学水利系，曾长期从事水文教学和水文水资源科研工作，担任过水利部南京水文水资源研究所副所长、联合国亚太经社会自然资源司司长等。

该书对中国水旱灾害特点、形成灾害的前因后果以及防灾减灾措施做了全面论述，约85万字，分5篇，共17章。包括：概论篇，主要叙述水旱灾害的基本概念、水旱灾害的自然环境和气候背景、历史水旱灾害及其防治；洪水灾害篇；涝渍灾害篇；干旱灾害篇；基本对策与展望篇。洪水灾害篇包括洪水灾害、洪灾成因、洪水灾害对社会经济和环境的影响、防洪减灾对策四部分。洪水灾害部分分述了古代、近代和现代三个时期的洪灾实况，重点是近代和现代，在此基础上按洪灾的性质对我国地区洪灾进行归类，并归纳了我国洪灾基本特点。洪灾成因分自然因素和社会因素两个方面，在影响洪灾的自然因

① 徐乾清：《徐乾清文集》，中国水利水电出版社，2011，第246页。

② 科技部国家计委国家经贸委灾害综合研究组编著《灾害·社会·减灾·发展——中国百年自然灾害态势与21世纪减灾策略分析》，气象出版社，2000，第8~16页。

素中着重讨论了我国暴雨洪水的特点；在社会因素中着重分析了由于现代人口剧增，不适当的人类活动对洪水灾害造成的影响。洪水灾害对社会经济和环境的影响主要讨论了洪水灾害给社会经济各部门带来的影响，以及洪灾给生态环境、生活环境带来的影响。防洪减灾对策部分总结了 1949 年以后近 40 年我国防洪建设、防汛抢险的基本经验，分析了 20 世纪 90 年代防洪面临的形势，并提出了主要江河防洪对策措施。涝渍灾害篇包括涝渍灾害和涝渍治理两部分，前者分析了易涝易渍农田的地区分布及类型，并对涝灾、渍灾、盐碱灾害不同时期的灾害情况进行了统计分析；后者分流域论述了治涝情况，并提出了涝渍治理的对策措施。

该书根据中国具体国情，按灾害的性质和表现形式，将水灾分为 6 种类型——江河洪灾、山洪泥石流灾、沿海台风暴潮灾、平原涝灾、渍灾、盐碱灾害，并对各种类型灾害的基本事实、灾情统计特征、地区分布、变化趋势进行了系统分析。

该书有关洪水灾害及防洪减灾方面的研究取得的主要进展包括：一是首次建立了洪水灾害研究和评价的科学体系；二是首次综合、完整、简明地制作出了全国、各流域和主要气候大区 1840 年至 1992 年洪水灾害年表，对历史上出现的全国重大洪涝灾害，从雨情、水情、工情、灾情及其对社会、经济和环境的影响方面进行了剖析和评价；三是首次做出全国代表性河段大洪水时序分布、全国洪灾地区分布（含 6 类典型洪灾地区分布）及其出现的概率、全国各江河主汛期起止时间分布、中国主要江河中下游平原洪灾风险区分布、全国大范围暴雨地区分布等成果；四是首次做出了全国易涝、易渍耕地分类及其灾害地区分布成果；五是全面评价了全国洪水、涝渍灾害造成的农业经济损失和灾害治理所取得的效益；六是首次做出我国洪水灾害区划初步研究成果。① 水利部原部长钮茂生在为该书所作的序言中指出："本专著《中国水旱灾害》，具有较强的科学性、针对性和实用性，是一本具有实用价值的好书。可以相信，本书的出版可为我国国民经济有

① 张建云主编《南京水利科学研究院学科发展与学术成就 1935～2015》，第 252 页。

关部门、各级防汛抗旱指挥机构和水利部门，提供重要的决策参考依据。本书的问世，也是我国对国际减灾十年活动的一项贡献。”[①]

结　语

2006年，徐乾清院士就“关于中国防洪减灾问题科研与实践中的创新与未来发展方向”做过论述，在列出未来防洪减灾领域需要深入开展研究和开拓创新的具体课题后指出，“由于形成洪水灾害的成因复杂，发生的不确定性十分突出，其破坏能力特别强大，要从根本上解决洪涝灾害，是当前科学技术和社会财富难以做到的。防洪减灾的科学技术研究工作仍将任重道远，需要长期不懈地积极开展”。[②]

70年来，我国科技工作者在防洪减灾领域开展的一系列科学研究和技术研发，取得了重要进展和多方面的创新成果，部分成果甚至处于世界领先地位，为各时期防洪减灾方略的调整和防洪减灾工程建设以及相关的防洪实践提供了理论和技术支撑。同时，70年来的防洪减灾科学研究，也培养和锻炼了一批人才，为新中国防洪减灾事业进步做出了重要贡献。

纵观70年来我国防洪减灾科研事业的发展，呈现三个特点：一是不同时期经济社会发展对防洪安全的需求，始终是防洪减灾科研进步的根本动力；二是防洪减灾科研始终紧密围绕国家重大科技战略和防洪业务实际需求展开，体现出防洪减灾研究是一门实践性很强的科学研究，有其自身的特殊性；三是防洪减灾科研发展，始终受社会环境、经济实力、技术条件等各方面因素的制约，从而体现出防洪减灾科研发展的阶段性起伏特点。70年来，我国防洪减灾科学研究的发展历程，某种程度上也是新中国科技事业70年发展历程的一个缩影。

---

① 《中国水旱灾害》，序言。

② 徐乾清：《徐乾清文集》，第246～247页。

中国海洋灾害研究70年*

蔡勤禹　华　瑛**

海洋灾害是自然原因或人类活动作用于海洋而导致的。1949～2019年的70年，可以将海洋灾害研究分成两个阶段：改革开放前的30年，我国初步建立起数个海洋研究与教育机构，它们整编出版了一批海洋灾害资料，自然科学工作者对近海的几种危害大的海洋灾害进行研究；改革开放后的40年，随着中国经济重心向沿海转移和面海发展以及海洋强国战略的制定，我国海洋研究机构和队伍快速增长，各种类型的海洋灾害资料出版，海洋灾害研究从近海向远海、深海和大洋拓展，研究队伍从自然学科向自然学科、社会学科、人文学科等多学科方向发展，海洋研究全面开花。回顾70年来中国海洋灾害研究，可以鉴往而知未来，更好地推进海洋灾害研究，服务于沿海社会发展和国家海洋强国发展战略。

一　艰难起步：新中国成立后至70年代末

新中国成立后，受到国际政治环境和国内形势的影响，这一阶段我国的海洋观念和政策主要体现在重视海防上。我国科研工作者在不利的国际环境和国家经济困难形势下，立足国家海洋计划，艰苦地开展海洋灾害研究。在海洋防灾减灾规划与政策、海洋研究和管理机构建立、海洋灾害资料整编方面取得一定成绩，自然科学工作者对近海和浅海进行

* 本文为教育部人文社科基金项目“继承与发展：新时代海洋强国思想研究”（项目号：18YJA710002）阶段性成果。

** 蔡勤禹，中国海洋大学中国社会史研究所教授；华瑛，中国海洋大学中国社会史研究所硕士研究生。

海洋调查，并对风暴潮、台风、海雾、海冰、赤潮、海洋污染等进行初步研究；人文社会科学受到学科调整（或撤销）或政治影响，这一时期极少关注海洋。

1. 海洋防灾减灾规划与政策

新中国成立后，为了迅速改变我国科学技术落后局面，力求使某些急需和重要的部门在12年内接近或赶上世界先进水平，1956年，我国提出了“向科学进军”的口号。在周恩来总理的领导下，1956年国务院成立了科学规划委员会，调集了几百名专家学者参与编制新中国第一个科学规划——《1956~1967年科学技术发展远景规划纲要》(以下简称《规划纲要》)。结合我国制定的12年科学技术发展远景规划，在竺可桢等科学家的倡议下，由赵九章、曾呈奎、赫崇本等海洋专家组成的科学规划委员会海洋组，起草了《1956~1967年海洋科学发展远景规划》，并将其列入《规划纲要》：“海洋中蕴藏着重要的生物资源、化工原料和矿物资源，过去我们研究得很少……‘海洋学’在我国还是个空白科门，应尽速展开海洋资源的综合调查研究。……为了制定我国海洋开发与利用方案，须大力开展海洋水文、气象以及生物、地质、化学等方面的综合调查，编制和出版海洋图集。通过资料分析、模型实验和理论研究，掌握我国广大近海地区海流、潮汐、海浪的特征及其变化的规律，以建立海洋水文、气象预报系统。……此外，为了防止海港泥沙、生物、化学成分等对于船舰及海港建筑物的危害，还应当研究港湾泥沙淤积和防治海港建筑、船舰遭受海中有害生物破坏及化学腐蚀等问题。”① 《规划纲要》列出的10项科技任务中，海洋被列入第7项。《规划纲要》将易灾的海流、海浪、潮汐以及人为原因可能致灾的问题和防治作为一项科学任务正式提出，显示了国家在海洋开发中对研究海洋灾害工作的重视。

1963年，国家科委海洋组主持制定了第二个海洋科学远景规划，即《1963~1972年科学技术发展规划纲要》，在规划纲要第三章

① 中共中央文献研究室编《建国以来重要文献选编》第9册，中央文献出版社，1994，第444~448页。

“自然条件和资源的调查研究”第三节“海洋调查”中写道：“为适应国防、交通、渔业等生产建设的发展以及进一步开发利用海洋资源的需要，应该在过去全国海洋综合调查的基础上，全面开展中国海的海洋水文、海洋化学、海洋物理、海洋生物和海洋地质等方面的调查研究，摸清中国海的基本情况。同时，逐步开展中国邻近大洋水文、水化学和海洋生物的调查。应该重点研究中国海水位、海浪、海水温度和盐度的中、长期预报方法和有关理论，提高预报的准确率。应该完成中国海岸带的调查，提出基本图件、资料。”[①] 第二个海洋科学远景规划提出对海洋灾害在自然科学领域的多学科研究，并对近海进行大规模调查和海岸带调查，为开发和利用海洋打下科学基础，也为研究海洋灾害提供资料数据保障。

除了上述两个海洋科学远景规划涉及对海洋灾害的研究外，这一时期有两个海洋防灾的政策规定出台：一是 1955 年国务院颁布了《关于加强防御台风工作的指示》，强调“防重于救”“有备无患”的指导思想，要求各级气象部门提高台风警报的时效性和准确性、各级政府加强台风的预防工作；[②] 二是 1974 年颁布了《中华人民共和国防止沿海水域污染暂行规定》，首次对沿海海洋的污染防治问题做了规定。

以上是新中国成立后的 30 年有关海洋灾害防治政策和规划的大致情形，从中可以看到，我国在西方国家封锁情况下，仍然为海洋事业发展谋划蓝图，为以后我国海洋事业大发展和海洋灾害研究打下初步基础。

2. 海洋灾害资料整编

新中国成立后，为了解我国海区的自然条件和海区情况，编制海洋图集，以制定海洋开发方案，从 1958 年 9 月开始，在国家科学技术委员会领导下，我国涉海科研单位和高校为期两年，组织开展了“全国海洋综合调查”、“渤海海洋地球物理调查”以及“渤海和黄海海洋断

① 中华人民共和国科学技术委员会编《1963～1972 年科学技术发展规划草案基础科学纲要》，中国科学院，1962。

② 中华人民共和国内务部农村福利司编《建国以来灾情和救灾工作史料》，法律出版社，1958，第 7 页。

面调查”等大规模调查活动，形成了10册《全国海洋综合调查报告》（1964）和14册《全国海洋综合调查图集》（1964），初步掌握了我国近海海洋要素的基本特征和变化规律，改变了我国缺乏基础海洋资料的局面。[①] 这次调查也为海洋灾害研究提供了丰富资料，比如对潮流预报、海流图的编制、海水密度和飞跃层的分布及其季节变异、主要水团发生及发展规律的研究等。

台风是一种气象灾害，其生成于海上，经常带来巨大海浪、风暴潮，成为海洋灾害的巨大诱因。我国从20世纪50年代开始整编台风资料，高由禧、曾佑思著有《台风的路径图及其一些统计》（1957），[②] 浙江省杭州气象台编印有《台风图集》（1963）。1972年，全国台风科研协作组织成立，推动了《台风年鉴》整编工作，由中央气象局编的《台风年鉴》，对1949～1971年共23年的西北太平洋的台风和影响我国的台风资料进行集中整编出版，自1949年起每年一册，内容包括台风路径图、大风区域演变图、台风中心位置资料表、台风纪要表、台风中心飞机探测记录、台风大风以及影响我国的降水等详细资料图表等。《西北太平洋台风路径图》是关于1949～1969年的台风概况、台风路径、台风资料和台风基本气候统计的图集资料，是《台风年鉴》的一个专题分册。[③] 国家海洋局天津海洋科技情报研究所整编的《台风海浪与增水年鉴（1968～1978）》，自1968年至1978年，每年出版一册，共出版了11册。该年鉴主要整编西北太平洋台风期间海浪与增水以及有关气象方面的资料。其主要内容有：水位测站分布图、台风路径图、巨浪区域演变图、最大增水剖面图、增水曲线图、台风纪要表、增水简表、台风中心位置资料、巨浪区域内海浪和气象资料，以及台风期间我国沿海测站增水资料。上述资料用图表结合的方式，一目了然，便于使用。[④]

海冰是黄渤海冬春季节出现的现象，海冰严重时会造成灾害，一些

① 孙志辉：《回顾过去，展望未来——中国海洋科技50年》，《海洋开发与管理》2006年第5期。

② 高由禧、曾佑思：《台风的路径图及其一些统计》，科学出版社，1957。

③ 范永祥：《〈台风年鉴〉整编出版》，《气象科技资料》1973年第4期。

④ 《出版消息》，《海洋预报》1989年第1期。

机构编纂出版了海冰资料。天津市历史博物馆古代史组在《华北平原气候的变迁和灾害性天气的一些特点》（1977）中专门将“寒潮与海冰”作为一部分，包括“强寒潮通路”“渤海海冰”“17世纪小冰川气候和近现代冷湿期寒潮的一些情况”“环流型的变化与南北气候的差异”。这项工作是根据近500年来的寒潮历史资料进行分析的。材料的最后部分附录了“1650～1900年我国南北方历次强寒潮年表”和“1875～1975年渤海海湾一带历次出现海冰的情况简表”。[①] 国家海洋局在1964年成立后，由各分局对北方沿海的海冰进行过每年的跟踪调查，国家海洋局东北海洋工作站编有《1966年莱州湾沿岸海冰调查报告》（1966），特别是1969年2月发生渤海特大冰情造成重大经济损失，引起了国家对海洋灾害的重视，对渤海冰情的调查观测成为国家海洋局的一项重要任务，此后根据调查整编了系列年度性调查报告：国家海洋局冰情调查小组编《一九六九年渤海冰封调查资料汇编》（1969），国家海洋局北海分局编《黄渤海冰情资料汇编》（一、二册），国家海洋局北海分局老虎滩中心海洋站编《渤海辽东湾海上冰情调查资料》（1973），国家海洋局东北海洋工作站编《1974年冬～1975年春渤海冰情调查报告》（1975），国家海洋局北海分局编《渤海冰情调查报告（1975～1976）》（1976），国家海洋局东北海洋工作站编《渤海及黄海北部测冰区冰情调查报告（1976～1977）》（1977），国家海洋局东北海洋工作站编《渤海及黄海北部海冰调查报告（1977～1978）》（1978）。这些调查报告，为掌握渤海湾冰情发生和变化规律提供了科学依据，为研究海洋灾害打下了重要基础。

另外，有一些自然灾害资料汇编收入了海洋灾害资料。如1958年内务部农村福利司编《建国以来灾情和救灾工作史料》，考察了1949年下半年到1958年上半年的灾情和救灾工作，对每年发生的重大海洋灾害和救灾工作的各地政府工作报告和报纸上的报道，进行了收集和整理：一是介绍新中国成立以来历年发生的灾情和几个受灾省（区）的受灾情况；二是介绍中央、地方在防灾、抗灾、救灾中各个时期所采取

① 《寒潮与海冰》，《气象科技资料》1977年第5期。

的方针、政策和重要措施；三是介绍干部、群众在同灾情做斗争时涌现的可歌可泣的事迹和经验。广东省文史研究馆编《广东省自然灾害史料》（1961）、广东省地方志办公室编《海南自然灾害史料集》和《钦州地区历史自然灾害文献记载摘编及台风暴潮实地调查记录》、福建潮汐资料编写组编《福建潮汐资料汇编》（1964）、江苏省革命委员会水利局编《江苏省近两千年洪涝旱潮灾害年表》（1967）、赵传集主编《山东历代自然灾害志》第三册（1978）收录了风暴潮灾害资料。另外还有其他省（区）的海洋灾害资料散见于洪涝、灾异等资料中，不再一一列举。

3. 海洋灾害研究概况

新中国成立初期，由于国家海防安全需要，主要由自然科学工作者对风暴潮、海浪、海雾、海冰等开展初步研究。

（1）风暴潮

风暴潮是强风和气压骤变引起的海面异常升高现象，是一种严重的海洋灾害。我国东南沿海常常遭受台风风暴潮侵袭，北方则多受寒潮或大风引起的风暴潮的影响。1959年，中国第一部有关潮汐分析和预报的手册《实用潮汐学》出版；1964年，毛汉礼等人首次提出中国近海跃层的研究方法，出版了《中国海温、盐、密度跃层》；同年，赫崇本编写了《中国近海的水系》，这是中国学者首次论述中国近海水系和水团结构及其季节变化的重要文献；1966年，专著《海流原理》出版，其是中国最早系统介绍海洋环流的著作；1955～1963年，毛汉礼先后翻译了《动力海洋学》（J. Proudman著）、《海洋》（H. U. Sverdrup著）、《湾流》（H. Stommel著），撰写了《海洋科学》等著作；赫崇本主持编写了《潮汐学》，为中国物理海洋工作者的培养和风暴潮研究打下了基础。①

20世纪70年代，山东海洋学院的冯士筰、秦曾灏等课题组成员在周恩来总理关注下开始对风暴潮进行研究，他们先后环绕渤海进行了两

① 魏泽勋等：《中国物理海洋学研究70年：发展历程、学术成就概览》，《海洋学报》2019年第10期。

次实地考察，获得了一批关于我国风暴潮灾的珍贵资料，在此基础上提出了风暴潮经验预报的方法。[①] 秦曾灏、冯士筰合作完成的《浅海风暴潮动力机制的初步研究》、冯士筰的《风暴潮理论的模化》，从动力学角度对风暴潮发生的物理机制进行研究，首次创建了一种超浅海风暴潮模型。[②] 1977 年，冯士筰《风暴潮讲义》印刷，作为海洋水文气象系学生的讲课文本使用。此后，冯士筰及其合作者又对这一模型从理论和数值方面进行了较为充分的研究。中国科学院海洋研究所《台风暴潮的特性初步分析》(1974)、厦门大学海洋系水文小组《台风暴潮机制和预报方法的探讨》(1974)、国家海洋局海洋水文气象预报总台水文室及中国科学院海洋研究所《闽粤地区台风暴潮的现象及其预报》(1975)、国家海洋局海洋水文气象预报总台水文室与中国科学院海洋研究所风暴潮研究组《台风暴潮机制的初步探讨》(1975) 等，对台风引起的风暴潮的动力机制和风暴潮预报监测方法进行分析和探讨。陈金泉《台风暴潮及其预报的探讨》(1977)，从流体力学的方法出发，求解台风暴潮的水位上升和海水水平方向的运动，分别对深海、浅海和海岸的情况进行讨论，并导出增水高度沿海岸分布的表达式，其用于验证沙埕、东山、汕头及其附近的台风增水，符合程度是好的。[③]

1976 年 7 月，由国家海洋局海洋科技情报研究所召集的“风暴潮”科技情报网筹备小组会议在天津召开，会议具体商定了“风暴潮”科技情报网的活动计划：组织现场调查，宣传和普及风暴潮组织，组织对国内外风暴潮测报研究水平、动向的调查研究，出版风暴潮科技情报刊物，积极开展地区性、群众性科技情报交流活动，并在 1977 年成立“风暴潮”科技情报网。[④] “风暴潮”科技情报网的成立对于推动风暴潮研究和知识普及作用较大。

由于条件限制，中国对大洋的研究很少，20 世纪 50 ~ 60 年代，毛

① 赵瑞红等主编《科研成果背后的故事：中国海洋大学建校 90 年》，中国海洋大学出版社，2015，第 17 页。

② 秦曾灏、冯士筰：《浅海风暴潮动力机制的初步研究》，《中国科学》1975 年第 1 期。

③ 陈金泉：《台风暴潮及其预报的探讨》，《厦门大学学报》(自然科学版) 1977 年第 2 期。

④ 《“风暴潮”科技情报网筹备小组会议》，《气象科技资料》1977 年第 1 期。

汉礼等人率先开始了对大洋环流和西边界流的理论研究。部分学者注意到了西北太平洋环流场及其海温对东亚气候的影响。[①]

（2）灾害性海浪、海雾、海冰

灾害性海浪是危害巨大的海洋灾害之一。我国对海浪的研究始于20世纪60年代，其时中国开始对典型海浪的时空特性进行记录观测，成立专门小组开始了对沿海海区波浪的研究工作。文圣常在60年代初将当时海浪研究中盛行的能量方法和谱方法结合起来，发展成一种由风计算浪的方法，使用简便，精确度高，使我国海浪计算和预报方法走到世界前列。[②] 1962年，文圣常撰写的《海浪原理》专著问世，开启了中国的海浪研究。在海雾研究方面，邬正明《渤海及其口外的海雾》（1965）对雾日时间、地理分布、海雾与地面天气关系、海雾与气象要素值关系、海雾预报指标进行了探讨。[③] 山东海洋学院于1965～1966年和1971～1973年先后在黄海进行了海雾的专项调查，取得了第一手海雾观测资料。王彬华是国际上海雾研究的先驱者之一，他从20世纪40年代开始从事海雾资料的搜集和整理工作。在随后几十年的科研和教学工作中，他把“海雾”作为海洋气象学课程的内容，在1966年编纂成讲义。[④] 海冰是渤海和黄海在冬春季节易出现的现象。孙湘平《渤海及黄海北部的海冰》（1975）、张方俭《我国海冰的基本特征》（1979）[⑤]，研究了海冰形成与发展、海冰分类（流冰和固定冰）、冰期、冰情、海冰与气象关系、流冰特征等。

在新中国成立后的30年，海洋灾害研究主要由自然科学工作者从物理学和气象学等学科领域出发进行研究，研究主要集中在近海发生的风暴潮、海雾、海冰等与生产活动和海防密切相关的领域。后来由于受到十年“文革”的严重冲击，许多研究停滞，造成无可挽回的损失。

① 魏泽勋等：《中国物理海洋学研究70年：发展历程、学术成就概览》，《海洋学报》2019年第10期。

② 文圣常：《我在海浪理论及应用领域的研究工作》，《中国科学院院刊》1996年第2期。

③ 邬正明：《渤海及其口外的海雾》，《中国航海》1965年首刊。

④ 傅刚等：《中国海雾研究简要回顾》，《气象科技进展》2016年第2期。

⑤ 张方俭：《我国海冰的基本特征》，《海洋科技资料》1979年第6期。

二 开放与多元：改革开放以来多学科研究

十年“文革”刚结束，1977 年 12 月，国家海洋局在全国科学技术规划会议上就明确提出了“查清中国海，进军三大洋，登上南极洲，为在本世纪内实现海洋科学技术现代化而奋斗”的战略目标。[①] 由此，拉开了我国海洋科技工作向着新的海洋进军的大幕。1978 年 3 月，全国科学大会在北京召开，标志着我国科技工作经过“文革”终于迎来了“科学的春天”，从此之后我国的海洋事业进入快速发展时期。海洋灾害研究伴随着海洋开发步伐而进入新的发展轨道。

1. 海洋防灾政策与规划

1977 年 12 月，国家海洋局在全国科学技术规划会议上拉开了我国海洋科技工作向着新的海洋进军的大幕。1982 年，国家海洋局也从国家科委代管改为国务院直属局，其职责开始转变，负责组织协调有关海洋工作，并组织实施海洋调查、海洋科学研究、海洋管理和服务，为国民经济和国防建设服务。国家海洋局体制改革，标志着我国海洋事业进入高速发展时代。

1991 年 1 月，全国首次海洋工作会议在北京召开，时任国家科委主任宋健在会上指出，90 年代我们将面临“海洋开发时代”的挑战，我们要以海岸带、海岛和近岸海域开发为重点，推动整个海洋事业的发展。会议通过了《90 年代我国海洋政策和工作纲要》，提出 90 年代海洋工作要以开发利用海洋、发掘海洋经济为中心，围绕权益、资源、环境和防灾减灾来展开。[②] 这次会议以海洋发展为中心，针对海洋开发手段、开发重点和海洋环境保护等制定了政策纲领，表明了中国向海洋大国进军的号角已经吹响。1995 年 5 月编制完成了《全国海洋开发规划》，规划确立的基本原则是：实行陆海一体化开发，提高海洋开发综

① 孙志辉：《回顾过去，展望未来——中国海洋科技 50 年》，《海洋开发与管理》2006 年第 5 期。

② 《首次全国海洋工作会议在北京召开》，王振川主编《中国改革开放新时期年鉴 1991 年》，中国民主法制出版社，1991，第 11 页。

合效益，推行科技兴海，求得开发和保护同步发展。1996年，《中国海洋21世纪议程》阐明了中国在21世纪的海洋可持续发展战略和主要行动领域，涉及海洋各领域的可持续开发利用、海洋综合管理、海洋环境保护、海洋防灾减灾、国际海洋事务以及公众参与等内容。议程的第八章“海洋环境保护”规定：防止、减轻和控制陆上活动对海洋环境的污染损害；防止、减轻和控制海上活动对海洋环境的污染损害；重点海域的环境整治与恢复；海洋环境污染监测监视能力建设；完善海洋环境保护法律制度。议程第九章“海洋防灾、减灾”主要内容有：海洋观测系统的建立与完善；海洋预报、警报系统建设；加强海洋防灾、减灾工作。国家将海洋环境保护与海洋防灾减灾作为海洋建设重要任务而益加重视，从此之后，中国海洋防灾减灾研究和海洋环境学院建设进一步向纵深发展。

2002年11月召开的中国共产党第十六次全国代表大会，在国家总体战略部署中提出“实施海洋开发”的要求。2004年，胡锦涛在中央人口资源环境工作会议上强调“海洋开发是推动我国经济社会发展的一项战略任务。要加强海洋调查评价和规划，全面推进海域使用管理，加强海洋环境保护，促进海洋开发和经济发展”。[①] 海洋开发已经成为我国的一项战略性任务而得到进一步强调和重视。2005年，《国家中长期科学和技术发展规划纲要（2006—2020）》公布，对未来15年科学技术发展做出全面规划与部署，把海洋科技发展提到了新的历史高度，海洋成为国家超前部署的五大战略领域之一。该规划纲要第三部分第三项“海洋生态与环境保护”写道：“重点开发海洋生态与环境监测技术和设备，加强海洋生态与环境保护技术研究，发展近海海域生态与环境保护、修复及海上突发事件应急处理技术，开发高精度海洋动态环境数值预报技术。”第三部分第十项“重大自然灾害监测与防御”写道：“重点研究开发地震、台风、暴雨、洪水、地质灾害等监测、预警和应急处置关键技术，森林火灾、溃坝、决堤险情等重大灾害的监

① 胡锦涛：《在中央人口资源环境工作座谈会上的讲话》，《人民日报》2004年4月5日，第2版。

测预警技术以及重大自然灾害综合风险分析评估技术。”为了促进海洋生态环境保护，在技术上规划了前沿技术目标，该规划纲要第五部分第六项“海洋环境立体监测技术”写道：“海洋环境立体监测技术是在空中、岸站、水面、水中对海洋环境要素进行同步监测的技术。重点研究海洋遥感技术、声学探测技术、浮标技术、岸基远程雷达技术，发展海洋信息处理与应用技术。”同时，2006 年通过的《国民经济和社会发展第十一个五年规划纲要》对于海洋方面有了更明确的指示，提出了“保护海洋生态，开发海洋资源，实施海洋综合管理，促进海洋经济发展”的发展目标。2011 年国家“十二五”规划纲要对加强海洋环境保护提出了明确要求，海洋生态文明建设成为促进海洋经济可持续发展和建设现代化强国的必然要求。2015 年，国家制定的“十三五”规划纲要明确指出：加强海洋气候变化研究，提高海洋灾害监测、风险评估和防灾减灾能力，加强海上救灾战略预置，提升海上突发环境事故应急能力，实施海洋督察制度，开展常态化海洋督察。可以看到，进入 21 世纪后，海洋政策密集出台，海洋开发的重视程度进一步提高，从过去简单的海洋防灾减灾提升到对海洋环境的保护和实现海洋可持续发展。

进入新时代，建设海洋强国和“一带一路”倡议的实施，将海洋生态文明建设和海洋防灾减灾提高到一个新高度。2013 年党的十八大首次提出“提高海洋资源开发能力，发展海洋经济，保护海洋生态环境，坚决维护国家海洋权益，建设海洋强国”的伟大目标。“建设海洋强国”正式成为国家战略任务。2013 年 7 月 30 日，习近平总书记在主持中共中央政治局第八次集体学习时，就围绕着建设海洋强国发表重要讲话，指出：“保护海洋生态环境，着力推动海洋开发方式向循环利用型转变。目前，我国近海生态环境不容乐观，海洋污染、海洋灾害等环境问题日益突出。”“要下决心采取措施，全力遏制海洋生态环境不断恶化趋势，让我国海洋生态环境有一个明显改观，让人民群众吃上绿色、安全、放心的海产品，享受到碧海蓝天、洁净沙滩。”他还说：“要把海洋生态文明建设纳入海洋开发总布局之中，坚持开发和保护并重、污染防治和生态修复并举，科学合理开发利用海洋资源，维护海洋自然再生产能力。"[1] 习近平总书记对海洋环境的强调和重视，为海洋灾害防治工作增强了信心，指明了方向。

在改革开放以来的40年里，我国逐步建立起一套依法保护海洋环境的法律体系，使中国对海洋的治理从过去的以政策管制为主转向依法治海。20世纪80年代，《海洋环境保护法》（1982）、《海洋倾废管理条例》（1985）、《防止拆船污染环境管理条例》（1988）等陆续颁布来保护海洋环境。进入90年代，海洋开发和保护步入更深层次的发展完善阶段，诸如《防治海岸工程建设污染损害海洋环境管理条例》（1990）、《防治陆源污染物污染损害海洋环境管理条例》（1990）、《固体废物污染环境防治法》（1995）、《海洋自然保护区管理办法》（1995）等进一步加强对人为海洋灾害的控制，减轻海洋开发和沿海地区开发对海洋的污染。21世纪头十年，又出台了《海域使用管理法》（2003）、《防治海洋工程建设项目污染损害海洋环境管理条例》（2006）、《防治船舶污染海洋管理条例》（2009）等与海洋环境保护相关的法律法规。在21世纪的第二个十年，随着"建设海洋强国"目标提出和"一带一路"倡议实施，我国更加重视海洋环境保护。《海洋观测预报管理条例》（2012）、《海洋生态文明示范区建设管理暂行办法》（2012）、《海洋生态损害国家损失索赔办法》（2014）、《防治船舶污染内河水域环境管理规定》（2015）、《深海海底区域资源勘探开发法》（2016）等密集出台，显示了我国在建设海洋强国过程中将生态海洋建设与防治海洋污染和对海洋环境破坏治理统筹计划进行，能够做到有法可依。

从新中国成立到70年代末以及改革开放以来海洋防灾减灾政策的变化中可以看到发生了三个重要转变：从依靠政策指示防灾减灾向依法防灾减灾转变，从重视海防向重视海洋经济与海洋环境协调发展转变，从单纯应对海洋灾害向以海洋生态文明高度来全方位地认识和经略海洋转变。

2. 海洋灾害资料整编

大型海洋资料的整编是海洋灾害研究的基础，也是海洋灾害研究走

① 中共中央文献研究室编《习近平关于社会主义生态文明建设论述摘编》，中央文献出版社，2017，第46页。

向深入的必要条件。20 世纪 70 年代末至 80 年代，我国对海洋进行了几次大规模调查。在 1976 年至 1982 年开展了渤海、东海、南海和黄海第一次污染基线调查。90 年代末，为全面掌握 20 世纪末中国管辖海域的环境质量状况，为 21 世纪提供海洋环境资料，为国家制定海洋环境保护政策，国家海洋局于 1996 年下半年组织沿海省、自治区、直辖市、部分计划单列市海洋机构和国家海洋局所属单位，开展了第二次全国海洋污染基线调查。调查内容包括污染源、水质、沉积物、生物、放射性、大气等，调查项目 100 余项。1998 年全部海上和野外调查工作结束，累计出动各类船只 150 余艘次，采集各类样品 5 万多份，获得各类分析测试数据 20 余万组，参加人员 3000 余人，形成了《2004 年第二次全国海洋污染基线调查报告》。[①] 这次调查和形成的调查报告为研究改革开放后前 20 年我国海洋污染的状况及各省区市的海洋污染情况，提供了十分难得的原始数据。

另外，我国还从 1980 年开始进行了历时 7 年多的“全国海岸带和海涂资源综合调查”，全国有 15 个部、委、局和沿海 10 个省区市的 502 个单位、19000 人参加，编写了《中国海岸带和海涂资源综合调查报告》和各种专业、专题报告，共计 500 多份、700 多册、6000 多万字，自 1992 年陆续由海洋出版社出版《中国海岸带和海涂资源综合调查专业报告集》共 12 本、《中国海岸带和海涂资源综合调查报告（资料汇编）》以及图集等。1988 年又组织了“全国海岛资源综合调查”并将成果整理出版。[②] 通过调查，摸清了中国海岸带和海岛的海洋状况、地质地貌、生物植被等，为开发海洋、利用海洋提供了科学依据，也为研究近海海洋灾害如海岸侵蚀、海洋污染、海洋环境变化等提供了大量原始数据和资料。

风暴潮是对我国影响最大的海洋灾害。《中国古代潮汐资料汇编》

① 中国海洋年鉴编纂委员会编《中国海洋年鉴（1999～2000）》，海洋出版社，2001，第 324～325 页；马德毅等编《2004 第二次全国海洋污染基线调查报告》（内部），国家海洋局，2004。

② 孙志辉：《回顾过去，展望未来——中国海洋科技 50 年》，《海洋开发与管理》2006 年第 5 期。

(1978) 出版，陆人骥编《中国历代灾害性海潮史料》（1984）收集和整理了自公元前48年起至1946年止将近2000年历史时期有关灾害性海潮资料，以正史及类书中的资料为主，附以各地方志中的资料，是研究历史上风暴潮的主要参考。[①] 杨华庭等主编的《中国海洋灾害四十年资料汇编（1949—1990）》（1993）收集整理了新中国成立后的40年沿海地区和我国近海有重大影响的风暴潮、灾害性海浪、海冰、地震海啸、赤潮等五种主要海洋灾害的基本资料，并综合分析了其时间、空间、强度和灾度分布变化的一般规律。[②] 国家海洋局环境预报中心的于福江、董剑希、叶琳等著有《中国风暴潮灾害史料集（1949—2009年）》（2015），此外于福江、董剑希、李明杰等著有《中国温带风暴潮灾害史料集》（2018），该书是国家海洋局908专项“我国近海海洋综合调查与评价”子项目“海洋环境灾害”的部分成果，前书收集、整理了1949～2009年影响我国沿海的221次台风风暴潮，后书选择了1950～2016年影响我国沿海的67次典型温带风暴潮，两套书都采用文字描述和绘图相结合的方式，对每次风暴潮灾害的影响、风暴增水、高潮位超过当地警戒潮位等进行了详细的阐述，还针对典型过程绘制出风暴增水随时间变化的曲线图。另外，适应现代数字媒体发展，通过影像媒体的表现形式，全方位直观地展示风暴潮灾害的成因、危害、观测、预报、防御等方面的内容，使单一的纸质媒体鲜活起来。[③]

改革开放以来，公报成为一种新的信息公开形式逐渐在海洋灾害领域使用。国家海洋局海洋信息中心从1989年开始编《中国海洋灾害公报》，每年一册，根据海洋环境监视、监测和调访资料，并参考有关部门提供的灾情报告，经分析整理编成每年的灾害公报，初期编纂收入的灾害主要是风暴潮、巨浪、海冰、海啸、赤潮、海洋污染，后来又增加海岸侵蚀、海水入侵与土地盐渍化、咸潮入侵、大型藻类暴发等海洋灾

① 陆人骥编《中国历代灾害性海潮史料》，海洋出版社，1984。

② 杨华庭等主编《中国海洋灾害四十年资料汇编（1949—1990）》，海洋出版社，1994。

③ 朱瑾：《一部贯穿六十年的风暴潮史料汇编——评〈中国风暴潮灾害史料集（1949～2009年）〉》，《海洋开发与管理》2015年第9期。

害，分门别类编辑，每年也会根据海洋灾害发生情况进行灾害板块增减。该公报是研究近30年来海洋灾害的主要参考资料。国家海洋局对我国沿海海平面变化进行着长期监测，在对这些监测数据进行分析的基础上，自1989年开始公布《中国海平面公报》，将每年海平面变化情况用数据显示并进行公布，为研究提供了数据支撑。国家海洋局自2000年开始，每年对我国管辖海域的海洋生态环境状况、入海污染源、海洋功能区、海洋环境灾害、部分海洋功能区环境状况等开展全面的高密度、高频率监测，布设监测站位8000多个，获取监测数据200余万个。根据监测结果和其他相关资料的收集分析，编制《中国海洋环境质量公报》，为国家和地方治理和改善海洋环境提供重要依据，为学者研究提供重要材料。近两年随着对海洋环境质量更加重视，又编纂了《沿海省市环境质量公报》和《海区海洋质量公报》。2001年开始编纂出版《海洋倾废管理公报》，公布了2期后停刊，2011年又开始编纂。公报主题内容为海洋工程污染排放、海洋倾倒概况、海洋倾倒量分布、海洋倾倒管理、违章倾倒案件处理和附件等。

一些灾荒史料也收入了部分海洋灾害史料，比如李文海等的《近代中国灾荒纪年》（1990）和《近代中国灾荒纪年续编1919—1949》（1993），对近代发生的重大风暴潮及台风等破坏性灾害也做了编年。[①] 骆承政、乐嘉祥主编的《中国大洪水——灾害性洪水述要》（1996），专门详细呈现了1969年到1985年沿海地区18个主要风暴潮的发生过程及造成的危害。[②] 另外，《中国灾害志——民国卷》（2019）对海洋灾害也有记载，还有其他关于灾害的书也涉及海洋灾害，在此不一一列举了。

地方性灾害史料编纂也把海洋灾害收入，如河北省旱涝预报课题组编《海河流域历代自然灾害史料》（1985）涉及海洋灾害，《青岛气象灾害与减灾》（1992）介绍了青岛地区的雷击、冰雹、台风、暴雨、海

① 李文海等：《近代中国灾荒纪年》，湖南教育出版社，1990；李文海等：《近代中国灾荒纪年续编1919—1949》，湖南教育出版社，1993。

② 骆承政、乐嘉祥主编《中国大洪水——灾害性洪水述要》，中国书店，1996。

雾、寒潮等气象灾害，灾害系统与气象灾害防御对策，运用气象科技防灾减灾及编制防灾减灾工作程序。① 高建国编著的《浙江灾害图谱》(2017) 记载了公元4世纪至20世纪浙江发生的洪水、风暴潮、风灾等主要灾害，并将文字以图的形式转化，以图像形式将每一年发生的灾害的范围、灾种及危害程度绘制出来，做到图文并茂、形象直观。② 从2016年开始，广东省海洋与渔业厅每年对上一年的海洋环境监测监视和海洋灾害调查数据进行统计，编制和公布《广东省海洋环境状况公报》和《广东海洋灾害公报》，这有助于落实海洋环境监督管理职责，推进海洋生态文明建设，不断提高海洋环境监测监视水平。沿海各省区市一般编有专门的海洋灾害资料或专题式的海洋灾害资料。天津市档案馆编的《天津地区重大自然灾害实录》(2005)，记载了近代以来天津海区发生的30余次风暴潮灾。③

以上是对海洋灾害资料编纂情况的梳理，可以看到既有大量当代海洋调查的一手资料的整编和出版，还有历史上海洋灾害史料的搜集和整理、年鉴和公报的出版，更使海洋灾害研究资料有了连续性，为探究海洋灾害发生和发展规律和趋势提供了难得的资料。

3. 自然科学界海洋灾害研究

改革开放以来，迎着面海发展的东风，涉海的专业迎来发展机会，人们从专业出发对海洋灾害进行深入研究，一些研究成果位居世界前列。

(1) 综合性研究

自然科学界工作者通过集体攻关方式完成了一些与海洋灾害相关的重大项目。1991年至1995年，组织实施“八五”国家科技攻关计划《灾害性海洋环境数值预报及近海环境关键技术研究》(1991～1995)。灾害性海洋环境一般指巨浪（由气旋或台风引起的气旋巨浪和台风巨浪，有效波高3.5米以上）、风暴潮（包括温带风暴潮和台风风暴潮）、

① 中国人民保险公司青岛分公司、青岛市气象局编《青岛气象灾害与减灾》，气象出版社，1992。

② 高建国编著《浙江灾害图谱》，气象出版社，2017。

③ 天津市档案馆编《天津地区重大自然灾害实录》，天津人民出版社，2005。

严重海冰、异常海温（或称海温骤变）、赤潮和（地震）海啸等，此外也包括在远洋作业时大洋上的强风和热带气旋。该项目在国家海洋局、国家教委和中国科学院所属研究所、高等院校的17个单位600名科研人员的合作下，共分8个课题和42个专题，在灾害性海洋环境数值预报模式及各区域中心数值预报、海洋环境数值预报产品业务化及数值预报数据库、卫星遥感监测系统、预报系统工程及战略研究、近海环境关键技术研究等方面，共取得了59项成果、1项专利。其中，国际领先1项，国际先进31项，国内先进8项，获得新产品4项，新技术、新工艺10项，新成套设备10个，共撰写研究报告、论文292篇，全面有力地促进了对灾害性海洋环境的研究，为国家海洋环境预报中心和沿海各区域预报中心的建立打下了技术基础。[①] 国家海洋局为了掌握我国近海风暴潮、海浪、海冰等灾害的分布、发生、发展的基本状况和危害程度，于2004年又启动了“908专项”，其中“海洋环境调查”包括了风暴潮历史灾害调查和现场调查。通过项目的实施，取得了丰富的成果，获取了大量珍贵的历史和现场调查资料，弥补了风暴潮资料的不足。1996～2000年，国家海洋局组织沿海省、自治区、直辖市、部分单列市海洋机构集体开展“九五”国家科技攻关计划《海岸带环境污染监测、预测及防治技术》，完成大连湾、胶州湾环境质量评价，开发出海上溢油应急处置产品，研究了养殖扇贝死亡的原因，提出了解决风、浪、潮、流联合概率非单一问题的新方法，编写完成《海岸带综合管理科学指南》。[②]

高建国的《海洋灾害、大气环流和地球飞自转的关系》（1982），分析、探讨了海洋灾害的长周期变化以及同相关学科的关系。作者提供了重大潮灾的60年左右变化周期的史料以及对海洋灾害60年左右周期进行了初步解释。[③] 包澄澜主编的《海洋灾害及预报》（1991）一书总结了20多年间丰富的海洋灾害预报经验，系统地介绍了海洋灾害发生

① 中国海洋年鉴编纂委员会编《中国海洋年鉴（1991～1993）》，海洋出版社，1994，第175～176页；《中国海洋年鉴（1994～1996）》，海洋出版社，1997，第213页。

② 《中国海洋年鉴（1999～2000）》，第395页。

③ 高建国：《海洋灾害、大气环流和地球飞自转的关系》，《海洋通报》1982年第5期。

发展的理论和现代预报技术以及介绍了各种海洋灾害的定义、灾象、灾例、分布特点、发生规律、灾情，总结了各灾害项目的现行监测手段和预报技术，并就如何减轻海洋灾害提出了对策建议。[①] 王静爱、史培军等的《中国沿海自然灾害及减灾对策》（1995），根据1949～1990年沿海各省区市省级报刊自然灾害记录及有关海洋自然灾害资料，分析了研究区自然灾害的时空分异规律，重点讨论了海洋自然致灾因子及沿海各县、市社会经济发展（承灾体）在本区灾情形成中的作用。在此基础上，提出了研究区的减灾对策。[②] 夏东兴、武桂秋、杨鸣主编的《山东省海洋灾害研究》（1999），是通过对山东省沿海开展3次实地调查以及在大量关于山东省海洋灾害的古今资料的研究的基础上撰写而成的。该书对发生在山东省沿海的海洋灾害类型、主要灾害的发生区域、灾害特点、致灾原因、灾害程度、演化趋势及防治措施做了详尽的论述。[③] 于福江等编著的《中国近海海洋——海洋灾害》（2016），对影响我国沿海的突发性海洋灾害和海岸侵蚀、海底地质、港湾淤积、海水入侵、外来物种入侵等缓发性海洋灾害进行了成因和特点分析；对各类海洋灾害的时空分布和影响特征进行了研究，开展了海洋灾害风险评估与区划，依据沿海各区域各类海洋灾害的特点以及造成的危害，综合分析了全国174个沿海县、市的海洋灾害风险，借此明确了我国沿海海洋灾害严重区及高风险区；此外分析了各类海洋灾害的典型个例，评价了海洋灾害对社会经济发展的影响，深入探讨了我国在防灾减灾方面存在的问题，并提出了相应的防灾减灾对策建议。[④] 上述研究或针对全国或针对某个区域，通过实地调查和资料分析，论述海洋灾害的成因、分布、表现、危害，并提出防范对策。

（2）风暴潮

风暴潮是对我国影响最大的海洋灾害，该领域研究成果最丰富，笔

---

① 包澄澜主编《海洋灾害及预报》，海洋出版社，1991，第2页。

② 王静爱、史培军等：《中国沿海自然灾害及减灾对策》，《北京师范大学学报》（自然科学版）1995年第3期。

③ 夏东兴、武桂秋、杨鸣主编《山东省海洋灾害研究》，海洋出版社，1999。

④ 于福江等：《中国近海海洋——海洋灾害》，海洋出版社，2016。

者在中国知网上搜索“风暴潮”关键词，截至2019年11月10日有近2000篇文章。在风暴潮理论研究方面，冯士筰是我国最有影响力的学者，他在70年代就开始研究风暴潮，经过10多年的研究，出版《风暴潮导论》（1982），这是世界上第一部系统论述风暴潮理论和预报方法的专著。他对浅海理论、陆架动力学方面的研究较为深入，他提出的“超浅海三维空间非线性潮波模式”和“陆架边缘波”已被美、日、加等国广泛引用。他首次将我国北方的黄海、渤海由冷空气或寒潮大风引起的猛烈增水包括进来，从而把风暴潮按大气扰动分类法只包含两类的经典划分结合我国实际扩展为三类。①

水利部水文水利调度中心编的《中国风暴潮概况及其预报》，是水利部水文水利调度中心1987年和1990年主持召开了两次“风暴潮预报工作座谈会”后的论文汇编。该书主要介绍了我国沿海各省（区、市）历史上风暴潮灾害的调查情况、风暴潮特点及历史上的个例分析、风暴潮站网建设和预报方案编制等方面的经验。② 王喜年等的《中国海台风风暴潮预报模式的研究与应用》（1991）开始了中国第一代业务化台风风暴潮数值预报工作。于福江等的《影响连云港的几次显著温带风暴潮过程分析及其数值模拟》（2002）开发了覆盖中国海的温带风暴潮数值预报系统，并于2003年投入业务化运行。王培涛、陈永平等的《台风风暴潮异模式集合数值预报技术研究及应用》（2013）先后发展了风暴潮集合数值预报系统，避免了台风路径预报不确定性对风暴潮预报的制约。

在沿海省区市的风暴潮研究中，陈光兴的《海南岛的台风与暴潮》（1992）对海南岛1949～1987年台风登陆特点及台风风暴潮影响进行研究；李平日、黄广庆等的《珠江口地区风暴潮沉积研究》（2002）首次提出在水下用有孔虫组合变化揭示风暴潮沉积信息，在研究方法上取得新的突破；刘安国的《山东沿岸历史风暴潮探讨》（1998）探讨了新中国成立前山东沿岸的风暴潮类型；杨运恒、曹艳英的《渤海沿岸及胶、

① 赵瑞红等主编《科研成果背后的故事：中国海洋大学建校90年》，第17页。

② 李纪生主编《中国风暴潮概况及其预报》，中国科学技术出版社，1992。

辽半岛500多年来的风暴潮研究》（1992）根据历史资料和气象、海洋观测记录，对渤海沿岸及胶、辽半岛500多年来风暴潮的时空分布和基本成因进行了分析。[①]

可以说，对风暴潮的研究从点到线、面全面展开，从理论到实践层层推进，使我国风暴潮研究处在世界前列。

（3）海雾

海雾是指对海上船舶航行、捕捞、港口作业以及沿海地区的公路运输和电力输送等社会生活的方方面面产生重要影响的天气现象。在中国知网上搜索“海雾”关键词，截至2019年11月10日有350多篇论文涉及海雾研究。著名海洋气象学家王彬华的《中国近海海雾的几个特征》（1980），总结了海雾的四个特征。[②] 王彬华专著《海雾》（1983）手稿在“文革”期间丢失，“文革”结束后他凭着顽强的记忆力重新完成手稿并出版。该书对海雾的生成及其分类、世界海雾的分布及变化、海雾发生时的水文气象条件、海雾的物理性质、海雾的预报方法等进行了全面系统的论述。该书于1985年由海洋出版社和Springer-Verlag出版集团联合在海外出版发行了英文版，成为世界上全面系统地研究海雾的权威著作。国家在1991～1995年组织中国科学院海洋研究所和青岛海洋大学共同完成了“八五”国家科技攻关项目“黄东海海雾数值预报方法的研究”。该项目是继《海雾》专著出版以后，我国首次对海雾进行比较系统全面的研究，包括海雾过程中大气和海洋环境背景场、海雾发生时海洋上大气边界层特征、海雾数值预报方法研究和海雾MOS（Model Output Statistics）预报方法试验等内容。“十五”期间，由于卫星遥感技术的快速发展，国家863项目“模块化全天候、灾害性海雾遥感监测技术”进行了以海雾光谱特性和纹理特征综合分析识别云雾的技术研究，标志着我国海雾遥感监测研究的新起点。[③]

① 李平日、黄广庆、王为等：《珠江口地区风暴潮沉积研究》，广东科技出版社，2002。

② 王彬华：《中国近海海雾的几个特征》，《海洋湖沼通报》1980年第3期。

③ 傅刚等：《中国海雾研究简要回顾》，《气象科技进展》2016年第2期。

（4）灾害性海浪

截至2016年12月，以“灾害性海浪”为关键词在学术资料平台“中国知网”上搜索到183篇文献。著名海洋物理学家文圣常在20世纪60年代初开始研究海浪，80年代末他开创了海浪数值预报方法新的混合型模式、海浪谱和风浪方向谱。[①] 其提出了随风时或风区成长的普遍风浪谱，被誉为“文氏风浪谱”，在海浪研究和预报中得到广泛应用。他发现了“南海暖流”和“台湾暖流”，出版了潮汐、海浪、海流等方面的专著，为中国海洋数值模拟研究提供了指导，其专著《海浪理论与计算原理》是国际上“五大海浪名著”之一。[②] 许富祥的《中国近海及其邻近海域灾害性海浪的时空分布》（1996）依据收集到的中国近海及其邻近海域灾害性海浪观测资料，经统计分析求得中国近海及其邻近海域灾害性海浪的分布及其年际变化和月际变化。[③] 许富祥、高志华的《中国灾害性海浪研究进展》（2018）对中国近海灾害性海浪的时空特性及特征进行了统计分析。陶爱峰等的《中国灾害性海浪研究进展》（2018）指出，中国对于海浪的预报研究取得的突破性进展以台风浪为主，台风浪的预测预报工作主要集中在海浪的数值预报模式和预报的业务化方面。[④]

（5）海洋环境灾害

海洋环境灾害是指直接或间接地把物质或能量引入海洋环境，对海洋产生损害性影响。鲍永恩的《人类活动致成的近海灾害与环境保护问题》（1987）论述了人类活动造成的海洋资源和环境的破坏，例如海底矿产的钻探和开采、沿岸采矿、沿海工矿企业建设、港口交通、生活排污倾废等都可能造成海洋资源和环境的破坏，甚至酿成危及人类自身的灾害。包括石油烃类对海洋构成的危害、重金属和有机氯农药对海洋环境及水产资源的危害、采矿造成资源和环境的破坏等。[⑤] 宋伦、毕相

① 文圣常：《我在海浪理论及应用领域的研究工作》，《中国科学院院刊》1996年第2期。
② 文圣常：《海浪理论与计算原理》，科学出版社，1984。
③ 许富祥：《中国近海及其邻近海域灾害性海浪的时空分布》，《海洋学报》1996年第2期。
④ 陶爱峰等：《中国灾害性海浪研究进展》，《科技导报》2018年第14期。
⑤ 鲍永恩：《人类活动致成的近海灾害与环境保护问题》，《灾害学》1987年第3期。

东的《渤海海洋生态灾害及应急处置》（2015）首次系统阐述了近年来渤海海域频繁发生的赤潮、绿潮、褐潮、水母灾害、溢油事故、生物入侵及污损生物危害等常见海洋生态灾害的诱因、规律、危害及其应急处置技术研究现状，最后论述了减少渤海海洋生态灾害发生的政策、措施及展望。[①]

赤潮是一种典型的海洋环境灾害。中国科学院海洋研究所图书馆编的《赤潮文献汇编》（1993）一书收集了大量有关赤潮灾害及其防治对策的资料。通过对大量文献资料的收集和整理，选编了20世纪90年代我国有关赤潮的一些最新研究成果，专集基本上反映了我国赤潮专家在90年代初该领域中研究工作的概貌和水平。华泽爱的《赤潮灾害》（1994）系统地总结了在世界范围内引发赤潮的生物种类和有毒赤潮生物种类，以及中国海域出现的赤潮生物种类；对影响赤潮发生的因素、有毒赤潮发生的区域性特征和赤潮成因与发生机制做了阐述；对赤潮生物的分类学与生物学、赤潮毒物学、赤潮环境科学的研究现状做了全面的总结；较详尽地论述了赤潮的监视监测和预测预报；提出了治理赤潮的三大措施：化学药品杀除法、凝聚剂沉淀法、天然矿物絮凝法。进入21世纪后，针对赤潮开展了多方面研究，如梁松等的《中国沿海的赤潮问题》（2000）对赤潮的孕灾过程、朱明远等的《我国南海、东海、渤海赤潮高发区赤潮发生特征初步比较》（2004）和洛昊等的《中国近海赤潮基本特征与减灾对策》（2013）对赤潮分布特征、周明江等的《中国赤潮发现趋势和研究进展》（2001）对赤潮的发展趋势、郑天凌的《赤潮控制微生物学》（2011）对赤潮的成因及相关的海洋微生物研究等方面进行了卓有成效的研究。

绿潮是海洋中一些大型绿藻（如浒苔）在一定环境条件下暴发性增殖或聚集达到某一水平，导致生态环境异常的一种现象。2008年《中国海洋灾害公报》首次将浒苔列入海洋灾害。夏斌、马绍赛、崔毅等的《黄海绿潮（浒苔）暴发区温盐、溶解氧和营养盐的分布特征及

① 宋伦、毕相东：《渤海海洋生态灾害及应急处置》，辽宁科学技术出版社，2015。

其与绿潮发生的关系》[①]，以及张惠荣的《浒苔生态学研究》、王影的《两种绿潮藻的生理生态学特征及其对黄海绿潮暴发期典型环境变化的响应差异研究》、宋文鹏的《黄海绿潮调查与研究》、吴玲娟的《黄海绿潮灾害应急遥感监测与预测预警系统》、颜天等的《黄海海域大规模绿潮成因与应对策略——“鳌山计划”研究进展》等，分别研究了黄海浒苔成因内在机制、监视监测以及预测预警。张锡佳的《浒苔绿潮的防治与蝶赢蜚环境友好型资源增殖》、刘英霞的《浒苔的危害及其防治》探讨了浒苔绿潮的防治措施。周健的《浒苔绿潮灾害经济损失评估模型初探》、林雨霏的《浒苔绿潮灾害损失调查与评估方法构建》，开展了对绿潮灾害损失调查与评估模型的探讨，为浒苔绿潮防灾减灾决策提供了理论支撑和数据参考。

海洋溢油是严重的海洋生态环境灾害之一，科技工作者通过数据模型，研究溢油的扩散和监测、去污的方法。许祖美的《海洋污染的遥感》（1979）研究了防止污染的有效措施和研制了各种海洋污染监测仪器以保护海洋环境。武周虎等的《海面溢油扩展、离散和迁移的组合模型》（1992）运用参数化的方法，由风场和海面流场推测油膜轨迹。赵冬至、张存智、徐恒振主编的《海洋溢油灾害应急响应技术研究》（2006），针对海洋溢油中的主要问题，如溢油的监测、鉴别、灾害评估等有关应急响应的重要内容开展了研究工作，汇集了至“九五”末期的研究成果，为海洋溢油灾害的管理、监测和应急响应工作提供了有益的帮助。安伟等的《中国近海海上溢油预测与应急决策支持系统研发》（2010）通过集成三维水动力模块、气象模块、环境敏感区域模块和决策支持模块，建立了中国近海溢油漂移预测系统。李彤和谢志宜的《水上事故溢油漂移轨迹预测模型研究与应用》（2013）应用“油粒子”模型，得到了较传统平流扩散模型精度更好的油膜轨迹预测结果。

随着对海洋环境的重视，一门新的学科——海洋环境科学诞生。曾

① 夏斌、马绍赛、崔毅等：《黄海绿潮（浒苔）暴发区温盐、溶解氧和营养盐的分布特征及其与绿潮发生的关系》，《渔业科学进展》2009 年第 5 期。

呈奎、邹景忠的《海洋污染及其防治研究现状和展望》（1979）指出："近年来，海洋污染及其防治问题，已经逐渐发展成为一门综合性很强的基础学科——海洋环境科学。"[①] 该文首次对海洋环境科学研究重点、领域、方法等进行了阐明，为我国新兴的海洋环境科学指明了方向。之后，以中国海洋大学为代表的一些涉海大学建立了以培养海洋环境科学与工程人才为特色的人才培养体系，为我国培养出了最早的一批海洋环境的研究人才。

（6）海冰

海冰是渤海湾冬春季节易生的灾害。张方俭的《我国的海冰》（1986）系统地介绍了我国渤海和黄海北部海冰的概况、特征和变化规律，分析了海冰的成因，归纳了我国现有的观测方法和预报方法。[②] 陆钦年的《我国渤海海域的海冰灾害及其防御对策》（1993）提出加强渤海海冰监测、海冰预报，进行海冰烈度区划，开展渤海海冰物理力学性能研究，检测现有近海结构物，改进近海结构物的设计，并相应开展与渤海海洋工程有关的科研工作。张方俭、费立淑的《我国的海冰灾害及其防御》（1994），根据 20 世纪 30 年代以来的记载和观测资料分析，指出渤海的几次冰封均出现在太阳黑子峰值时期，这表明渤海冰封的出现和太阳黑子活动密切相关。我国较大的海冰灾害大约 10 年出现一次，但有时也不发生而出现间隔。[③] 袁本坤等的《我国海冰灾害风险评估和区划研究》（2016）选取冰厚、密集度及冰期和各类承灾体密度、规模等作为评估指标，将我国主要结冰海区沿岸各地市级行政区所辖海域和综合划分的渤海 7 个海区作为基本评估单元，利用权重分析等方法，对我国的海冰灾害风险进行综合评估。[④]

（7）海啸

海啸是由海底地震、火山爆发或巨大岩体塌陷和滑坡等导致的海水长周期波动，能造成近岸海面大幅度涨落。根据我国 1989 ~ 2018 年海

① 曾呈奎、邹景忠：《海洋污染及其防治研究现状和展望》，《环境科学》1979 年第 5 期。

② 张方俭：《我国的海冰》，海洋出版社，1986，第 3 页。

③ 张方俭、费立淑：《我国的海冰灾害及其防御》，《海洋通报》1994 年第 5 期。

④ 袁本坤等：《我国海冰灾害风险评估和区划研究》，《灾害学》2016 年第 2 期。

洋灾害公报海啸数据，除2006年我国境内的两次海啸记录，其余年份均未发生过海啸灾害。我国对海啸的研究逐渐得到重视，研究逐步深入，与国际学者开展交流合作，重视从防灾减灾角度探讨海啸，开展海啸研究任务。1976年唐山大地震后，我国地震与海洋学者开始研究中国的地震海啸问题。1977年《地震战线》上刊发了署名海地的文章，该文指明了对我国产生影响的海啸源区以及我国海啸防灾的重点海区。[①] 1986年，郭增建、陈鑫连主编的《地震对策》一书，全面论述了地震海啸的危害、成因机制、产生的条件及中国地震海啸的可能性，并讨论了地震海啸的对策。[②] 1986年周庆海与夏威夷大学的 William M. Adams 在 *Science of Tsunami Hazards* 上发表了一篇文章，这是我国首次在国际性杂志上发表的关于海啸研究的文章，指出我国海域不易发生海啸，但不排除发生海啸的可能性。[③] 2004年12月26日印度洋海啸之后，我国迅速开展了新一轮海啸防灾减灾研究，主要集中在历史海啸目录、海啸数值模拟及应用、海啸预警系统、概率海啸危险性分析四个方面。[④] 温瑞智等开展了海啸预警系统及我国海啸减灾任务等研究。[⑤] 赵旭等研究了地震海啸的产生机制以及发展了海洋地质灾害长期实时监测技术，对北印度洋苏门答腊和莫克兰俯冲带地震海啸特征以及古海啸研究进行探讨，为将来的北印度洋地震海啸灾害研究提供可以借鉴的科学思路。[⑥] 海啸沉积物是海啸留下的沉积记录，通过对这些沉积记录的研究，科学家可以更好地识别历史上或史前的海啸事件。[⑦] 陈杰和

① 海地：《地震海啸》，《地震战线》1977年第4期。

② 郭增建、陈鑫连：《地震对策》，地震出版社，1986。

③ Zhou Q. H., Adams W. M., "Tsunamigenic Earthquakes in China: 1831 BC to 1980 AD", *Science of Tsunami Hazards*, 1986, 4 (3): 131 - 148.

④ 任叶飞、张鹏、温瑞智：《通过 WCEE 跟踪国际海啸研究动态及我国海啸防灾减灾工作的思考》，《地震工程与工程震动》2017年第3期。

⑤ 温瑞智、公茂盛、谢礼立：《海啸预警系统及我国防灾减灾任务》，《自然灾害学报》2006年第3期。

⑥ 赵旭、徐敏、曾信：《北印度洋苏门答腊和莫克兰俯冲带地震海啸综述》，《热带海洋学报》2017年第6期。

⑦ Tappin D. R., "Sedimentary Features of Tsunami Deposits—Their Origin, Recognition and Discrimination: An Introduction," *Sedimentary Geology*, 2007, 200 (3 - 4): 151 - 154.

蒋昌波等开展了海啸波作用下泥沙运动和岸滩演变系列研究。[①] 海啸作用下泥沙运动研究是泥沙运动力学的重要组成部分之一，开展海啸研究，仅研究海浪的形状或高度是不够的，应该考虑到海啸引起的泥沙运动和岸滩演变。因我国不是海啸多发区，故海啸研究成果有限，主要集中在地震学、防灾减灾角度和水动力研究方面。

（8）海岸侵蚀

海岸侵蚀是海岸在海洋动力等因素作用下发生后退的现象。海岸侵蚀造成土地损失，损毁房屋、道路、沿岸工程和旅游设施，给沿海地区的社会经济带来较大损失。我国海岸侵蚀以砂质海岸和粉砂淤泥质海岸侵蚀为主，研究主要从海岸侵蚀状况、机理、模式模型、灾害评价及防护对策等五个方面进行。喻国华与施世宽[②]、李光天[③]等从地区或整体的海岸侵蚀灾害的现状及特点方面展开研究。夏东兴对我国海岸侵蚀原因和机理进行了分析，其或关注于局部、区域性工作，或从全国乃至全球的角度进行研究，认为自然变化和人为作用的加强是沿岸泥沙亏损和海岸动力加强的根本原因，进而造成海岸侵蚀灾害的发生。[④] 其中自然因素有海平面上升、风暴潮、构造下降、河流入海口的改道或改向，人为因素主要有沿岸采砂、河流输沙的减少、海岸工程及海滩植被、珊瑚礁的破坏。2013年，国家海洋局组织在辽东湾进行了海岸侵蚀灾害监测评估试点，开展了海岸侵蚀夏季和冬季现场监测、遥感监测、海岸侵蚀强度评估、风险评估、预警预测、损失评估等工作，为建立全国海岸侵蚀灾害检测业务体系奠定了基础。[⑤] 罗时龙等提出了海岸侵蚀分类管理的方法，补充发展了我国海岸侵蚀理论。[⑥]

---

① 陈杰、蒋昌波等：《海啸波作用下岸滩演变与床沙组成变化研究综述》，《水科学进展》2013年第5期。

② 喻国华、施世宽：《江苏省吕四岸滩侵蚀分析及整治措施》，《海洋工程杂志》1985年第3期。

③ 李光天：《海岸带开发致成的海岸侵蚀及对策》，《灾害学》1988年第2期。

④ 夏东兴：《中国海岸侵蚀概要》，海洋出版社，2010。

⑤ 《2013年中国海洋灾害公报》，自然资源部网，2014年3月19日，http：//gc. mnr. gov. cn/201806/t20180619_ 1798017. html。

⑥ 罗时龙、蔡锋、王厚杰：《海岸侵蚀及其管理研究的若干进展》，《地球科学进展》2013年第11期。

（9）海水入侵与土壤盐渍化

海水入侵是海水或与海水有直接关系的地下咸水沿含水层向陆地方向扩展的现象。我国1964年在大连市发现海水入侵，到了20世纪70年代后期，又在莱州湾发现海水入侵，进入80年代，海水入侵现象又于多处发现，且海水入侵范围逐渐扩大、入侵速度逐年加快、危害越来越严重。我国海水入侵研究始于20世纪80年代，研究程度最高的地区是莱州湾，且研究成果大部分是针对莱州湾地区的海水入侵。杨增文对山东省滨海地区海水入侵的现状及危害性做了综述，对海水入侵地区的水文地质条件做了分类。[①] 尹泽生、林文盘、薛禹群等对莱州湾王河流域海水入侵现状、入侵规律及发展趋势进行研究。[②] 邱汉学等对海水入侵的机理、入侵引起的生态变化，以及模型化、计算方法的研究现状、入侵区的治理措施进行总结。[③] 马凤山等指出海水入侵理论经历了静力学阶段、渗流阶段、渗流与弥散联立阶段和渗流与弥散耦合4个阶段。[④] 李雪等总结了水化学方法、水位观测方法、地球物理勘测方法、同位素示踪法在海水入侵监测和调查中的研究进展，并指出海水入侵的研究方向，探索不同的海水入侵调查方法，发展延时性地球物理勘测方法、应用新的同位素示踪剂等，同时联用多种调查方法，以获得可靠的结果。[⑤] 熊贵耀等总结了滨海含水层海水入侵地质条件（包括海岸边界坡度、含水层介质分层、水力传导系数和弥散度）和水动力条件（包括地下水位和海平面的变化）这两类基础性影响因素。[⑥] 杨坤等基于海

① 杨增文：《山东滨海地区海水内侵状况、成因分析及对策研究》，《勘察科学技术》1989年第5期。

② 薛禹群、吴吉春、谢春红：《莱州湾沿岸海水入侵与咸水入侵研究》，《科学通报》1997年第22期；林文盘、尹泽生：《莱州湾海水入侵灾害研究防治进展》，《中国减灾》1992年第1期；尹泽生、林文盘、杨小军：《海水入侵研究的现状与问题》，《地理研究》1991年第3期。

③ 邱汉学、张维冈：《海水入侵问题理论与实践》，《海洋湖沼通报》1993年第3期。

④ 马凤山、蔡祖煌、宋维华：《海水入侵机理及其防治措施》，《中国地质灾害与防治学报》1997年第4期。

⑤ 李雪、叶思源：《海水入侵调查方法研究进展》，《海洋地质与第四纪地质》2016年第6期。

⑥ 熊贵耀等：《滨海含水层海水入侵影响因素研究综述》，《海洋科学》2019年第6期。

南省东部和南部海岸带地区地下水现场监测数据和室内水化学测定数据，研究了各水化学指标间的相关性，分析了区域海水入侵现状。[①] 总体来看，在40多年里，我国在海水入侵现状调查、基本理论探索、模型创建、预测预报和防治措施等方面，已经从单一问题的研究趋向于综合性研究，从简单的定性调查走向定量化和模型化。

土壤盐渍化是海水入侵漫溢以及其他原因所引起的沿海土地含盐量增多的现象。土壤盐渍化较严重的区域主要为辽宁、河北、天津和山东的滨海平原地区。中国2008～2018年海洋灾害公报资料显示，我国土壤盐渍化范围呈逐年扩大趋势。海岸带地区的海水入侵会导致地下水咸化，进而诱发土壤盐渍化，海水入侵—土壤盐渍化属于典型的链式结构灾害。朱守维等对锦州市海水入侵盐渍化状况进行分析并且提出了防护措施。[②] 刘衍君等研究了莱州湾南岸海水入侵对土壤盐渍化的影响过程和程度，并且提出防治盐渍化和生态修复措施。[③] 潘玉英等利用电阻率探杆自动监测系统，为海水入侵—土壤盐渍化环境过程的原位连续实时自动监测提供技术支持。[④] 徐兴永等从灾害链角度阐述了海水入侵—土壤盐渍化的发育特征和研究中的关键科学问题，展望了海水入侵—土壤盐渍化灾害链研究趋势。[⑤] 可以看出，我国目前对海水入侵—土壤盐渍化灾害链孕育规律、形成机制、演化过程的系统研究比较丰富，但对海水入侵—土壤盐渍化灾害链研究的基础理论和技术方法、风险评估技术、损失评估技术、断链减灾对策的研究有待加强。

（10）咸潮入侵

咸潮入侵是感潮河段（感潮河段指的是潮水可达到的、流量及水位受潮汐影响的河流区段）在涨潮时发生的海水上溯现象。我国咸潮

① 杨坤等：《海南省海岸带典型区域海水入侵现状评价》，《海洋科学》2019年第5期。

② 朱守维、付卓、张国清：《锦州市海水入侵盐渍化的状况与防治》，《海洋开发与管理》2009年第4期。

③ 刘衍君、曹建荣、高岩：《莱州湾南岸海水入侵区土壤盐渍化驱动力分析与生态对策》，《中国农学通报》2012年第2期。

④ 潘玉英等：《海水入侵—地下水位变化—土壤盐渍化自动监测实验研究》，《土壤通报》2012年第3期。

⑤ 徐兴永等：《海水入侵、土壤盐渍化灾害链研究初探》，《海洋科学进展》2020年第1期。

入侵发生地主要集中在珠江口、长江口以及杭州湾地区。茅志昌等基于大量实测资料，将枯季流量划分为丰、平、枯、特枯四类，分析了不同年份下长江口南港河段枯季的咸潮入侵程度。[①] 栾华龙等基于三维数学模型 FVCOM 研究长江口规划整治工程实施后咸潮入侵和倒灌的演变和影响，认为规划工程使试验地区受咸潮入侵的影响程度有所减弱，但不同地区的规划工程对咸潮入侵的影响呈现显著的差异。[②] 毛兴华探讨了咸潮入侵的基本情况和形成的原因，以及长江口咸潮入侵的机理和入侵途径，并结合历史观测资料，分析了新形势下长江口咸潮入侵出现的新特点。[③] 李文善等分析了近十年长江口、珠江口和钱塘江口咸潮入侵的变化特征及影响，认为咸潮入侵次数和持续时间与基础海面和径流量等密切相关。[④] 受人口快速增长、城市化进程加快、区域内用水量急剧上升、枯水季节河道径流量偏小等因素影响，历年河口水动力条件复杂多变，盐水入侵形势也有所不同。陈祖军等研究了长江口水源地咸潮灾害应对预案的框架体系及相关要素或指标，提出了预案组织与职责、监测、预报、预警、应急响应、保障等体系的设计方案。[⑤] 学者对于与咸潮入侵相关的河口基本现象规律和过程、影响因素及其危害的分析研究，使这一新的研究领域获得活力。

（11）海平面变化

海平面变化是由海水总质量、海水密度和洋盆形状改变引起的平均海平面高度的变化。在气候变暖的背景下，冰川融化和海水变热膨胀，全球海平面呈上升趋势。高海平面加剧了中国沿海风暴潮、滨海城市洪涝、咸潮、海岸侵蚀及海水入侵等灾害，给沿海地区社会经济发展和人

① 茅志昌、沈焕庭：《长江径流变化对南港盐水入侵影响分析》，《海洋科学》1994 年第 2 期。

② 栾华龙等：《长江口规划工程影响下的咸潮入侵数值模拟》，《海洋科学进展》2008 年第 4 期。

③ 毛兴华：《2014 年长江口咸潮入侵分析及对策》，《水文》2016 年第 2 期。

④ 李文善、左常圣、王慧：《中国主要入海河口咸潮入侵变化特征》，《海洋通报》2019 年第 6 期。

⑤ 陈祖军、阮仁良、韩昌来：《长江口水源地咸潮入侵应对预案体系》，《水资源保护》2019 年第 5 期。

民生产生活造成了不利影响。20 世纪 70 年代中期，赵松龄、秦蕴珊等已在较大的范围内开展了海面变化的研究，相继提出了海相地层、海岸线变迁、地貌研究、近海陆架、全球海平面升降及地震海平面曲线概念等。[①] 1984 年，IGCP No. 200 中国工作组的成立以及 1986 年 10 月 7～14 日在山东青岛和烟台举行的国际海平面变化及应用学术讨论会促进了我国海平面变化研究，建立起与国外科学家之间的合作关系，[②] 海平面变化研究进入了一个新的历史时期。从 80 年代中期开始至今，研究主要集中在海平面变化影响因素及发展趋势、海平面变化对近海以及海岸带的影响、海平面变化多学科研究进展等方面。秦蕴珊等主编的《渤海地质》（1985）、赵松龄与秦蕴珊的《中国东部沿海近三十万年以来的海侵与海面变动》（1985）和 IGCP No. 200 中国工作组的《中国海平面变化》（1986），这些著述对未来海岸阶地的影响都有参考作用。我国学者从层序地层与海平面变化、海平面变化的稳定同位素响应、生态地层与海平面变化、古气候与海平面变化等方面来进行影响因素探讨。蓝东兆等探究了福州盆地全新世海侵，认为全新世以来的海平面变化是晚更新世末期以来的世界性海平面变化的继续。[③] 赵国伟绘制了具有精确生物（年代）地层格架的碳、氧、锶同位素变化曲线，并依据碳、氧、锶同位素对海平面变化的响应机理，结合层序地层学，重绘了该地区海平面变化曲线。[④] 马明明、沈兴艳等研究了古气候与海平面上升及海侵的影响，并提倡加强古气候研究工作，将海平面变化与古气候研究联系起来。[⑤] 王清龙等分析认为海平面变化对层序结构和沉积演化起主导作

① IGCP No. 200 中国工作组编《中国海平面变化》，海洋出版社，1986。

② Tooley M. J. 、赵松龄：《中国海平面变化》，《海洋科学》1987 年第 2 期。

③ 蓝东兆等：《福州盆地晚更新世海侵及全新世海面波动的初步研究》，《海洋地质与第四纪地质》1986 年第 3 期。

④ 赵国伟：《新疆巴楚地区中－晚奥陶世海平面变化：碳、氧、锶同位素记录》，博士学位论文，吉林大学，2013。

⑤ 马明明、刘秀铭、周国华：《福建沿海地区晚第四纪海侵研究进展及存在的问题》，《亚热带资源与环境学报》2016 年第 3 期；沈兴艳、万世明：《日本海第四纪沉积记录及其海陆联系的研究进展》，《海洋地质与第四纪地质》2015 年第 6 期。

用，局部受构造和海平面变化双重因素制约。[①] 毛雪莲等指出珠江口盆地西部新近系受拗陷阶段持续沉降影响，形成不同于海退型全球海平面变化的台阶式海侵特征。[②] 由此可见，我国对于海平面变化的研究经历了从 70 年代的国内封闭单一到国际合作多学科领域相结合、从不成熟到成熟的过程，在国家的支持下，取得了数量可观的研究成果。

通过对 40 多年来研究的回顾，可以看到自然科学界包括海洋气象、海洋环境、物理海洋、海洋化学、海洋地质及灾害学等学科，从海洋灾害的自然特性及引起的客观原因、发生规律及处理灾害的技术路径进行研究，成果丰富，虽然各个灾害研究的深度不同，但从 70 年来的研究中大致可以看到，从简单的几种海洋灾害研究发展到 10 余种海洋灾害研究，研究分类和广度大大扩展，我国海洋灾害研究同海洋开发一起成长壮大。

4. 人文社会科学对海洋灾害的研究

海洋灾害在新中国成立后的 30 多年一直是自然科学工作者的研究领域，人文社会科学工作者很少关注和研究。改革开放以来，随着人文社会科学全面发展和国家发展重心转移到沿海地区，海洋灾害研究逐渐成为人文社会科学以及人文学科的研究对象，海洋灾害研究走向多元化，从长期以来自然科学界一花独放，到现在百花齐放。目前人文社会科学界对海洋灾害的研究涉及的学科主要包括历史学、法学、经济学、公共事务管理学等，它们从各自学科的研究问题和范式出发，对海洋灾害历史、海洋灾害法律和海洋灾害损失赔偿及海洋灾害应急管理等问题进行研究。

（1）历史学

中国历史学界从 20 世纪 90 年代起开始关注海洋灾害，于运全《20 世纪以来中国海洋灾害史研究述评》、刘希洋和蔡勤禹《近二十年中国海洋灾害史研究的进展与问题》，比较详细地梳理了历史学界关于海洋

① 王清龙等：《塔里木盆地西北缘露头区中－下奥陶统碳酸盐岩层序结构、沉积演化及海平面变化》，《石油与天然气地质》2019 年第 4 期。

② 毛雪莲、徐守立、刘新宇：《珠江口盆地西部新近纪高分辨率生物地层及海平面变化分析》，《海洋地质与第四纪地质》2019 年第 3 期。

灾害史研究的主要成果。历史学界的研究主要关注海洋灾害产生和发展的特征与规律、海洋灾害的影响、海洋灾害的社会应对、海洋灾害与沿海社会经济关系、海洋灾害与国际关系等，二书能使我们比较全面地熟悉和了解中国海洋灾害史研究的成果及研究深度和广度。[①]

对历史上风暴潮灾与应对的研究。40余年来学者从历史角度对历史上的主要灾害风暴潮进行宏观与微观、全域与局域、成因和特点、危害与应对等多方面的研究，发表了大量文章和著作。高建国《中国潮灾近五百年活动图像的研究》（1986）通过对潮灾史料的分析，总结了我国1986年前500年间风暴潮发生的总体规律。陆人骥、宋正海《中国古代的海啸灾害》（1988）总结了历史上风暴潮灾害的危害性和古人对风暴潮、海啸成灾与预报的认知。郑锡煌《北方海域的历史风暴潮灾》（1992）和李平日等《珠江地区风暴潮沉积研究》（2002）对长江口以北和珠江地区历史上风暴潮的发生规律和特点进行探讨。周致元《明代东南地区的海潮灾害》（2005）综合论述了明代东南沿海海潮灾害对人口、田地、房舍、盐场等的破坏，指出当时对海潮灾害的救治和防范措施主要有祭祀海神、赈灾、蠲免、加固海塘、佥补灶丁等。蔡勤禹等《1939年青岛风暴潮灾害及其赈救述论》（2010）总结了此次潮灾的发生经过及其危害，梳理了不同群体的灾后救援行动，认为这场风暴潮灾害和灾后赈救暴露了青岛在灾害预防方面的薄弱和灾后赈救中的一些不足。李冰《中国古代赤潮记录的发现和辨析》（2010）对自然科学论著中常用的中国古代赤潮记录进行分析，认为赤潮灾害最早可以追溯到元代延祐年间（1314～1320）黄姚盐场的赤潮记录。陈亚平《保息斯民：雍正十年江南特大潮灾的政府应对》（2014）则将此次潮灾与国家统治、社会治理结合起来，指出国家对粮食市场的控制为抵御灾害、化解危机做出了重要贡献。孙钦梅《1922年潮汕“八·二风灾”之各方救助——民初国家与社会关系的一个侧面》（2014）通过钩沉中央政

---

① 于运全：《20世纪以来中国海洋灾害史研究评述》，《中国史研究动态》2004年第12期；刘希洋、蔡勤禹：《近二十年中国海洋灾害史研究的进展与问题》，《海洋湖沼通报》2019年第6期。

府、地方政府和社会力量采取的应对措施，分析了这次救灾活动的过程与特征。

对海难及其救助以及海难与中外关系的研究。赖正维《清代琉球船漂风台湾考》梳理了清廷和台湾官民对琉球漂风难民的救助措施，考述了1871年台湾琉球漂风难民导致的“牡丹社事件”的原委和影响。① 特木勒《康熙六十一年琉球贡使海难事件重构》发现汉文档案和满文档案对1722年琉球贡使海难事件经过的记录有多处不同，因而综合两类档案，试图寻找真相，重构事件原委。② 史伟《清代东南中国海上失事民船的救助与管理》认为，清朝对海上失事民船的救助制度不能适应晚清开放通商后复杂的海上救助环境，从而促使光绪朝对相关制度进行了改革。③ 修斌、臧文文《清代山东对琉球飘风难民的救助和抚恤》将山东与琉球漂风难民的相关资料做了汇总整理，总结了山东地方官民对琉球漂风难民的救助措施。④ 周国瑞、陈尚胜《清光绪年间中朝海事交涉研究（1882—1894）——以海难船只被抢为中心》以1884~1885年中国海难船只被朝鲜民众抢劫及其处理为中心，分析了当时的中朝关系和朝鲜面临的国内国际形势。⑤ 黄纯艳《宋代的海难与海难救助》认为宋朝政府救助海难的多种措施有助于树立良好的国家形象，促进海外贸易发展，保护国家安全。⑥ 黄普基《17世纪后期朝鲜王朝政坛的“奉清”“崇明”之辨——以1667年南明漂流民事件为中心》解读了1667年南明一艘官商船漂流到济州岛这一独特的海难事件背后牵涉的外交之争、思想争论和政治斗争。⑦

① 赖正维：《清代琉球船漂风台湾考》，《台湾研究》2003年第4期。

② 特木勒：《康熙六十一年琉球贡使海难事件重构》，《海交史研究》2015年第2期。

③ 史伟：《清代东南中国海上失事民船的救助与管理》，《河南师范大学学报》2010年第2期。

④ 修斌、臧文文：《清代山东对琉球飘风难民的救助和抚恤》，《中国海洋大学学报》2012年第1期。

⑤ 周国瑞、陈尚胜：《清光绪年间中朝海事交涉研究（1882—1894）——以海难船只被抢为中心》，《甘肃社会科学》2014年第1期。

⑥ 黄纯艳：《宋代的海难与海难救助》，《云南社会科学》2016年第2期。

⑦ 黄普基：《17世纪后期朝鲜王朝政坛的“奉清”“崇明”之辨——以1667年南明漂流民事件为中心》，《中山大学学报》2018年第3期。

对历史上海洋灾害做整体研究。于运全《海洋天灾——中国历史时期的海洋灾害与沿海社会经济》（2005）对以风暴潮为主的海洋灾害发生的历史场景、时空分布特征及总体规律进行探讨，进而讨论海洋灾害与沿海社会经济、海洋经济之间的关系。李冰《明清海洋灾害与社会应对》（2016）以海洋灾害的预防与救助为研究重心，梳理并探究了明清时期官方与民间应对海洋灾害的制度、措施、工程、活动及其关系。蔡勤禹《民国时期的海洋灾害应对》着重考察了近代新兴的海洋灾害应对措施，主要包括海洋灾害预报预警制度的建立、灾害信息传播技术的进步和新式海岸工程的出现。①

另外，历史学者还对历史上城市海洋灾害、海冰、海神信仰等进行研究，断代研究和区域研究都得到极大拓展，新材料、新视角、新观点不断涌现，为海洋史、灾害史甚至环境史的研究及其理论提升和完善奠定了坚实的基础。

（2）法学

法学主要从海洋环境法、海洋生态损害补偿、海洋灾害损失赔偿等方面进行法律探讨。我国的海洋环境保护工作开展于20世纪70年代。1982年通过的《海洋环境保护法》标志着我国海洋环境保护工作开始步入法治轨道，1999年12月进行了第一次修订，2015年进行了第二次修订，是法律工作者和实际工作者推动依法治理海洋环境的进步体现。

对海洋环境法律问题的研究。李时荣、张永民《我国海洋环境的法律保护》（1982）指出，我国《海洋环境保护法》遵循的三个原则：开发利用海洋资源和保护海洋环境要统筹兼顾，保护海洋环境要以预防为主，海洋环境保护工作实行统一监督管理和按工作性质分工负责。任以顺《我国近岸海域环境污染成因与管理对策》（2006）提出制定和修改与《海洋环境保护法》配套的行政法规、落实科学发展观、建立健全海洋环境保护管理体制、引入全球海洋环境治理手段、加大海洋环境保护机构的配合与执法力度、全面履行海洋环境保护国际条约义务等。白佳玉《我国海上溢油事故海洋环境损害赔偿的法律问题研究》

① 蔡勤禹：《民国时期的海洋灾害应对》，《史学月刊》2015年第7期。

（2011）指出，海洋环境损害的特殊性要求法律在海洋环境损害的索赔主体、索赔范围、评估办法等方面都要突破原有的侵权法理论，完善现有的法律制度，以期有效、及时地赔偿海洋环境损害。王小军著《海洋环境保护法律问题》（2013）厘清了我国船舶油污损害赔偿的范围、赔偿责任的社会化机制以及油污损害赔偿限制制度；总结了我国海洋污染防治法的缺陷与不足，提出了完善相关法律法规的措施和建议。该著对于解决我国法学界有关海洋污染防治、无居民海岛使用权、海洋生态补偿法律制度等的理论分歧具有重要意义。

对海洋灾害应急的一般法律问题的研究。程功舜《海洋灾害一般应急程序中的法律问题探析》（2013）将海洋灾害分为事前、事中、事后三个阶段，分析了海洋灾害在这三个阶段存在的法律问题，并针对每个阶段的具体法律问题提出了解决意见。梅宏、林奕宏《中国海上溢油应急管理立法新论》（2015）指出，中国海上溢油应急管理立法的指导思想亟待更新，应当完善海上溢油应急管理组织体系，建立区域联动制度、信息通报制度、溢油模拟评估机制，规制海上溢油应急处置行为。梅宏《海洋生态环境损害赔偿新问题及其解释论》（2017）主张以修复受损的海洋生态（环境）为优先考虑的责任形式，以承担生态（环境）修复费用为替补责任形式。同时，由环保组织提起的公益诉讼与之配合，形成社会驱动、政府保障的法律救济机制，全面维护海洋生态利益。

对海洋生态损害补偿或海洋灾害损失赔偿法律问题的研究。刘道远、王洁玉《南海地区海洋生态损害法律治理机制研究》指出，海洋生态损害救济机制有公法救济、私法救济和社会救济三种基本模式。为了强化海洋生态损害救济制度的预防功能，建议在《侵权责任法》中明确海洋生态损害的危险责任归责原则，在《刑法》中明确海洋生态犯罪的危险犯类型。[①] 梅宏、王峥荣《海洋生态损害赔偿磋商制度研究》（2019）认为，海洋环境监督管理部门应依法履行职责，根据生态

① 刘道远、王洁玉：《南海地区海洋生态损害法律治理机制研究》，《海南大学学报》2018年第2期。

损害的情况，将磋商作为海洋生态损害赔偿诉讼的前置程序，磋商中有关鉴定评估的意见、双方当事人认定的事实在诉讼中可以作为裁判的依据。海洋主管部门通过磋商有效解决海洋生态损害赔偿纠纷，有赖于该制度的实体法和程序法内容的明确。

法学界从海洋环境法和海洋灾害损失赔偿、海洋生态损害赔偿等方面，从立法、法律执行和法规完善角度进行研究，为依法管海、依法治海提供法律支持。

（3）公共事务管理学

改革开放以后，随着民间组织兴起，研究国家与社会组织间相互依赖及互动合作的公共事务管理学科建立，一些涉海高校的公共事务管理工作者开始以海洋为研究对象，从政府与社会如何更有效地治理角度，研究如何建立和完善海洋灾害的治理体系。

对海洋灾害应急管理的研究。孙云潭《中国海洋灾害应急管理研究》系统研究了我国海洋灾害应急管理体系的发展历程与现状，归纳了我国海洋灾害应急管理体系的特点，并基于我国海洋灾害应急管理的现状，从法制、机制、体制、预案等四个方面提出了完善我国海洋灾害应急管理体系的思路、对策和措施，最后设计了符合海洋灾害应急管理规律和当地实际的海洋灾害应急管理体系。① 王刚、王琪《我国海洋环境应急管理的政府协调机制探析》（2010）将政府协调机制按照时间维度分为事前的预防协调机制、事中的危机化解协调机制、事后的处理协调机制，三个阶段遵循不同的原则。汪艳涛、金炜博、高强《国外经验对中国海洋生态灾害应急管理的启示》分析了中国海洋生态灾害应急管理流程的现状及问题，对国外应急管理现状进行了对比和总结，最后，借鉴国外经验并结合中国国情，提供了中国现阶段海洋生态灾害应急流程优化的路径选择。②

公共事务管理学主要从海洋灾害的应急管理探讨海洋灾害在处置中各

① 孙云潭：《中国海洋灾害应急管理研究》，中国海洋大学出版社，2010。

② 汪艳涛、金炜博、高强：《国外经验对中国海洋生态灾害应急管理的启示》，《世界农业》2015年第10期。

方应对机制、办法，为国家更好地制定海洋灾害应急法规和政策提供参考。

（4）经济学

改革开放以后，经济学界也进入海洋灾害的研究领域，从中国知网、读秀学术网以及万方数据资料库查到的资料来看，经济学界对于海洋灾害研究的着重点在各种海洋灾害经济损失评估这一领域。

海洋灾害损失评估研究。许启望和谭树东的《风暴潮灾害经济损失评估方法研究》分析了风暴潮强度与直接经济损失或灾度的关系，建立了评估风暴潮灾害损失的近似模式。① 李亚楠、张燕和马成东的《我国海洋灾害经济损失评估模型研究》首次建立了用一系列密切相关的子模块来评估经济损失的数学模型。② 苟露峰、高强的《海洋生态灾害频发的根源：基于经济学视角的分析》一文从海洋生态灾害的共性出发，从“市场失灵”和“政府失灵”的角度探讨海洋生态灾害频发的根源，试图寻找有效规范人类行为的制度安排，把海洋生态灾害的影响程度降到最低。③ 殷克东、韦茜、李兴东的《风暴潮灾害社会经济损失评估研究》基于风暴潮灾害损失的组成构建了风暴潮灾害社会经济损失的评估指标体系，综合运用层次分析法和熵值法确定指标权重，并建立了风暴潮社会经济损失的分类评价模型，为今后开展更加精细的风暴潮灾害损失统计提供了重要参考。④ 潘艳艳、赵昕和崔晓丽的《海冰灾害损失链构建与间接经济损失评估》基于灾害链的内涵和产业间的关联效应构建了涵盖主要海洋产业经济损失、相关海洋产业间接经济损失和国民经济各产业间接经济损失的海冰灾害致灾损失链式结构，揭示了海冰灾害风险在各产业间的传导路径。⑤ 周健等的《浒苔绿潮灾害经

① 许启望、谭树东：《风暴潮灾害经济损失评估方法研究》，《海洋通报》1998 年第 1 期。

② 李亚楠、张燕、马成东：《我国海洋灾害经济损失评估模型研究》，《海洋环境科学》2000 年第 3 期。

③ 苟露峰、高强：《海洋生态灾害频发的根源：基于经济学视角的分析》，《生态经济》2014 年第 8 期。

④ 殷克东、韦茜、李兴东：《风暴潮灾害社会经济损失评估研究》，《海洋环境科学》2012 年第 6 期。

⑤ 潘艳艳、赵昕、崔晓丽：《海冰灾害损失链构建与间接经济损失评估》，《中国渔业经济》2017 年第 1 期。

济损失评估模型初探》在归纳总结浒苔绿潮灾害致灾机制的基础上，构建了浒苔绿潮灾害的灾害链，初步构建了浒苔绿潮灾害经济损失评估指标体系和浒苔绿潮灾害经济损失评估模型，进而对绿潮灾害的防灾救灾、灾后补偿等工作提供有效的数据支撑和理论支持。①

海洋灾害与经济发展和经济安全研究。赵领娣等编著的《海洋灾害及海洋收入的经济学研究》论述了海洋灾害的预测和预防、海洋灾害损失的补偿和减少，进而论证了政府科学而有效的作为有利于实现海洋资源的有序、有度、有偿开发和利用。② 殷克东、方胜民、赵领娣编著的《青岛近海风暴潮灾害损失与海洋经济安全预警》以青岛地区为研究对象，从理论和实证两个角度，探讨了风暴潮灾害经济风险区划的理论和模型、经济损失评估的指标体系和等级划分模型、海洋经济安全指标体系及其预警模型等一系列重要问题。③ 杨林等的《沿海地区经济增长与海洋灾害损失的动态关系研究：1989～2011年》通过构建海洋灾害损失指数，评估1989～2011年中国沿海地区海洋灾害损失情况，利用格兰杰因果检验与VAR模型分析海洋灾害损失与沿海地区经济增长的动态关系。④ 可以看到，经济学更多地关注海洋灾害经济损失评估及海洋灾害对经济发展的影响等方面的内容。

综上所述，新中国成立70年来，我国海洋灾害研究从政策层面看，海洋防灾减灾从注重海防转变到服务于经济和海洋强国战略；从研究空间看，从近海的海洋灾害研究转向近海、远海、深海和大洋的海洋灾害全方位研究；从研究的学科看，从以自然学科为主发展到自然学科、社会学科和人文学科的多学科研究；从研究内容看，从早期的风暴潮、海冰、海浪等研究发展到风暴潮、海冰、海浪、赤潮、绿潮、咸潮入侵等11种海洋灾害研究；从研究的国际性看，从以我国科技工作者独自奋

① 周健等：《浒苔绿潮灾害经济损失评估模型初探》，《自然灾害学报》2018年第2期。

② 赵领娣等编著《海洋灾害及海洋收入的经济学研究》，经济科学出版社，2007。

③ 殷克东、方胜民、赵领娣编著《青岛近海风暴潮灾害损失与海洋经济安全预警》，中国海洋大学出版社，2012。

④ 杨林、韩科技、陈子扬：《沿海地区经济增长与海洋灾害损失的动态关系研究：1989～2011年》，《地理科学》2015年第8期。

战为主的研究发展到与海洋国家和国际组织等进行的全面的国际合作研究。以上这些变化是中国海洋灾害研究 70 年进步的体现，这些成绩将成为中国加快建设海洋强国、实现“两个一百年”奋斗目标和实现中华民族伟大复兴的“中国梦”的基础和动力。

·资料选编·

“丁戊奇荒”时期山西民间歌谣选录

郝　平　辑

与官方文书等对各类灾害自上而下式的简略记载相比，民间文献所描绘的是更加丰富、更加细致，也更为震撼人心的灾难场景。民间散藏有大量的以碑刻或抄本、刻本为载体的记文、歌谣、竹枝词、唱词等田野资料，其中既有发生于灾害及救济过程中的纪灾诗，也有灾后用以警醒世人的“荒年歌”“米粮文”等。内容涉及灾情描述、灾荒救济、灾民心态、灾荒影响和灾害记忆等各个方面，涵盖上及官员、下至普通民众的各类人群，以多维立体的画面呈现了灾荒期间的真实图景。

本节选辑了与“丁戊奇荒”直接相关的部分民间文本，如临汾县梁培才的竹枝词《丁丑大祲清官谱》、安邑县唱词《光绪三年荒年歌》和芮城县邑万启均的纪灾诗《丁丑末赴乡勘灾舆中作二首》等，这些第一手资料直接记录了光绪三年山西各地灾荒的状况，而且对亲历者在大灾荒中的日常生活、人生际遇和所思所想多有体现。由此，我们可以透过这些鲜活的文字记载去走近“丁戊奇荒”的历史现场，进而去探究晚清大灾荒中社会各阶层在深陷困境时的多重反应以及为重建正常生活所付诸实践的艰辛努力和尝试。

本篇选录的歌谣大部分来自社会田野调查和民间文人收藏，另有一小部分抄录自地方志。需要特别指出的是，很多歌谣唱词中都夹杂了当地的民间俚语，而且基层民众的学识所限也客观上造成了一些错字、白字、衍字和漏字。为完整展现各自的地域特色和特有语境，拟全部保留原貌，不做任何修改。由于年代久远或保护不善，收集的部分抄本可能有缺页的现象，因此仅能在现有的基础上进行誊录。囿于部分字迹模糊、辨认不清，加之编者水平有限，在辑点工作中一定难免错漏，不妥之处敬请读者批评指正。

荒年歌（摘录）

光绪丁酉（一八九七年）八月解州刘姓编集

一年又过一年春，百年无有百岁人。
不信你在世间看，人活百岁有几人。
世事不古风俗混，目前敬衣不敬人。
小人奢华有人敬，君子朴实人笑贫。
多攒五谷防饥岁，若遭荒年不求人。
年年防旱古人论，天晴须要防天阴。
若得此歌往后看，光绪三年饿煞人。
自古说积五谷丰年防旱，晴防阴夜防盗紧把门关。
自盘古遭荒年并非一遍，尧涝九汤旱七话不虚传。
老人云人吃人耳听莫见，到今日亲眼观并非谎言。
余恐怕将劫年过去不念，因此才编成歌留传世间。
得此歌藏家中子弟常念，合家人记在心不遭罪愆。
光绪朝丙子年天就大旱，收麦时每一亩二斗四三。
到秋天将秋田旱的宽展，陕西省并山西还有河南。
二年上九十月天雨有限，人将就把麦种盼望来年。
至三年二三月天雨不见，芝麻瓜并棉花一齐未安。
到五月人收麦大瞪两眼，一亩地三四升五升喜欢。
收麦后人望雨把眼盼烂，只旱得众百姓每日望天。
天有云霎时间西风吹散，各乡村祈祷雨许愿心虔。
七八月不落雨人心慌乱，士与农工与商同发熬煎。
九月半满街镇妇女讨饭，余亲眼见人把枣胡拾餐。
也有那有钱人积福行善，散馍馍散粮食还有散钱。
人皆说麦不安人活有限，天竟自不落雨果然果然。
有人说地不冻落雨再看，也有说旦落雨定将麦安。

直盼到冬月底雪雨未见，众百姓一个个口喊苍天。
那时节麦价涨八两零半，有许多屯粮人喜笑连天。
他盼天不落雨遂他心愿，此等人将良心一概坏完。
阎大人是清官世间稀罕，尽忠心办赈济苦救民艰。
赈济局设在那运城地面，差委员周家口买粮一番。
常言道千里路不把粟贩，周家口离山陕千二千三。
有委员并绅士他把粮办，丧天良扣银钱私开红单。
中途路压粮官也要暗算，有车户并船户偷粮吃餐。
将粮食运到那河东察院，收粮官解粮官猫鼠同眠。
阎大人他喜欢粮食到院，即速传各方人领粮吃餐。
各村庄那绅士领粮去散，好似那五阎君坐殿一般。
叫谁吃才能吃不能强辩，理应吃不得吃饿死屈冤。
平素间若与他有些争辩，到今日他散粮你不能餐。
倘若是人死了将名改换，捏姓名扣下粮他家吃餐。
也有那花银钱暗里打点，领官粮拿在街变卖成钱。
当绅士见现钱使着不便，要票子不要钱只图零干。
散粮局那诡弊不能细谈，十分中我大概略表二三。
那上宪又定下规条一款，将次贫并极贫写到门前。
有团长执册薄查点一遍，男儿丁女几口添写零千。
真极贫他说你家里方便，可怜那贫穷人无处诉冤。
那时节狗小人他把权专，借官事挟私仇害人万千。
乡村中散粮人节节扣减，全不知头上有湛湛青天。
到年终那麦价十八两半，一斤馍足要卖八九十钱。
可怜人在大街哭声不断，饿死人尽皆是屁股朝天。
四乡里人放抢成了反叛，但捉住送进城关压厅班。
天天天衙门内有人报案，三班里饿死人丢在街前。
今无人领尸首把他埋掩，被乌鸦并喜鹊搗了眼圈。
各村庄那饥民天天作乱，有歹人约会贼成群结连。
黑夜里点炮药村外常见，人集齐进了村洋枪绳鞭。
抢东西抢粮食齐声叫喊，就与那长毛贼反了一般。

将妇女浑身上衣服扯烂，若要挡主人命就在眼前。
妇女们抱孩子刁抢米面，吓的人喝面汤紧把门关。
卖熟食都不敢明摆桌面，卖蒸馍将篓口用布遮拦。
倘有人买他馍心惊胆战，卖一个取一个先要现钱。
若吃馍咬一口四下观看，吃一口藏怀中胆战心寒。
集市上拾豆粒生吃囫咽，粜粮人打的他叫苦连天。
许多人将自己猫狗杀斩，也有人将皮绳煮的吃餐。
灰条子咸蓬叶野地扫遍，苜蓿根榆树皮蒸馍吃餐。
棉花叶包谷心尽行吃遍，将干草并麦秸磨碎吃完。
榆皮面吃的人面黄肿脸，咸蓬叶吃的人黑水箭穿。
也有人将白上当成白面，他还说老天爷生下面山。
耳常听吃人肉并未亲见，真有那将儿女杀的吃餐。
街镇上死了人无人埋掩，若不见就被人拉去吃餐。
兄吃弟弟吃兄余亲眼见，妻吃夫夫吃妻提起心酸。
小孩子卖蒸馍霎时不见，叫他家说买馍杀的吃餐。
行路人手中里都拿刀剑，只顾走不提防脑后一砖。
吃死人将骨头打断细看，倘若是有骨髓定要吃餐。
吃麻参每百斤三两零半，麸子糠每一斗二三百钱。
初起首吃死人顷刻微见，到后来吃活人提起伤惨。
集会上卖人肉指甲出现，父吃子子吃父逆理灭天。
吃的人有许多赈局报案，或活埋或刀铡或推井间。
众饥民每日间成群不散，白天讨到晚间成了反叛。
各州县把此事禀到上宪，那抚台不得已拟定条款。
把告示发在了各府州县，就地惩便格杀勿论女男。
那时候犯了法也不送县，由团长和村头掌定坤乾。
城池地饿死人无数计算，设下了万人坑死尸如山。
也有那恻隐心雇人埋掩，怎忍的人垒人上下颠翻。
官就该设义地雇人埋掩，若认识写名姓木牌插边。
设义地论起来花钱有限，丰收年有亲朋好将尸搬。
饿的人在家中如坐火炼，阖县中无有猪官还要餐。

天降下这荒年各行停站，称猪肉每一斤三四百钱。
各行里无买卖行户不免，押死了行户头实实屈冤。
有一人他姓张世所罕见，那个人果算得世上奇男。
一生世修笙管手艺工干，他的名我不知外号张三。
也不知何处人什么州县，临遭劫住敝州太保街前。
至三年冬月底人死大半，他看见竟成了这等荒年。
他将那所用物尽行货变，卖多寡籴米面全家吃餐。
到腊月初三日更深夜半，他竟自将房屋用火烧燃。
他家中三口人都在里面，他独自拦住门尽烧火间。
那众人见火光甚实凶险，皆不知他家中还有人三。
余亲眼见将他用火烧炼，烧的他一家人成了灰团。
前几天听他家哭声伤惨，到那时才知晓其中机关。
那一时余见他将心疼烂，不由人道教我两泪涟涟。
也有那无良贼在此观看，借火势从中间偷一根椽。
余见贼气炸了我的肝胆，在房上我打了贼人一砖。
遭荒年横死人不能细谈，再讲说众穷民受罪不堪。
此时候也不论谁贵谁贱，好田地好房屋典卖吃完。
今日卖明日卖不留一件，过一天少一天只顾眼前。
有儿女腹中饥将娘叫唤，那时节她才舍首饰钗环。
想当年打银活将心悔烂，不胜那积五谷能度荒年。
荒年后一妇女百金不换，那时节唯妇女全不值钱。
黄花女无人要饿死千万，八十翁未经过这等荒年。
有寡妇与鳏夫亦无媒管，但能以吃顿饭就成姻缘。
十七八小闺女不值一串，见许多小孩子扔在街前。
有许多妇女们大街叫喊，他言说我无主寻配良缘。
那一家财东家把我怜念，我情愿嫁与你事奉榻前。
或为妇或作婢我都情愿，那怕你做使女作为丫环。
白昼间我与你捧茶掇饭，到晚间奴与你扫床铺毡。
他言说粗细活我都能干，论大小我今年二十零三。
清早起我与你织布纺线，黑夜间做针工早起迟眠。

每一天喝面汤只是两碗，不吃馍净喝汤心里喜欢。
也有那拉住人泪流满面，叫大爷怜念我可怜可怜。
清早起直叫到天色黑晚，大街上并无人应答一言。
绸缎衣比布贱尽行货变，有珍珠和玛瑙并不值钱。
漆桌椅打碎卖买主才看，好门窗木家具尽烧火边。
好房屋拆下来自己货变，卖硬柴整十斤二十铜钱。
红花碗每一桌都是点件，不论大不论小四文铜钱。
好衣服到会上卖主嫌烂，织绒袄我出了三百铜钱。
值拾两还三钱不得不变，若不卖肚里饥头昏眼眩。
两条腿走不动浑身酸软，脸肿的就象那黄表一般。
过新年祖先堂缺少供献，大小家并字号不贴对联。
大年节我称了二斤挂面，与本族三大娘分的吃餐。
皆因为我两家住在一院，况小时我大娘待我恩宽。
人生世必要存良心一点，俗语云点水恩当报涌泉。
正月里各村庄不把戏演，也不见唱秧歌放火跑船。
也不见妇女们打扮好看，也不见走亲戚来往拜年。
也不见小孩子戏耍闲玩，也不见男女们耍牌赌钱。
正二月那粮价涨的凶险，一石麦粜白银三十二三。
百六钱只称得一斤麦面，有蒸馍每一斤百三铜钱。
这荒年老几辈并未经见，细看那中等家受尽艰难。
前一年大劫到贪得无厌，买田地并房屋男女衣衫。
到四年将原物一齐当典，卖不了急的他心慌不安。
他年前出一两喜笑满面，过了年卖不上二百铜钱。
若不卖一家人不得吃饭，若卖了实实的疼烂心肝。
悔不该我去年把便宜占，俗语说占便宜定有祸愆。
别人卖你莫要把他笑话，你若卖无人要后悔枉然。
不吃亏舍不卖只是发叹，竟然间全家人饿死劫年。
有识见将房地一齐当典，还有人先拆房然后卖砖。
有几家有钱人慷慨乐善，尘世上千百家难寻二三。
读书人卖尽了书籍笔砚，手艺人卖尽了所用物件。

数顷地衣满柜前庭后院，骡成群牛成对一概卖完。
大户家饿死人足有大半，小人家饿死他断了香烟。
大村庄饿死人千千万万，小村庄户口稀十分留三。
四年春落了雨人人欣羡，无牲口少种子难将秋安。
有种子种在地有了盼念，无种子心而里好似油煎。
包谷种每二升四百不欠，糜子谷每一升三百二三。
籴不起一升种将心急烂，将衣服当卖了先顾眼前。
高粱种每一升三百不减，绿豆子每一两十五文钱。
莫几日苹生芽地里寻遍，苦子蔓蓬蒿草救命仙丹。
至四月天雨顺在地常看，恨不得一天熟好将粮餐。
不等到豆子熟心急似箭，绿豆角摘到家煮的吃餐。
三年上那一劫甚是凶险，至今日提起来令人胆寒。
大小戏逢荒旱一年莫见，年对年并不见锣鼓喧天。
四五月雨水广秋苗鲜艳，众百性老和少心里吾欢。
秋苗好长的高谁不争羡，三伏中没下雨将秋旱干。
人人说今年秋每亩上石，人青量天变卦又加愁烦。
七八月遭瘟疫死人不断，唯只有木匠铺好大利钱。
八月半种麦时麦子三串，银换钱钱换银一串二三。
有钱人种麦苗喜笑满面，无钱人少种子左难右难。
无牲口少种子只得再缓，等后来种豌豆盼望来年。
九月里下霖雨连阴不断，连阴雨先下了二十余天。
没饿死逃脱了瘟疫荒旱，不料想又一劫狼狈下山。
五个群三个伙满巷跑窜，但吃人不论老不论少年。
黑夜晚不敢走提心吊胆，出村走将刀剑带在身边。
走乡村人稀少只显空院，墙倒塌长蓬蒿缺少人烟。
见许多破房屋里边黑暗，还有那死尸骸坐在里边。
狼吃人真奇怪听我讲念，我不讲人不知不得了然。
妇人家在当院只管纺线，狼就到她怀中将娃来餐。
她亲眼看是狗狼未见面，娃子哭她见狼就在面前。
还有人把车赶未见狼面，车前后人五个车上人三。

那狼虫生的怪曾未经见，车下边人不吃要上车餐。
吃大人吃小娃不能细算，或是老或是小不论女男。
把狼狈它吃人暂且不谈，都听我再说那老鼠翻边。
四乡里硕鼠多将物咬烂，遭狼劫遭鼠劫劫劫相连。
天降劫此时候不分恶善，也不管穷富家皆是一般。
那老鼠齐把人衣服咬烂，遭鼠劫害的人夜夜不安。
一个鼠就称了十二斤半，世间人你何不细详细参。
也有人鼻梁子着鼠咬断，还有人鼠将耳扯在一边。
到各处大小家猫狗不见，俗语云鼠离猫反上堂前。
各村庄无有猫别处去贩，一个猫就能卖一串铜钱。
也有那偷猫人吵嚷常见，我的猫被邻偷换豆吃餐。
向后来咽喉症年年不断，至今日那病症还莫零干。
余编集荒年歌刻版印散，得此书藏家中子弟常观。
少诗文无佳句平仄颠乱，尽皆是俗语话传家格言。
荒年恐人不记，因此编歌劝世。
妇孺听见易晓，五谷不可轻弃。
养命全赖此物，但愿世人谨记。

山西米粮文

山西平阳府洪洞县城东朝阳村梁培才编

自亘古遭荒年载在史监，尧涝九汤旱七话不虚传。
人吃人是传言实未经见，说此话人不信当就戏言。
至如今亲眼见集歌刻板，得此歌藏家中讲念常观。
只因为遭劫后人情更变，编集下米粮歌刻印讲宣。
圣天子都燕京铜邦铁炼，光绪爷登宝基国泰民安。
不料想三年上山西大旱，各处麦微收成旱的又宽。
五六月未见雨民心慌乱，遍地里无青苗百草旱干。
山西省旱的苦从首细念，陕西省河南省彼此一般。
说甚么天定数该遭大歉，昔因是人孽重获罪于天。

人造下各种孽恶贯盈满，天地怒不落雨劫难临凡。
跟看看粮抬头斗价忽变，一时价盛一时如同箭穿。
七八月又无雨更加可叹，许多村缺水喝旱干井泉。
众百姓老合少愁眉不展，交九月一斗麦两串二三。
城关乡无粮户足有大半，日每间元度用饥困不堪。
抱衣服拿器物或卖或典，值一千能变得二百铜钱。
莫几天各当铺都把门掩，只许赎不许当止号停笈。
当田地卖房院暂且度难，想贱卖无人要也是枉然！
把多少好房屋尽都拆散，拿木料当柴卖实再心酸。
松木椽杨木檩门窗格扇，一文钱称二斤秤是加三。
千条瓦五分银亲眼观见，五百砖卖银子不足一钱。
有桌椅并凳几琴棋古玩，好箱柜绸缎衣首饰钗簪。
时晨表自鸣钟珠子猫眼，就是那无价宝也不值钱。
二斗步能换那一宅全院，五升米又能换楼房几间。
细思想这荒年从来未见，士与农工与商都加愁烦。
读书人费尽了书籍笔砚，农工人费尽了所用物件。
许多的字号家生意停站，把伙计和相公开销外边。
就有些好武艺能写会算，这时候使不上字笔算盘。
无奈何求宾朋找顿饱饭，反复来反复去连二连三。
尽都是把人情看的冷淡，是那个能养活一日半天。
男女们乱纷纷沿路不断，看了看俱都是少吃无穿。
有几个饿的他容颜改变，有几个饿的他浑身瘦干。
有几个饿的他张口大喘，有几个冻的他两手攀眉。
会抚宪差委员四处查旱，设赈局捐富户按方派摊。
有余粮散穷民阴功无限，那穷民感恩德重如泰山。
从先时富户人心发慈念，积善家有余庆救济贫寒。
到后来看年景奇荒甚险，就有粮不敢放预防己餐。
众黎庶只饿的饥苦叫喊，男啼饥女号寒实实惨然。
一家人逃出门四六五散，奔各处找富户苦呼连天。
呼爷爷唤奶奶救苦救难，走一家又一家尽把门关。

这年景有几家慷慨乐善，各家有各家吃谁顾贫寒！
兄与弟为吃饭将家分散，好亲朋吃顿饭下眼来观。
饿的人心焦躁地里跑遍，拾树叶捞笮草干菜挑剜。
蒺藜子满扫尽蒲根刨断，槐角子俱钩了榆皮剥干。
玉黍心荞麦皮人尽吃咽，五谷穰六米糠都当饭餐。
粮米面价甚高度用难办，又有人吃白土干泥麦秆。
干泥面搅麦秸难吃难咽，吃一口满嘴里沾下一圈。
咽一口噎的人低头合眼，出恭去难行走眼泪不干。
食榆叶食槐叶树叶吃遍，吃的人身发困扬步艰难。
不论老不论少东倒西坎，一霎时跌尘埃立丧黄泉。
饿死人在路傍无人遮掩，穿几件旧衣服被人脱干。
有这样狠心人那还不算，还有些凶恶徒紧跟后边。
用钢刀割人肉天夏不念，剁脑子开肚腹摘下心肝。
初起手吃死人偶尔微见，到后来吃活人也不稀罕。
各路上行走人提心吊胆，惟出门把刀枪带在身边。
怕的是遇恶徒暗中放箭，人吃人犬吃犬令人心寒。
吃人的有许多乡首报案，县主爷定生死决不容宽。
或活埋或送河就地惩办，也有的拿进城困死厅班。
又还有卖人肉古今少见，假充的牲口肉集市卖钱。
人不解其中意难以分辨，忽吃出人指甲漏破机关。
卖熟食都不敢明摆当面，将馍馍藏篓内用布遮瞒。
双手儿执棍棒煞气满脸，吓住了刁馍人不敢进前。
一个馍二两重十五铜钱，卖一个取二个先要讨钱。
买上馍藏袖内四面观看，怕的是有人刁心惊胆寒。
刁吃的夺吃的到处不断，只顾吃不顾身挨挞百般。
旧皮绳乱皮块糊吃糊咽，吃枣核眼落泪刺破喉咽。
饿的人身无力腰酸腿软，饿的人心不宁头晕目眩。
饿的人起不良刁馍夺饭，饿的人生歹心揭墓开棺。
饿的人悬梁死投河赴涧，饿的人服毒亡跳井扑泉。
饿死了许多的英雄好汉，饿死了许多的高才生员。

饿死了许多的积福行善，饿死了许多的能工手段。
饿死了许多的年迈老残，饿死了许多的少女幼男。
十口人八口人饿死大半，五口人三口人断了香烟。
中年人饿死了成千过万，八旬翁三岁童更难保全。
把战马合耕牛金鸡义犬，十分数伤七分杀卖吃完。
东庄人奔西庄手拿刀剑，只恐怕遇恶人命不周全。
四乡里人吃人不分亲眷，吃人肉只吃的红了眼圈。
父吃子子吃父骨肉不念，兄食弟弟食兄夫妇相餐。
亲父子厌不得各自逃难，父奔东子向西两不团园。
夫弃妻妻抛夫夫妻分散，兄别弟弟离兄逃奔外边。
有书生亲寻主朝收暮赶，红颜女自嫁人先李后燕。
老弱者丧沟壑无人葬殓，少壮者逃四方躲避荒年。
妇女们在大街东游西转，插草标卖本身珠泪不干。
顾不得满面羞开口呼唤，叫一声老爷们细听奴言：
是那个行善人把我怜念，奴情愿跟随你并不要钱，
只要你收留奴做妻情愿，那怕你当使女作了丫环，
白昼间俺与你捧茶端饭，到晚来俺与你扫床铺毡，
你就是收妾房我也心愿，或三房或四房我都不嫌，
每一天奴只用面汤两碗，不吃馍尽喝汤却也喜欢。
大清晨直叫到天色黑晚，满街上并无有一人应言。
十七八大闺女不值一串，幼年妇白跟人无主照管。
白日里都在那大街游转，黑夜里无安身就地而眠。
腹无食身缺盖不禁打战，娘叫饥儿号冷好不惨然。
每晚间恨夜长少得合眼，到天明依然是忍受饥寒。
怀抱上娇生子心肠落烂，娘与儿活分离弃在街前。
但恐怕无人收吉凶难现，生未知死未晓命交于天。
是那家恻隐心把儿怜念，收回去养成人送老归山。
合街上行走人来往不断，无子侄不敢收一见心酸。
也有的把孩子撩在沟涧，也有的把孩子丢井内边。
也有的把孩子咽喉绞断，也有的把孩子杀煮吃餐。

山西省劫甚重千古罕见，十室邑有多半闭户绝烟。
曾抚台怜贫民散账济难，爱百姓如爱子心是圣贤。
同布政并按察府道两宪，差委员奔外省告苦劝捐。
山东省直隶省安徽地面，有湖广合四川江西江南。
各省城设捐局官宦代办，为只为山西民日食维艰。
尽却是效秦晋良中增善，无一省学吴越仇上加冤。
曾大人赛活佛冰心一片，发号令刻告示到处贴粘。
出告示为的是万民遭难，忙晓谕各州县谨遵示言。
卒设下育婴院第一害念，再设下牧牛局功德无边。
设义地掘土坑男妇分限，男掘左女掘右不可混颠。
怕的是民死后无人埋掩，有死尸邯抬去入坑为安。
为官者俱要怀慈心一点，此时候民困苦全赖官员。
各州县启奏章不敢怠慢，昼不停夜不住迅递燕山。
到京地众大人奏上金殿，文武臣都不晓内中情端。
皇太后将本章细看一遍，才知道山西省大遭艰年。
是日里开仓库恩赐不浅，命钦差运皇粮急救太原。
蒙太后发帑银四十八万，又发来江漕米十万八千。
发到了山西省各处分散，众百姓一个个齐把恩沾。
只说是皇粮到吃顿饱饭，总金多分金少每人若干。
二十上为大口十天两碗，二十下为小口减半所摊。
每一天合不上四两米面，吃粮人十分中难救二三。
万岁爷甚有道旨下州县，命该官着乡保记名开单。
又恐怕众饥民借荒作乱，各村庄选公正立起民团。
将合县大小家门牌查看，男几口女几口穷民若干，
或大口或小口极贫有限，用石灰将穷民写在门前。
皇太后如观音苦救八难，昼夜间怜贫生心不安然。
差大臣往关东去把粮办，命钦差奔各省苦口劝捐。
恐晋省地方官散粮怠慢，即差来阎大人干国忠贤。
奉王旨离北京晋地查旱，查贪官合污吏恐有弊端。
走州府过街镇明查暗拣，蒲平阳劫甚重旱的可怜。

选罗公并王公同把赈办，安寓在潞村城盐政察院。
众大人见蒲民其实可叹，差委员买官粮即下河南。
周家口赊家店办粮万石，正阳关设粮局单等冰泮。
蒲解州出告示安民为善，不久时粮就到暂候几天。
众百姓盼官粮望穿两眼，怎知道路途远脚承艰难。
十户庄只盼的饿死大半，八口家能存的少二多三。
浑身上如干薪鸠形鹄面，空中鸟俱带愁鸿哀鼠涟。
众大人恸伤情心中凄惨，城乡镇选富户与民上捐。
或捐银或捐粮各随心愿，各村捐顾各村富民公摊。
也有那州府县城乡拾饭，也有那恻隐心给粮散钱。
十一月无雪雨斗价又变，一斗麦三两银饿杀贫寒。
腊月天冻饿毙人死千万，至年底一斗麦三两四三。
四年上大年节新正元旦，许多家少敬神少贴对联。
初一日祖先堂缺少供献，各乡村贴禁条免贺新年。
至三月每斗麦过了四串，一升米二斤重价银三钱。
黄玉黍十八个三千不远，红高粱加二斗大钱两千。
麦麸子籴一斗实价一贯，醋糟面十六两三十大钱。
榆皮面称一斤五十不欠，谷糠子双五升三百二三。
蒲根面六十四少钱不愿，麻参面七十二还价不言。
百姓们越加愁慌慌乱乱，昼夜里心思想命难保全。
四月初落霖雨人人钦羡，少牲口五种籽怎将秋安？
有种籽种在地有了盼念，五种籽心儿里好似油煎。
万岁爷为百姓籽种发散，又发来牛合马叫民耕田。
命各处地方官用心细办，该领多该领少按地均摊。
每亩地二升整不可增减，着百姓勤农业各将秋安。
莫几日籽生芽青苗发现，不断时清风调细雨绵绵。
人都说今年秋每亩上石，人编派天安派又加愁颇。
老天爷降鼠劫不分恶善，家伤物地损苗老鼠翻边。
满地里硕鼠多无有边岸，害的人昼夜间不得安然。
七八月人生瘟劫上加难，伤的人无其数横四顺三。

没饿死逃脱了瘟疫荒旱，不料想又一劫狼狈下山。
三成伙五成霉到处跑遍，把多少男合女咬死吃餐。
天降下各样灾轮流所转，作善祥作恶殃自古皆然。
从今后再不可抛撒米面，晴防阴夜防盗丰防荒年。
自古道粮食价难定贵贱，有丰收有薄收怎得一般。
三四年饿死人成千过万，五年上得丰岁万民喜欢。
圣主爷刻皇告到处发散，遍晓论各州县街头挂悬。
因晋省民失业连遭荒歉，沛恩施免钱粮抚恤贫寒。
厅州县缓钱粮旧欠豁免，不能以照常征轸念民艰。
诚恐怕地方官仍摧旧欠，着抚宪即实查各派委员。
有几县征了粮地亩清算，按地色完钱粮杂派均摊。
有几县粮米征地来清算，甜的甜苦的苦不得一般。
也有那地靠河冲塌水占，也有那地上泥漫成荒滩。
也有那无田地封粮上欠，也有那有地亩不把粮完。
食皇王水土恩报答须念，种皇地纳皇粮理之当然。
实指望遭劫后人心回转，谁料想比从前更不堪言。
把五谷与米面轻弃抛散，将油盐合柴炭任意作践。
见多少造孽人顿顿嫌饭，得饱暖弃前苦不思饥寒。
玉黍馍高梁面怕吃怕咽，白面条不美口又煮鸡蛋。
遭劫数昔因人恶孽过犯，常言道人性命关地关天。
日子久恶贯满天降荒旱，收恶人连累了许多良贤。
劝世人快回心积德行善，善报善恶报恶报应无偏。
再不敢弃五谷抛米撒面，再不敢嫌饭盒少菜短盐。
论吃饭并不在酒肉海宴，入咽喉多三寸美味枉然。
有银钱休浪费克勤克俭，粗茶饭只要饱莫论香甜。
把粒谷当珍宝莫可轻看，或一粥或一饭不敢作践。
虽然间年景好粮米极贱，千万间莫忘了光绪三年。
作一本米粮歌借表伤惨，少诗文无佳句平仄乱颠。
尽说的俗语话无事常看，当就了杂字本解闷消烦。
现此歌莫放过逢人讲念，普天下军民等共乐尧天。

丁丑大祲清官谱

山西平阳府洪洞县城东朝阳村　梁培才

大则居清则臣大清一统，光其德绪其业光绪万年。
说丁丑与戊寅山西大旱，连旱了整三年黎民不安。
太原府曾大人放粮拾饭，救活了众黎民成万过千。
布政司按察司俱有善念，国有道民有福出了清官。
蒋太爷坐平阳临汾首县，刚到任便遇着这样艰年。
各街上见饿尸难以看验，有许多身不全被人所餐。
昼思想夜盘算无法可叹，觅上人荒郊外即把坑剜。
有一位张门丁平生好善，押大车发尸首入坑为安。
襄陵县他本属平阳所管，钱太爷上任来明镜高悬。
公到任十余年三八放饭，并无有收过那百姓银钱。
因晋省遇大祲年遭荒旱，城皇庙设粥厂日食两餐。
东西学两老师各发慈善，同城守奔四乡散粮放捐。
洪洞县艾父台官讳绍濂，公本系山东人祖居济南。
最爱惜读书人功名重看，上致君下泽民果是青天。
只因为遭荒旱子民受难，日夜间不安宁心上熬煎。
请富户入公衙好言相劝，劝的他一个个软了心肝。
众善人捐赈银也有数万，又开了常平仓救济民间。
晋九府十六州八十五县，并无有蒲平阳二处苦罕。
平阳郡有一个汾西小县，他那里无平路尽都是山。
整整的三年多五谷未按，只旱的满地里起了黄烟。
汾西县坐公庭自思自叹，思想起众百姓好不惨然。
民不幸遭下了无底大难，天无雨地不收整整三年。
百姓们逃进城成千过万，夫弃妻妻抛夫各自逃散。
男携女女携男悲声大喊，大家伙商议好同上街前。
县太爷无奈何将民相劝，叫一声众百姓细听我言。
初到任我也曾明察暗访，都是些好百姓一心向善。

民受困也是我亲眼所见，我本县并非是铁打心肝。
与你们设下了养济大院，也不过为黎民暂度饥寒。
当堂上挂招牌凭签领饭，忽一日断了粮悲声凄惨。
县老爷痛伤情泪流满面，满腹中好也是钢刀来剜。
我有心辞官走入山修炼，丢不下好百姓满门家眷。
手拿上一口刀自寻短见，岂肯落无关鬼怎见祖先。
虽然是为子民死而无怨，可怜我一家人怎回家园。
左思想右盘算无法可变，汾西城难煞我七品知县。
面朝北我只把圣上拜见，到如今臣作了不忠之男。
再不能于我主征粮守界，再不能于黎民排纠分冤。
再不能于娇儿说长道短，再不能于夫人谈论家缘。
拿一条无情绳自恨自怨，好比是勾命鬼来把我缠。
先拜过父母恩养育不浅，学一个崇祯爷自缢煤山。
王老爷为黎民悬梁自尽，众百姓只哭的两泪不干。
洪洞县艾太爷将尸察看，叫一声老年兄死的可怜。
庭房内好器物不见一件，又不见老院子奴婢丫环。
到账房见铜钱不过一串，进二堂见家眷痛哭连天。
艾太爷看罢了心中自叹，不料想坐官人这样艰难。
无奈何将年兄尸首入殓，哭啼啼同洪洞来把民安。
路途上有饿莩实在难看，尽都是饿死鬼路上一滩。
赵城县刘父母官讳宪翰，为百姓腊月里设下雪坛。
城门上贴告示爱民非浅，求雪泽禁宰杀沽酒葱蒜。
兴唐寺求活佛命在危险，披着发赤着脚步行上山。
果无有三两日天色大变，上苍爷降鹅毛大有灵感。
一霎时乾风起雪消云散，天空中观见那红日出现。
实指望雪花飘纷纷不断，不料想才下了一寸二三。
众绅士各庙里焚香许愿，满堂中插柳枝僧道两班。
念经文奏器乐声声不断，癞蛤蟆衔奏文启上青天。
城皇庙斩旱魃方法使遍，风不调云不起也是枉然。
只盼了春三月云彩未见，忽然闻身有疾卧在床边。

耳旁边忽听得雨声不断，猛抬头见红日照在窗前。
莫不是染心病自思自念，何一日得甘霖才能安然。
用巧计瞒老爷将事做暗，满院中搭天棚上蒙青毡。
刘老爷隔窗棂往外观看，实可喜众神圣开了恩典。
笑微微离病床出门游转，原来是居家人暗用机关。
我只说天发阴大雨有盼，谁料想巧哄我愁上眉尖。
用手儿指上天一声呼唤，你为何降青锋来刺下官。
杀黎民斩百姓不用刀剑，八旬翁三岁童尽遭涂炭。
一霎时身发困难以立站，叫夫人扶伺我同上床前。
苍天爷不开恩民无后盼，想甘霖把我的气血亏干。
自幼儿在南学熟读圣卷，为功名苦下了寒窗十年。
实指望出任来荣光耀现，不料想离原郡愁上眉尖。
再不能拜祖茔坟前祭奠，今一死最可惜满门家眷。
千思想万盘算无计可展，我好比长江水一去不还。
哭了声合家人难以相见，要相逢除非是鬼门三关。
有气呼无气吸发缩眉绽，霎时间真气绝将星归天。
陈太爷坐绛州安民向善，平常时待百姓如子一般。
冬季天拾棉农每人一件，早晚间拾粥饭贫民所餐。
或曲沃或本州一样待看，看外民与子民不差分线。
因山西遭大劫民心不乱，总一死不肯落匪徒留传。
每日里在官衙贫粥拾饭，开官仓捐富户救济贫寒。
领赈人乱纷纷一路不断，娘抱儿子扶父同到衙前。
按人丁散口食一月未满，将仓谷并捐银一齐发干。
官署内变家俱量米几石，赈百姓只是那两日三餐。
百姓们站公堂哀声呼唤，口口儿叫的是救命青天。
陈太爷叫一声魂飞声散，浑身上如刀刮坐卧不安。
忙站立大堂口抬头观看，见黎民并无有半点喜颜。
一个个带愁容眼泪不干，小婴儿直哭的问娘要饭。
这是儿不醒事太得年浅，那怎知无度用遭下荒年。
开言来把老兄一声呼唤，叫大嫂近前来细听我言。

到如今论什么庶民官宦，民受罪官带愁都是一般。
且不怨我陈公待民冷淡，尔怎知衙内空一扫净干。
众百姓齐叩头小民不敢，官也哭民也哭实实伤惨。
二堂里设雪坛跪香许愿，忙祝告空中神有灵有感。
叫上苍快开恩速降鹅片，肯本州一炉香大谢苍天。
想落雪只想的肝肠裂断，盼春雨只盼的病倒床前。
泪汪汪把夫人一声呼唤，叫娘儿和小姐细听我言。
从空中降下了无情宝剑，斩断咱一家人不能团圆。
好百姓饿死了成千成万，恨不得下阴司与民分冤。
官为父民方子父子怜念，我心中如刀搅怎得安然。
想当初在原郡曾把书看，铁砚台磨穿透才进生员。
直隶省科上举北京应选，考就了山西省与民分冤。
夏县城坐知县一任未满，又命我绛州城训教儿男。
实指望为清官名扬就显，不料想到今日进退两难。
可怜把好百姓四路分散，或走东或走西难保周全。
少者走扒山路出外逃难，老弱者丧沟壑无数万千。
各处里死的民实实难看，一个个都怀着满腹屈冤。
贤妇人面向北把主拜见，咱居家托皇恩同到任前。
跟看看我的病神药难减，一家的老和少谁人可怜。
霎时间满腹痛身出冷汗，大约着我性命难过今天。
正讲话只觉得身色改变，一口气断咽喉难以回还。
绛州城立盖起陈公祠院，又设下春秋祭大报恩典。
陈老爷为黎民将气绝断，难住了阎大人心似油煎。
同罗公并王公于民劝善，保处保各处拨富济民寒。
那一县富户家能有千万，为黎民也不能时常所捐。
无奈何启奏章不敢怠慢，急令人骑怪马行于顺天。
皇太后拿奏文仔细观看，泪珠儿滚胸膛湿透衣衫。
把满朝文共武唤上金殿，众大人见本章软了心肝。
命几员奔外省苦告相劝，各州县贴榜文为晋纳捐。
那一家富户人捐银半万，尝公牌望皇恩七品知县。

也不过为晋民君子乐善，尘世土留一个名德双全。
又几员领帛银数百余万，奉圣命奔山西急把民安。
差大人往关东办粮万石，运到了石亭镇集堆如山。
又发到太原府各处分散，才救活众百姓千千万万。
五年上天赐恩丰岁好转，各地里好收成国泰民安。
谷盈仓萝满囤银钱足便，普天下十九省同享丰年。
稻粱麦菽黍稷多积几石，就是那一半粒不敢作践。
虽然间年景好斗价甚贱，思如今想从前莫忘灾年。

丁丑大荒记

清　郭全福

光绪第三年，老天遭大荒。三伏不下雨，秋里没打粮。
来到冬天里，贫人齐遭荒。吃饭关门户，时刻防人抢。
草叶养性命，五谷不得见。于泥并树皮，麦秸干草面。
此饭亲口过，贫人每天餐。不说吃时易，单说饿饥难。
小便定难过，大便见阎王。瘦的如小鬼，肿的似判官。
父子丰不管，儿女自损伤。多年结发妻，各顾自身边。
少妇好闺女，向人寻夫郎。要脸不顾面，单说有吃穿。
丑女死无数，好妇贩外乡。饿孚倒路巷，尸死向青天。
到处吃人肉，城乡皆同然。外人吃外人，此是就欺天。
更有父食子，还有儿吃娘。不论男和女，央家活杀餐。
孤人不行路，邻舍不来往。但说硬贼子，白日在路旁。
偶遇人走路，损命剥衣裳。又有儒弱汉，徒走讹诈钱。
不是跳窑脑，就是要礼往。有等强贼盗，各党成群抢。
黑夜走一处，明晓火村庄。当时遭大祸，合家其该亡。
富虽有吃穿，不能安然享。多亏于老爷，王法镇四乡。
各村举公正，告示贴街前。村插练勇旗，就地正法严。
聚众抢夺案，贼惯命该亡。初犯到案下，饶他活命还。
不是砍搅筋，就是割耳边。副爷刘洪发，捉贼就起赃。

带上一伙勇，团团一齐拴。幸喜薛捕听，巡街也甚严。
遇上抢吃汉，枷锁打一场。民非想犯法，时候将人难。
密地无人要，人口不值钱。就是吃喝贵，杂物甚亦贱。
先年值十串，顶多卖一千。成材生熟铁，都是论分两。
熟铁卖一文，生铁五毫行。一个好大瓮，贱至五文钱。
家具有多少，总有发付完。敢见无吃喝，定死眼跟前。
纵然生法吃，而又缺烧燃。记起遭时候，心痛鼻又酸。
麦十样样长，金玉饥难餐。自古谷帛贵，如今果同然。
一斗黄小十，二吊五百钱。一斗红稻黍，市卖吊二三。
好麦量一斗，公平价二吊。莜麦豌黑豆，每斗吊八行。
好面称一斤，一百二十钱。一斤树皮面，铜钱五十双。
蒸馒与火烧，二十买一账。干粉二百八，烧酒二百钱。
一两银一千，首饰变卖完。素日正直人，那年下端方。
见了吃喝物，就想拐带藏。卖饭图生利，紧防饥饿抢。
要吃我的饭，先拿你的钱。脸瘦无光景，不要宿店房。
恐怕停一夜，死在店内边。牺惶说不尽，再提赈济端。
汾西十四里，放赈列十厂。一一开于后，花名听我言。
东门对竹厂，神符店头庄。茶房邢家要，勍香圪台乡。
磊上麻圪头，新生叫十厂。各厂举绅士，监生和生员。
十厂绅土多，姓名记不全。总局财神庙，公事不停行。
本城大先生，花名听我言。北街傅炳照，苇桐王文煌。
又有逯锦镖，还有郭冠唐。映汾郭临江，使者蔡老三。
先生收设仓，劳心正二年。知县于钟德，宝仁夏黍员。
教师贾执钧，捕听薛朝选。放赈费心苦，救民尽力量。
做与上司文，先发银五千。开厂有先后，领赈听候传。
富户不准领，大小官定章。各村香牌保，花名开领单。
十二为大日，十一按小散。小口减一半，大口一百钱。
三年八月起，五年五月完。一月散一次，银钱无定限。
不是大小十，就是麦稻粮。赈粟每月送，送来要脚钱。
脚钱开一遍，一百五十串。赈粟散一次，短少十几石。

正逢放赈日，逼死于知县。可惜进士官，悬梁命归阴。
知者说是苦，不知糊埋怨。非是于老爷，汾西定要乱。
急速起文书，照印冯安澜。冯官上了任，救民落大贤。
善治几个月，曹宪署正堂。先是散籽种，后是舍衣裳。
为国放牛马，爱民送粮钱。总是皇上恩，也遇众官良。
巡抚曾国荃，恩情重如山。救民费心苦，花银有万千。
三年与四年，粮银一概免。三六七年粮，汾西纳一半。
三晋单八柱，那县粮独免。怜念汾西苦，人人独偏向。
巡抚积大德，个升总督员。官职年年升，子孙代代显。
熟忆五年春，洋人也散粮。不放西北乡，偏散东南乡。
一样遭灾民，分为两样看。江苏八月中，亦救汾西县。
停到上寺庙，亲身下四乡。富户不叫领，贫人散银钱。
不论那一厂，合邑都走遍。这等救汾西，男女死大半。
当月按领单，总局合数算。富户不在内，贫民十三万。
来到太平年，还有三万三。十室之小邑，竟留有一双。
八口之大家，不过有二三。地荒多合少，粮银短几千。
如此遭灾过，却又不安然。先是闹老鼠，后是闹豺狼。
老天恶劝人，人心总不善。胡行霸道汉，老天收揣完。
孝弟忠信人，圣神佑无疆。死者已遭难，生者该向善。
不可生巧计，不可起恶念。第一孝父母，第二敬尊长。
时刻守王法，开口莫告状。敬惜治五谷，养子送学堂。
劝君早回头，勿要乱伦常。恐惹神嗔怒，天再遭年荒。
若能行孝道，老天赐在饭。虽是俗粗语，留于后人看。
无文不成词，明公莫笑谈。说罢年荒事，再表我一方。
汾邑住北乡，个在漏峪庄。中会郭全福，设教对竹厂。
一切遭灾故，亲身阅历遍。自助人学道，读书整十年。
十九善诱徒，功名有不全。自从取偷生，两忧一遭荒。
父母膝下事，不孝名我担。同胞姊妹三，姐兄遭灾亡。
天留我一人，家贫受熬煎。凭身过光景，有地空纳粮。
不会种庄稼，水炭齐要钱。又要出神社，也要行礼往。

别无生财路，谁怜读书男。如今才知道，有文不如钱。
娶妻连二次，三旬七无郎。银儿胡子三，我今无一行。
酒色财气四，于我不相当。仁义和智信，五者修未全。
略表终身事，苦楚说不完。
顺时守命过，虽贫不怨大。此为五字文，遭灾书一卷。
同说于后时，人万胡流传。

清光绪三年遭年景歌

陈仪文

圣天子都燕京，铜板铁练。
光绪爷登了位，国泰民安。
不料想二年上雪雨便便，各处里微收成旱的甚宽，
三年上四年上更加可叹，总旱那山西省陕河半边，
西旱到宁夏府南至赊店，俱无有晋地里旱的可怜，
阵祥云起了风风吹云散，寸地里不生草草根旱干，
水地里只旱得高粮瞎眼，平地里只旱的五谷未安，
这也是天数尽该遭大难，眼睁睁粮抬头如同箭穿，
一石麦卖实钱四十余串，一升米二斤重价银三钱，
黄玉黍拾八桶二串八九，红高梁一官斗还得二串，
麦夫子赊一斗铅钱一串，谷糠子双五升三百二三，
众百姓一个个愁眉不展，每日间无度用实实伤惨，
抱衣服拿首饰或卖或典，值一串能变得二百钢钱，
典当人乱纷纷出入不断，只许赎不许当止号亭签，
当田产卖房屋暂且度难，并无有富豪家买置田产，
没奈何把房屋一齐折散，抱砖瓦扛木料支到街前，
松木椽杨木檩门窗格扇，一文钱挂二斤秤是所全院，
八升米又换去堂屋三间，杀骡马宰耕牛金鸡家犬，
连鼠皮带鼠肉都当饭餐，细思想这年景从来未见，
或是农或经商同受熬煎，京货铺杂货店古衣发庄，

各生意无主雇买卖艰难，东伙内减人口日食稀饭，
麻生面搅夫子不能饱餐，许多的好生意停了大半，
把伙计和相公赶在外边，就有些好武艺能写能算，
那时节也是不学字和打算盘，无奈何投宾朋找顿饱饭，
反复来反复去连二连三，尽都是把人情看的净谈，
哪一个能养活一日半天，男女们乱纷纷一路不断，
看了看俱都是少吃无穿，有几个饿的他容颜改变，
有几个饿的他浑身瘦干，有几个饿得他张口大喘，
有几个冻的他两手扒肩，从先时富户家放粮括饭，
积善家有余物周济穷寒，到后来看年景无底无面，
就有粮也不放紧把门关，多亏了汾河岸荒地救难，
成年的纳皇粮不收庄田，只因为五六月河塌水漫，
因此上把蒲草长下一滩，每日里抱蒲人成千过万，
一个个掌器物将根来剜，清早间到午间只剜半篮，
拿回家碾成面蒸馍所餐，各处里设下了蒲根大店，
收一斤还发给三拾铜钱，蒲滩中直抱的根尽绝断，
又将那榆树上老皮刮干，初起时刮榆皮怕人看见，
到后来拼性命谁敢去拦，榆皮面秤一斤六十五六，
糟子面十六两三十二三，蒲根面直卖到八十以上，
麻参面亦卖到七十大钱，食糟子并麻参那还不算，
白土子并干泥当成饭餐，干泥面搅麦秸难吃难咽，
吃一口满嘴里贴下一团，咽一口噎的人低头合眼，
下了肚就是那大便艰难，出恭去难行走哼声不断，
只足的面通红眼泪不干，各处里扫蒺藜拔毒磨面，
拾树叶捞茬草稻秸黍杆，玉黍芯搅谷穰砸捣碾面，
菁蒿籽沙蓬籽也觉香甜，众百姓只把那各物吃遍，
都吃的面发肿咳嗽气喘，不论老不论少东倒西歪，
一霎时趺尘埃命染黄泉，还有些狠心人天良不念，
把衣服和鞋袜一齐扒干，浑身上满脱净不留一线，
只落的白森森赤体朝天，有这等狠心人那还不算，

还有那增十倍尽在后边，每日里拿刚刀四下游转，
各处里寻死人要把肉餐，吃人肉烧人骨人油灯点，
夺人财伤人命人命牵连，食死人原为的腹中无饭，
还有那吃活的更是凶险，时刻间都在那僻处藏站，
行路人若不防脑后一砖，用刚刀先把那咽喉割断，
砸脑子开肚腹摘下心肝，从大腿只刮的挨了足面，
火里烧锅里煮张口恶餐，把这些吃人的一概不念，
有许多图着利还要卖钱，也有那做丸子搓咸肉蛋，
也有那下在了杂菜里边，尽充着牛羊肉大街叫唤，
人不解其中意买的还餐，忽一日只吃的指甲出现，
因此上一个个解破机关，青壮男为活命舍家逃难，
饿死了许多的节妇老汉，饿死了许多的幼女少男，
也有那自投崖皮破筋断，也有那跳枯井魂游西转，
东庄人到西庄执刀拿剑，人吃人犬吃犬实实可怜，
父吃子子食父骨肉不念，兄吃弟弟吃兄夫妇相餐，
亲父子顾不得东奔西散，还不知何一日才得团圆，
也有那奔陕西寻茶讨饭，也有往山东去投亲眷，
红颜女自嫁人离乡舍县，白书生耽误了许多诗篇，
老少民聚厂门停官放饭，养饥院领米粥不久几天，
妇女们在大街东游西转，插草儿卖本身泪流不干，
顾不得满面羞开口呼唤，叫一声老爷们细听奴言，
那一个行善人把我怜念，如同似亲父母养育一般，
你就是做妻妾奴也情愿，那把你当使女作为丫环，
白昼间奴与你捧茶端饭，到晚来我与你铺床扫毡，
你就是收三房我也情愿，或四房或八房奴都不嫌，
白日里我与你织锦纺线，黑夜间做针工早起迟眠，
每一天喝面汤只是两碗，不吃馍净喝汤却也喜欢，
卖本身也不过艰年所赶，限日期也不过多则年半，
奴包管生一个拜孝儿男，清早间只叫到天色黑晚，
大街上并无有一人应言，十七八小闺女不置一串，

到贴钱是那个敢来照管，每一日在大街东游西转，
到晚来无安身就地而眠，怕的是交了夜五更鸡唤，
内无食外无衣才算伤怜，一阵阵西风起寒气如剑，
恨不得到天明日出三杆，可怜的妇女们遭此大难，
天发亮仍是那照旧一般，三一伙五一群没法可想，
见男子强要随不离身边，是那个能叫我吃顿饱饭，
到来世变犬马结草衔还，亲父子都不顾各自逃散，
好夫妻也不念恩重如山，怀抱上娇生子肝肠哭断，
只因为无度用咬碎牙关，缝布囊将八字四柱开现，
丙子年甲午月地支天干，还不知那一个把儿怜念，
生未知死未晓撇在街前，这也是无奈的灾年，
小儿所赶休将娘怨，拆散了母子情分在两边，
小孩子是哑童经世太浅，他怎知遇大祸遭下荒年，
清晨起直哭到月影西转，直哭的眼睛红唇裂口干，
年迈人无子息爱儿心软，思想着不敢收满腹痛酸，
冻的儿面发青浑身打颤，小婴儿与幼女死的可怜，
这本是贤良女胆小心软，还有那恨心妇实为不堪，
忘却了十月苦孩子分娩，又不念祖上恩破断香烟，
用麻绳把儿女咽喉绞断，将儿女抛清泉被水所淹，
也有那跳河内浪打肉绽，也有那推石崖难得周全，
也有那母子们同去赴涧，也有那下毒味药死儿男，
也有那拿钢刀把儿刮乱，上笼蒸下锅煮将儿肉餐。

山西省连遭下异样浩歉，难住了太原府满堂恩官，
曾大人昼夜间把民怜念，满腹中如刀搅坐卧不安，
真来是不幸年千古罕见，满山西全都是闭户绝烟，
为黎民只愁的茶饭少咽，好酒席有美味不知香甜，
布政司按察司冀道宪差，委员人奔各省告苦劝捐，
天津卫直隶省山东地界，有湖广并四川江西江南，
各省里设捐局官宦代办，为只为山西的百姓可怜，

近都是结秦晋良增善，无一省学吴越仇上加冤，
曾巡抚是佛心常把民念，发号令刻告示行于官员，
各县里挖土坑男女分界，怕的是民死后身体不全，
将百姓死尸腔不用席卷，抬抬抬抬在了土坑内边，
有九洲十六府八十五县，并无有满平阳旱的可怜，
霍州西有一个汾西小县，他那里无一平地近都是山，
整整的三年都女谷谷木见，只旱的满地里起了荒烟，
汾西县坐公堂自思自叹，思想起众百姓好不惨然，
民不幸遭下了无底灾难，天不雨地无收整整三年，
百姓们逃异地成千待万，夫亡妻妻抛夫各向外边，
老与少进公堂悲声大喊，男携女一个个口呼青天，
无奈何大老爷坐公堂将民相劝，叫一声众百姓细听我言，
我到任我也曾自查自检，近都是一片心好的儿男，
民受苦也是我亲眼看见，有本县并非是铁打心肝，
与你们设下了养机大院，不过是为黎民暂度饥寒，
大老爷为饥民日期不远，忽一日断了食悲哀凄惨，
公庭内卖器物粮米数石，救百姓只是那拾数八天，
县太爷心痛伤泪流满面，满腹中好比是钢刀未剜，
我有心弃官职入山修炼，丢不下好百姓满门家眷，
手拿上一口刀自寻短见，岂肯落无头鬼怎见祖先，
脸朝北我把那圣上拜见，到今日臣作了不忠不贤，
再不能与我主征粮守界，再不能与黎民百姓分冤，
再不能为骄儿说长道短，再不能与妇人叙叙家缘，
手拿着一条绳自恨自怨，好像是勾命鬼来把我缠，
先拜过父母养育不浅，学一个崇祯爷自缢煤山，
王老爷为黎民悬梁气断，众百姓只哭的死而后还，
洪洞县董太爷将尸察看，叫一声老年兄死的可怜，
庭房内并不见器物一件，又不见侍儿们奴婢丫环，
到账房见铜钱不过五串，进官宅见家眷死下一滩，
无奈何把年兄尸首入殓，哭啼啼回洪洞急把民安，

一路尔见饿俘难得验看，近都是屈死鬼不能伸冤，
赵城县刘父母官讳宪翰，为百姓腊月天设下雪檀，
四门上贴告示爱民非浅，祈雨泽禁宰杀沽酒葱蒜，
并无有三天正天色大变，上天爷降鹅毛有灵有感，
一霎时西风起云雾皆散，半空中现红日露出青天，
实只望雪花飞纷纷不断，不料想才下了一寸二三，
众绅士各庙里焚香许愿，满檀中插柳枝僧道二班，
诵经文奏乐器声声不断，癞蛤蟆衔墨文启奏西天，
龙王庙斩旱魔方法用遍，风不调云不起枉费心肝，
刘老爷盼春雨神魂魄散，忽然间身有恙睡在床前，
耳旁里忽听的有人呼唤，想必是赴幽府闫王面前，
猛然间睁开了昏花泪眼，举家人在一分悲声连连，
小冤家与幼女两旁立站，还有那贤妇人眼肿泪湿进衣衫，
用巧计瞒老爷将事做暗，满院里搭天棚上蒙青毡，
刘老爷隔霄户拄外观看，实可喜众神圣开了恩典，
笑微微离病床出外观看，原来是举家人巧用机关，
我只说天发阴大雨有望，谁料想巧取我愁锁眉尖，
用乎儿指上苍一声呼唤，你为何降青锋来刺下官，
杀摹民斩百姓不现月剑，八旬翁三岁童尽都畏命，
无奈何曰病床连声吐喘，一阵昏一阵迷实实难担，
又只见家亲到前来叫我，高堂母尊严父口呼儿男，
舍不下众百姓心肠大乱，舍不得臣的主有正有贤，
还有那一双儿和女何人照管，把妇人恩爱情一旦抛完，
满腹中如刀搅心似剑穿，心脾败四肢肿浑身发酸，
心血亏阴大盛头昏目眩，昏迷遣见闫君差鬼卒将我来唤，
有金童和玉女手执长旗，本城皇与土地耙我接见，
大约这我性命不得周全，哭了声家人难得相见，
要相逢除非是鬼门三关，有气呼无气吸发缩眉绽，
霎时间真气绝阴星归天，一家人全哭的泪如雨点，
百姓们全伤悲齐把泪洒，官太太疼老爷立把气咽，

剩少爷和小女饿死苦寒，大老爷诚清官痛黎民命染黄泉，
众百姓念弥陀，万代所传。

米粮文

武福长

圣天子都燕京铜邦铁链，光绪爷登了基国泰民安。
不料想二年上雪雨不便，各处理微收成旱的又宽。
三年上四年上更加可叹，专旱的山西省陕河两边。
西旱到宁夏府南至赊店，俱无有晋地里旱的可怜。
水地里只旱的高炉瞎眼，平地里只旱的五谷未安。
这也是天定数该遭大歉，眼看的粮台头如同箭穿。
一石麦卖实钱四拾余贯，壹升米贰斤重价银三钱。
黄玉黍拾捌桶两串拐玖，红高粮壹官斗还得两千。
麦夫子买壹斗大钱壹串，谷糠子双五升叁佰贰叁。
众百姓壹个个愁眉不展，日每间无度用实实伤惨。
抱衣物拿首饰饭卖匆典，值一串能使的贰百铜钱。
典当人乱纷纷出入不断，只许回不许当止号停签。
当田地卖房屋暂且度难，并无有富豪家置买业产。
没奈何把房屋一齐拆散，刨砖瓦揭木料支到街前。
松木椽榆木檩门窗夹扇，有桌椅并板凳围屏扇面。
好箱柜细缎衣瓷器花碗，名士帖贤达书琴棋古玩。
珊瑚顶琥珀坠玛瑙玉环，时辰表自鸣钟珠子猫眼。
就是那无价宝亦不值钱，贰斗米换去了壹所全院。
五升麦又换去堂屋三间，壹文钱挂二斤秤是加三。
杀骡马宰耕牛金鸡家犬，连着皮带着肉都当饭餐。
细思想这年景从来未见，或干农或工商同受熬煎。
京广铺杂货局估衣绸店，各生意无主顾买卖艰难。
东伙内减人口日食两饭，麻糁面搅夫则不能饱餐。
许多的好生意停了大半，把伙计和相公赶在外边。

就有许好武艺能写通算，那时节使不上字样算盘。
无奈何求宾朋找顿饱饭，反复来反复去连二连三。
尽都是把人情看的净淡，那一个能养活壹日半天。
男女们乱纷纷一路不断，看了看其都是少吃无穿。
有几个饿的是容颜改变，有几个饿的是浑身瘦干。
有几个饿的是张口大喘，有几个冻的是两手八肩。
从先时富户家放粮舍饭，积善家有余庆周济贫寒。
到后来看年景无底无面，就有粮也不放紧把门关。
多亏了汾河岸荒地救难，成年的纳皇粮不收庄田。
只因为五六月河塌水漫，因此上把蒲草长下一滩。
每日里刨蒲人成千成万，壹个个掌器物将根来剜。
清早上到晚间只剜半担，拿回家碾成面蒸馒所餐。
各处里设下了蒲根草店，收壹斤还发着叁拾铜钱。
满滩中具刨的根绝尽断，又将那榆树上老皮刮干。
初起手刮榆皮怕人看见，到后来拼命的谁还敢拦。
榆皮面秤一斤六拾五陆，醋糖面十六两叁拾贰叁。
蒲根面直卖到捌拾以上，麻糁面也卖到七拾大钱。
食禾皆子并麻糁那还不算，白土则并干泥当成饭餐。
干泥面搅麦秕难吃难咽，吃一口满嘴里贴下壹圈。
咽壹口噎的人低头合眼，下了肚二就是大便艰难。
出恭去难行走哼声不断，只憋的面通红两泪不干。
遍地里扫蒺藜拔毒碾面，拾树叶捞花草稻杆黍杆。
玉黍秫五谷穰如同海曼，菁蒿籽沙蓬籽也觉香甜。
旧皮绳乱皮块各样吃遍，都吃的四肢肿移步艰难。
不论老不论小东倒西埫，壹霎时跌尘埃命染黄泉。
还有那狠心的天良不念，把衣肥和鞋帽壹齐扒干。
浑身上满脱尽不留壹线，只落的白森森赤体朝天。
有这等恨心人那还不算，还有那增十倍尽在后边。
手拿着一把刀四下游转，各处里寻死人要将肉餐。
四乡里人吃人实未经见，吃人肉只吃的红了眼圈。

从先时吃死的人肉当饭，到后来吃活的才算凶险。
各路上行走人心惊胆战，怕得是遇恶人命不周全。
吃人肉烧人骨人油灯点，还有那卖人肉灭理逆天。
也有那刀切碎插成肉丸，也有那下在了杂菜里边。
羊肉包羊肉饼真假难辨，人不知其中意买的还餐。
忽一日只吃的指角出现，因此上壹个个解破机关。
壹个馒贰俩重叁拾铜钱，一碗粥两茶盅拾文铜片。
刁的吃夺的吃各处不断，都只为腹中饥挨棍挨鞭。
卖热食都不敢摆在当面，要壹个取壹个先要讨钱。
白蒸馒黄烧饼锅盔油旋，每壹斤贰百肆还价不言。
买上馍藏袖中不敢出现，如同是买卖人藏珍一般。
咬壹口不住的四下观看，如同是孩儿戏五子夺冠。
为着了西瓜皮扭耳挽辫，为枣核也可是闹曾荒山。
见枣核噙口内胡吃胡咽，见瓜皮暂存饥吞下喉咽。
饿死了许多的英雄好汉，饿死了许多的才高生员。
饿死了许多的积福行善，饿死了许多的能工手段。
饿死了许多的节妇世罕，饿死了许多的少女幼男。
也有那自投崖皮破筋断，也有那跳枯井魂游西边。
东庄人到西庄拿刀执剑，人吃人犬吃犬实实可怜。
父吃子子吃父骨肉不念，兄食弟弟食兄夫妇相餐。
亲父子顾不得东奔西散，还不知何壹日才得团圆。
也有那奔陕西寻茶讨饭，也有那往山东去投亲眷。
红颜女自嫁入离乡舍县，白书生耽误了许多诗篇。
老少民聚厂门停官放饭，养饥院领米粥不久几天。
妇女们在大街东游西转，托草晃卖本身珠泪不干。
顾不得满面羞开口呼唤，唤一声老爷们细听奴言。
那壹个行善人把我怜念，如同是亲父母养育壹般。
你就是做妻妾奴也情愿，那怕你当使女作为丫环。
白昼间俺与你捧茶端饭，到晚来俺与你扫床铺毡。
你就是做三房我心亦愿，或四房或五房我都不嫌。

白日里奴与你纺花捻线，黑夜间做针工早起迟眠。
每日间喝面茶只是贰碗，不吃馍净喝汤都也喜欢。
卖本身也不过艰年所赶，奴亦是知礼义节孝耻廉。
清早间只叫到天色黑晚，大街上并无有一人应言。
拾七八小闺女不值一串，倒贴钱是那个敢来照管。
每日里都在那大街游转，到晚来无安身就地而眠。
怕的是交了夜鸡叫鸡唤，内无食外无衣才算伤惨。
一阵阵西风起寒气如剑，恨不得到天明日出三杆。
可怜把妇女们遭此大难，天发亮仍亦是照旧一般。
三一伙五一群没法可变，见男子强要随不离身边。
是那个能叫我吃顿饱饭，到来世变犬马细草衔还。
亲父子都不顾各自逃散，好夫妻也不念恩重如山。
怀抱上娇生儿肝肠哭断，只因为无度用咬紧牙关。
缝布袋装八字四柱开现，丙子年甲午月地支天干。
还不知那一个把儿怜念，生未知死未晓撇在街前。
并非是为娘的太的短见，天拆散把线子分在两边。
小孩子是哑童泪流满面，好亦是秋阴雨湿透衣衫。
大清晨直哭到天色黑晚，只哭的眼睛红唇裂津干。
年迈人无子媳爱儿心切，思想着不敢收满腹痛酸。
冻的儿面发青浑身大战，小婴儿与幼女死的可怜。
这本是贤良女胆小心软，还有那恨心妇实为不堪。
忘却了拾月苦孩子分娩，又不念祖上恩硬断香烟。
用麻绳将儿女咽喉绞断，抛清泉把儿女被水所淹。
也有那弃河内浪打肉绽，也有那推石崖难保周全。
也有那母子们同去赶涧，也有那下毒味药死儿男。
也有那拿钢刀将儿割烂，上笼蒸下锅煮把儿肉餐。
腊去矣春来也新正元旦，各门上都不把桃符更换。
到处里贴免贴预达亲眷，亲父子不拜节祖断香烟。
山西省连遭下异样浩歉，难住了太原府满堂恩官。
曾大人昼夜间把民怜念，满腹中如刀搅坐卧不安。

真来是民不幸千古罕见，拾室邑有多半闭户绝烟。
思黎民只思的茶饭少咽，好酒席有美酒不知香甜。
布政司按察司冀宁道宪，差委员奔各省告苦劝捐。
天津卫直隶省山东地界，有广湖并四川江西江南。
各省里设局捐官宦代辨，为只为山西的黎民艰难。
尽都是结秦晋良中增善，无壹省学吴越仇上加冤。
曾巡抚是佛心常把民念，发号令刻告示行于官员。
各地方掘土坑男女分限，怕的是民死后身体不全。
将百姓死尸腔不用席卷，抬抬抬抬在了土坑内边。
为官者俱要怀慈心一点，看民子到如今难亦不难。
各州县起奏章如同箭穿，昼不停夜不住直奔燕山。
到京地众大人奏上金殿，文武臣都不解内中情端。
皇太后见本章细看一遍，不由的泪珠儿滴湿胸膛。
我当是那壹省贼冠作乱，不料想山西省大遭难年。
即时间开仓库恩赐不浅，命钦差押皇粮救济太原。
蒙太后发帑银四拾八万，又发来江糟米拾万八千。
发到了山西省各处分散，众百姓壹个个齐把恩沾。
只说是皇粮到吃顿饱饭，总金多分金少每人若干。
四十上为大口拾天两碗，二址下为小口减半所摊。
白书生只吃的身如表染，红颜女也吃的脸是靛沾。
也有那挨半月将气绝断，也有那靠十天命赶九泉。
十分中未救下庶民一半，枉费了国家的莫大田心。
皇太后待民息暂且不念，咱单表阎大人干国忠良。
奉王旨离北京晋地查旱，壹心心保山西国泰民安。
每日里宿客店不寓公馆，地方官送酒席大人恩免。
早晚间吃的是粗茶淡饭，少调料无菜蔬俱都不嫌。
自幼儿就不好穿绸挂缎，自古道粗饭饱布衣遮寒。
蒲州府安邑县运城察院，钦差来阎罗王三家命官。
众大人见蒲民齐实可叹，差委员运粮官即下河南。
周家口赊家店樊城小县，正阳关设粮局单等水泮。

蒲解州出告示安民为善，不久时粮就到暂侯几天。
众百姓盼官粮如雪送炭，怎知道路途远脚程艰难。
拾户庄只盼的饿死大半，八口家能存的少二多三。
浑身上如干薪鸠形鹄面，空中鸟俱带愁鸿哀鼠涟。
众大人同伤情有口难辨，可怜把好百姓连遭涂炭。
实指望运粮到救济民难，谁料想壹个个盼了枉然。
四月间天开恩立作油然，上苍爷降甘霖普济民间。
正整的三昼夜雨声不断，众百姓笑微微喜气欢天。
都说是耕上籽后来有盼，少耕牛无籽颗加上熬煎。
众官员具奏章如同雪片，为只为百姓们难把籽安。
皇太后见奏文喜笑满面，金炉里焚清香大谢上天。
发五谷与人种数拾万石，又发来牛和马叫人耕田。
将种籽棉袄裤一齐发散，又恐怕到冬季民受饥寒。
地方官放种籽每顷两石，一亩地领贰升不减不添。
大户家套牛马犁声发显，贰户家自努力造风历山。
无壹月青苗现秋景可看，风又调雨又顺好是箭穿。
看收成每一亩足要上石，又起了黄尾鼠将苗来餐。
也有那地半顷咬伤大半，也有那正拾亩壹齐吃完。
大后祲现出来瘟疫灾难，将饥民又伤了拾分之三。
起黄鼠遭瘟疫俱都不算，又将那恶豺狼洚下深山。
到处里伤人民苦楚难捱，这才是天收人千古稀罕。
五年上大得了忠心一点，离卦内直下来太平兆年。
春夏秋四季天风调雨便，禾苗盛五谷登人马平安。
把壹丝并半粒不可轻看，多积些粪土草勤务庄田。
想丁丑思戊寅饥因大难，饿死了许多民万万待千。
成汤王连遭了七年大旱，唐尧王有九年洪水远天。
崇祯爷十七秋荒岁数转，俱无有兴丁丑那样艰年。
只说是大劫过人心改变，不断想比从前十分加三。
把五谷不当事胡做胡践，常言道抛壹粒大过有三。
高米面玉黍面怕吃怕咽，白面条不美口又把又添。

这都是造孽人前苦不念，饱三顿就忘了七日饥寒。
到乙酉天复怒将灾略现，史因为民心走不胜从前。
正正的十二月雪雨缺欠，徐徐而粮高贵秋夏未安。
丙戍秋天开恩时雨不断，民心回永得了无穷丰年。
再不敢把五谷胡作胡散，再不敢嫌饭食少菜无盐。
劝世人早回心上神有眼，何必要自作下罪孽成山。
假若要弃前苦顿顿嫌饭，那过来米粮文劝世良篇。
识字人看壹篇心走复转，不识字求宾朋讲念壹篇。
将银钱莫枉费酒肉少咽，粗茶饭只要饱不论香甜。
这本是跟粮米时价所编，传与了后世人不受饥寒。

光绪三年人吃人

光绪三年天大旱，口自庄稼人遭了难。
穷人家里没有粮，富人屋里也不行。
有钱人家能稀喝，老百姓们可咋着。
日头晒哩红更更，晒哩地下热啉烫。
河没水井里干，走路没劲跑不欢。
天气热地冒烟，路上成了土面面。
起先人们吃麸糠，后来树皮都吃光。
过了年打了春，地里出些小菜根。
你拔我挖能充饥，不然就要饿肚皮。
走着走着栽一跤，小命难保进阴曹。
夏无麦秋没禾，草木不长肚里饿。
骨瘦如柴饿下病，总得想法保住命。
狗急了要跳墙，人急了直唤娘。
弄把锅黑脸一抹，到口外路上去劫货。
乘你一个冷不防，掏出刀子把人捅。
回到屋里支一锅，吃肉啃骨连汤喝。
啃完骨头再吃肝，然后再把人肠翻。

人肉吃着真是香，越吃越香眼越红。
为了个人保住命，先杀娃子后杀娘。
死哩死走哩走，一村也不剩几口。
村里人口好几百，旱灾过后没几口外。
这就是
光绪三年人吃人，历历在目骇听闻。

光绪丁丑戊寅凶荒记

清·蔡景仲

闻道崇桢年间荒，人人惊讶说非常。
讵知光绪三四年，劫数轮流适相当。
二年麦收即歉簿，秋苗又遭旱魃虐。
八月微施雨廉纤，勉强耕捏嗟无硕。
种后云懒雨后悭，直至三年五月间。
大地麦苗多槁死，收敛难求种籽还。
指望雨降安秋禾，三伏亢旱可奈何。
黍稷羌难植原隰，来年又碍种平坡。
禾未见兮麦未安，饥民横发心胆寒。
啸聚连群至千百，村巷糟蹋赛兵残。
泯棼由秋徂冬天，斗粟数贯遍山川。
亩地售银七八分，间房价不值百钱。
圣上仁心恩三晋，税粮蠲免更发赈。
每口每日米三两，不足广搜别物衬。
树皮剥兮草根剜，麦麸米糠朝夕餐。
绳头牛皮齐煮咽，耕牛杀食愈心酸。
二八幼女见人随，数岁孩童弃路悲。
城市畏法卖衣物，乡村吃人肆胡为。
父子兄弟交相食，不顾恩情只顾吃。
杀活揭死不畏罪，饿莩盈路骨堆积。

四年三月天心转，泽沛共把早秋安。
才喜枯木有生意，秋禾青干瘟疫传。
昊天八月零时雨，北里西郊人忭舞。
满地蓬蒿长成材，籴籽垦田谁辞苦。
地荒籽贵甚艰难，无食半将草籽餐。
五年秋夏略有成，硕鼠横发肆贪残。
鼠发屋穿并野处，食我麦兮食我黍。
鼠害未除又遭殃，狼狈下山势莫阻。
狼狈肆虐真罕见，祷天祝地咸许愿。
呜呼噫嘻吁戏哉，我生不辰劫数开。
瘟疫鼠劫狼狈劫，荒后何又累累来。
诸劫伤残最可怜，十室九户绝人烟。
况吾三坑村更甚，回首荒前泪潸然。
户满三百人满千，未□□□□□传。
十分遭劫一分存，颓残景象不忍看。
垣空墙圮房屋倾，骸骨堆垛到处横。
义冢设立东庙前，四冢共埋数百名。
□□□□多绝嗣，凄怆无人送钱纸。
寄语后辈存善心，年年总管董其事。
为此勒碑记原因，兹事眼见非耳闻。
勿笑□□□省□，□□切切立石心。

丁丑末赴乡勘灾舆中作二首

清·万启钧

一

茫茫宦海梦如烟，洹水权符已四年。
民命不堪偏遇我，神功屡乞莫回天。
拯灾计拙输筹策，济世才疏十电俸钱。
庚癸遥呼声彻耳，几回搔首意凄然。

二

鸠形鹄面帐纷罗，对此凄凄发浩歌。
悬特在庭民尚尔，嗷鸿遍野政如何？
流亡莫救疮痍苦，梦寝还添血泪多。
眷念苍生意凄恻，敢忘心事付磋跎。

悯荒吟

李钟英

荒旱连年草不生，枉抛心力盼秋成。
眼看赤地真千里，蠲赈频施感圣明。

此番饥谨莫言贫，高屋肥田也等伦。
典卖无人承手去，死时还是绮罗身。

图书名迹尽前贤，祖父搜罗费万钱。
尽被收荒收拾去，换将一饱亦欣然。

农民屡次苦无年，罗掘难将岁月延。
戚友乡邻无可告，家家同病不相怜。

连日家家爨火寒，米珠腾贵粜来难。
亲生儿女甘抛弃，只为多分一口餐。

道上生人似饿鸱，手中夺食急奔驰。
可怜依旧填沟壑，纵饱饥肠到几时。

到得饔餐不继时，学生个个尽流离。
寒毡独坐箫斋里，满腹文章饿不支。

囊金裘马走通阛，欲顾家乡水复山。
只惜人来迟半月，有钱难寄鬼门关。

竟日佣工数十钱，那堪斗米值三千。
惰勤一样无生路，只有前途是九泉。

飘飘弱絮忽沉沦，片片飞花落锦茵。
饿死从来说事小，更多玉骨委轻尘。

孤孀相伴走郊原，匍匐荒田掘草根。
冻饿婴儿啼不住，斜阳平野暗声吞。

年年漳瓦贺新生，何事今年少降庚。
冻饿迫时人待毙，闺房儿女也无情。

年终剩得几家存，免贺新春各闭门。
柏叶桃符无瑞彩，满街尘土一荒村。

四郊瑾瘗花含泪，千里人稀月自明。
独伴孤灯村寂寂，通宵鸡犬不闻声。

旱灾行

柒泽三先生

光绪纪元国多难，河朔一带苦荒旱。
二年苗禾已歉收，三年四野更炎墐。
赤地千里罢锄犁，秦晋分野彗星见。
祈年祷雨概无灵，多数苍生遭天谴。
旱魃为虐巧相逢，惟有安邑当要冲。
盐池面积侵田亩，广种罂粟又妨农。

城乡十户叹九空，复值旱甚蕴隆虫。
米珠薪桂共啼饥，树皮剥净仰飞蓬。
白发老翁填沟壑，红妆佳人泣街衢。
问之不说真姓氏，但愿困苦乞为奴。
皮绳煮烂聊供食，栋宇毁折可当薪。
屠宰六畜业已尽，易子析骸实怆神。
存者偷生死已矣，哀此黎民靡孑遗。
奇灾愈出愈奇特，当轴才奏九重知。
正杂赋税悉蠲免，先令绅民自了之。
忽然恩诏下当阳，三大钦差阎罗王。
饥民望赈如望岁，饿腹雷鸣不可当。
鲁省购粮多迟滞，赈不及时万命亡。
阎君朝野称拗相，自比荆公别肺肠。
一查再查糜时日，贫户之中分甲乙。
救饥延缓民怨咨，广务虚名不救贫。
生灵劫数犹未已，四年鼠疫又大起。
秋间淫雨黑谷收，饥肠一饱立刻死。
千村市场一时空，男妇哭声震闾里。
后值丰捻比邻欢，可怜有饭无人餐。
回忆连年赈抚事，半赈乡绅半赈官。
鄙人修志查全县，先编户口后文献。
客民仆隶齐入编，饿毙邑人二十万。

稿　约

1. 《社会史研究》创刊于2011年，由山西大学中国社会史研究中心主办，是中国知网《中国学术期刊网络出版总库》收录集刊，可检索、浏览、下载。本刊为半年刊，每年出版2辑。

2. 本刊是社会史学术集刊，现设“专题论文”“学术评论”“资料选编”三个栏目。“专题论文”刊登社会史或相关领域的理论、方法、实证性研究成果；“学术评论”刊登与本辑主题相关的学术史述评；“资料选编”主要选登山西大学中国社会史研究中心所藏资料。

3. 专题论文字数每篇以不超过3万字为宜，学术评论、资料选编字数每篇以不超过4万字为宜。

4. 来稿将由本刊编辑委员会送请专家学者评审，审查采取双重匿名制。来稿请另页附中英文作者姓名、工作单位、通讯地址、电邮方式；论文题目、关键词（3～5个）及论文摘要，中文摘要在300字以内，英文摘要以篇幅1页（1000字内）为宜。

5. 本刊注释采用社会科学文献出版社注释规范。具体格式请参见《社会科学文献出版社2012年学术著作出版规范》第17～25页，下载地址：http：//www.ssap.com.cn/pic/Upload/Files/PDF/F6349319343783532395883.pdf。

6. 因人力有限，本刊恕不退稿，投稿三个月内未收到刊用通知，请自行处理，切勿一稿多投。来稿刊出后，不另付稿酬，一律赠送作者当辑样书两册；同时将其编入“中国学术期刊网络出版总库”。

7. 本刊竭诚欢迎海内外学者踊跃赐稿。请通过电子邮件寄至：

shsyj2018@aliyun.com，并在邮箱主题栏中注明：《社会史研究》投稿。或将打印稿寄至：山西省太原市小店区坞城路92号山西大学中国社会史研究中心《社会史研究》编辑部（邮编：030006）

8. 对以上规定，作者如有异议，请与编辑部协商。

图书在版编目（CIP）数据

社会史研究．第9辑/行龙主编．--北京：社会科学文献出版社，2020.10

ISBN 978-7-5201-7042-0

Ⅰ.①社… Ⅱ.①行… Ⅲ.①自然灾害-历史-中国-文集 Ⅳ.①X432-092

中国版本图书馆CIP数据核字（2020）第140831号

社会史研究（第9辑）

主　　编／行　龙

出 版 人／谢寿光
责任编辑／李丽丽　陈肖寒
文稿编辑／汪延平　王　娇　郭锡超

出　　版／社会科学文献出版社（010）59367256
　　　　　地址：北京市北三环中路甲29号院华龙大厦　邮编：100029
　　　　　网址：www.ssap.com.cn
发　　行／市场营销中心（010）59367081　59367083
印　　装／北京建宏印刷有限公司

规　　格／开　本：787mm×1092mm　1/16
　　　　　印　张：20.25　字　数：306千字
版　　次／2020年10月第1版　2020年10月第1次印刷
书　　号／ISBN 978-7-5201-7042-0
定　　价／128.00元